Sur les épaules de Darwin

Jean Claude Ameisen est l'auteur de l'émission de France Inter « Sur les épaules de Darwin » (Grand Prix des Médias CB News 2013 : *Meilleure émission de radio*).

Médecin-chercheur, il est professeur d'immunologie à l'Université Paris-Diderot, directeur du Centre d'Études du Vivant (Institut des Humanités de Paris – Université Paris Diderot) et président du Comité consultatif national d'éthique.
Les principaux programmes de recherche scientifique qu'il a initiés et animés ont concerné l'origine des phénomènes d'autodestruction cellulaire au cours de l'évolution du vivant et leur rôle dans le développement des maladies. Ses recherches ont donné lieu à plus de cent publications dans des revues scientifiques internationales et ont été distinguées, notamment, par le prix Inserm-Académie des Sciences.

Il est l'auteur de

La Sculpture du vivant. Le suicide cellulaire ou la mort créatrice (Seuil 1999, Points Seuil 2003. Prix Jean Rostand 2000 ; Prix Biguet 2000 de philosophie de l'Académie française).

Dans la lumière et les ombres. Darwin et le bouleversement du monde (Fayard/Seuil 2008, Points Seuil 2011).

Quand l'art rencontre la science
(avec Yvan Brohard. La Martinière/Inserm 2007).

Les Couleurs de l'oubli (avec François Arnold. L'Atelier 2008).

Sur les épaules de Darwin. Les battements du temps. LLL/France Inter, 2012.

Jean Claude Ameisen

Sur les épaules de Darwin
sur les épaules des géants

Je t'offrirai des spectacles admirables

ÉDITIONS LES LIENS QUI LIBÈRENT
FRANCE INTER

Jean Claude Ameisen est l'auteur de l'émission
Sur les épaules de Darwin (France Inter)
Grand Prix des Médias CB News 2013 dans la
catégorie *Meilleure émission de radio*.

http://www.franceinter.fr/emission-sur-les-epaules-de-darwin

ISBN : 979-10-209-0066-1

© France Inter

Les Liens qui Libèrent, 2013

À toi, Olivier, mon frère, mon ami,
quelques merveilles d'un monde
que tu as trop tôt quitté

Je t'offrirai, à partir de toutes petites choses, des spectacles admirables.

Virgile, *Géorgiques.*

Le cerveau d'une fourmi est l'un des plus merveilleux atomes de matière dans le monde, peut-être plus encore que le cerveau humain.

Charles Darwin, *La généalogie de l'homme.*

À partir de ce presque Rien – un minuscule atome de neige – j'ai été proche de recréer l'Univers entier, qui contient tout !

Johannes Kepler, *Étrenne ou La neige à six angles.*

Voir un monde dans un grain de sable,
Et un ciel dans une fleur sauvage,
Tenir l'infini dans la paume de ta main,
Et l'éternité dans une heure.

William Blake, *Augures de l'innocence.*

Toute la nature n'est autre que de l'art, qui t'est inconnu,
Tout hasard, une direction que tu ne peux pas voir,
Toute discorde, harmonie incomprise.

Alexander Pope, *Un essai sur l'homme.*

La plus belle expérience que nous puissions faire est celle du mystère – la source de tout vrai art et de toute vraie science.

Albert Einstein, *Le monde tel que je le vois.*

I

À TRAVERS LES LABYRINTHES

Il n'y aura pas de porte. Tu y es
Et le château embrasse l'univers.
Il ne contient ni avers ni revers
Ni mur extérieur ni centre secret.
N'attends pas de la rigueur du chemin
Qui, obstiné, bifurque dans un autre,
Qui, obstiné, bifurque dans un autre,
Qu'il ait de fin. [...]
N'attends rien.

Jorge Luis Borges. *Labyrinthe.*

DÉTISSER LES MAILLES DE PIERRE

Le fil qu'Ariane glissa dans la main de Thésée (dans l'autre il tenait l'épée) pour que celui-ci s'enfonce dans le labyrinthe et découvre le centre, l'homme à la tête de taureau ou, comme le veut Dante, le taureau à tête d'homme, et lui donne la mort et puisse, sa prouesse accomplie, détisser les mailles de pierre et revenir vers elle, vers son amour.

Jorge Luis Borges, *Le fil de la fable.*

On raconte qu'autrefois, dans les hauteurs de la Crète, chante Virgile dans *l'Énéide, le Labyrinthe recélait en ses murs aveugles le lacis de ses couloirs et la ruse de ses mille détours, où aucun signe ne permettait de reconnaître son erreur ni de revenir sur ses pas.*

Ce Labyrinthe légendaire, le plus célèbres de tous, était-il situé dans le palais de Cnossos, près de la ville d'Héraklion, en Crète – dans ce palais dont les ruines, pour partie restaurées, révèlent les splendeurs d'un royaume datant d'il y a plus de quatre mille ans ?
Nul ne le sait.

Mais ce que dit la légende, c'est que Pasiphaé, la femme de Minos, le roi de Crète, donna un jour naissance au Minotaure – un être à moitié homme, à moitié taureau – qui dévorait de jeunes garçons et de jeunes filles.

Le roi Minos demanda à Dédale, grand inventeur, de construire pour le Minotaure un palais dont il ne pourrait s'échapper.

Et Dédale construisit le Labyrinthe, *le palais aux inextricables détours*, dit Virgile.

Un palais à ciel ouvert, dont l'enchevêtrement des couloirs et des escaliers rendait impossible, une fois qu'on y avait pénétré, d'en découvrir la sortie.

Pour venger la mort de l'un de ses enfants qui y avait été tué, le roi Minos, ayant conquis la ville d'Athènes, avait imposé à ses habitants un terrible tribut : *Chaque année*, dit Virgile, *sept de leurs fils, tirés au sort,* étaient menés en Crète pour être livrés au Minotaure.

Un jour, le héros Thésée, le fils d'Égée, roi d'Athènes, partit pour la Crète tuer le Minotaure.

Et lorsque Thésée, grâce à l'aide de Dédale, réussit à sortir du *palais aux inextricables détours* après avoir tué le Minotaure, le roi Minos, furieux, fait enfermer Dédale avec son fils, Icare, dans le Labyrinthe.

Incapable de trouver la sortie du palais qu'il avait lui-même construit, Dédale réalise que le chemin le plus court, le seul chemin qu'ils pourraient emprunter, serait de s'échapper par le haut, à travers les airs – à condition de pouvoir s'envoler.

Avec des plumes d'oiseaux et de la cire – il est l'inventeur de la colle –, il fabrique des ailes. Avant de s'envoler, Dédale recommande à son fils de ne pas s'approcher du Soleil qui ferait fondre la cire.

Mais Icare, tout à sa joie de voler, désobéit.

Ses ailes se défont, il tombe dans la mer.

Et cette tragédie interrompra, pour un temps, le désir de Dédale de poursuivre une succession d'inventions suivies de désastres.

La naissance même du Minotaure – le début de cette longue série de catastrophes – était déjà due à l'une de ses inventions. Le dieu de la mer, Poséidon, avait, pour se venger du roi Minos, rendu Pasiphaé, sa femme, folle d'amour pour le taureau sacré qu'il avait fait surgir de la mer sur les rivages de Crète.

Et c'est Dédale qui avait inventé le dispositif qui avait permis à la reine et au taureau sacré de s'unir, donnant naissance au Minotaure.

En 1923, dans une conférence intitulée *Dédale ou la science et le futur,* le grand généticien John Haldane évoque les problèmes humains, éthiques et sociaux créés par les avancées de la science et de la technologie.

Les chercheurs et les inventeurs, dit-il, pensent toujours, comme Dédale, que les problèmes causés par leurs inventions pourront être résolus par de nouvelles découvertes et de nouvelles inventions.

À la métaphore habituellement proposée d'une science et d'une technique transgressant l'ordre de l'univers – l'image de Prométhée dérobant le feu aux dieux de l'Olympe pour le donner aux hommes – John Haldane oppose la métaphore de Dédale, qui est, pour lui, le prototype du scientifique et du technicien créatif mais inconscient et irresponsable. Et François Jacob reprendra, soixante-quinze ans plus tard, le mythe de Dédale comme métaphore d'un mal de notre époque, disant : *en Dédale se profile la science sans conscience.*

Thésée avait été le premier à parvenir à s'échapper du Labyrinthe.

Lorsque Thésée avait débarqué en Crète, Ariane, la fille du roi Minos et de Pasiphaé, était tombée amoureuse de lui.

Et c'est Dédale qui avait donné à Ariane la solution, le moyen qui permettrait à son amant de ressortir du Labyrinthe – une bobine de fil.

Comme le Petit Poucet sèmera ses cailloux blancs pour retrouver le chemin de sa maison, Thésée déroule le fil à mesure qu'il s'enfonce dans le Labyrinthe, puis, une fois qu'il a découvert et tué le Minotaure, il revient sur ses pas en suivant le fil, le rembobinant à mesure qu'il retrace son chemin vers la sortie.
Et il s'enfuit de Crète avec Ariane.

Mais, dit Borges dans *Le fil de la fable*, *Thésée ne pouvait savoir que, de l'autre côté du labyrinthe, se trouvait l'autre labyrinthe, celui du temps.*

Le fil que la main d'Ariane glissa dans la main de Thésée, dit Borges,
Le fil s'est perdu ; le labyrinthe s'est perdu, lui aussi.
À présent nous ne savons même plus si c'est un labyrinthe qui nous entoure, un secret cosmos ou un chaos hasardeux. La beauté de notre devoir est d'imaginer qu'il y a un labyrinthe et un fil.
Nous ne trouverons jamais le fil ; peut-être le trouvons-nous et le perdons-nous dans un acte de foi, dans une cadence, dans le rêve, dans les mots que l'on nomme philosophie ou dans le pur et simple bonheur.

Borges était fasciné par les labyrinthes.
Je sentais que le monde était un labyrinthe d'où il était impossible de s'enfuir, dit un personnage de l'une de ses nouvelles, *La mort et la boussole*.

Trouver la sortie d'un labyrinthe. Pouvoir *détisser les mailles de pierre*.

Le labyrinthe est une variante très particulière d'un problème classique – celui du plus court chemin entre deux points.

Dans un labyrinthe, le chemin le plus court vers la sortie est, tout simplement, celui qui permet de sortir.

Les autres chemins sont démesurément longs, indéfiniment longs.

Quel est le chemin le plus court entre deux points ?

Dans un espace vide, où n'existe aucune contrainte, c'est le segment d'une droite qui relie ces deux points.

Mais dans le monde réel, dans la nature, et dans les mondes artificiels que nous construisons – ceux des réseaux des routes, des réseaux ferroviaires, des réseaux de communication – le chemin le plus court entre deux points dépend des contraintes de l'environnement, des obstacles et des capacités de déplacement de l'entité qui voyage.

Dans le monde virtuel du jeu d'échecs – comme le découvrira Alice au pays des merveilles, dans *De l'autre côté du miroir* lorsqu'elle deviendra une pièce d'un jeu d'échecs – le chemin le plus court entre deux cases n'est pas le même pour une reine, un fou, un cavalier, une tour ou un roi.

Le plus court chemin est le plus court parmi ceux qui peuvent être effectivement empruntés.

Mais comment découvrir, parmi tous les chemins possibles, celui qui conduit à la sortie d'un labyrinthe ?

C'est un problème que les mathématiciens et les informaticiens essaient depuis longtemps de résoudre à l'aide d'algorithmes, ces suites d'opérations logiques, ces successions d'étapes logiques qui constituent la meilleure façon de procéder pour trouver une solution.

Non seulement pour réussir à s'échapper de labyrinthes virtuels, mais pour identifier le plus court chemin entre deux points – entre l'entrée et la sortie d'un labyrinthe.

Comment connecter de la manière la plus rapide les communications téléphoniques à travers des réseaux enchevêtrés de câbles ou d'ondes ? Comment régler de la manière la plus efficace des problèmes de circulation routière ? Comment construire des machines complexes, à partir de composants et d'assemblages différents dans des lieux distincts, en réduisant le temps et le coût de la construction ou l'importance de la pollution créée par les transports ? Comment adresser des informations de la manière la plus rapide possible à travers des réseaux internet qui se reconfigurent en permanence ?

Ces problèmes deviennent de plus en plus difficiles à résoudre à mesure qu'augmentent la taille et le degré de ramification des réseaux.

Mais, très longtemps avant que les mathématiciens puis les informaticiens commencent à les aborder, d'innombrables êtres vivants, appartenant à d'innombrables espèces, ont été confrontés à ces problèmes du plus court chemin entre deux points dans des environnements contraints, complexes et changeants.

Et, pour ces êtres, depuis des centaines de millions d'années, trouver le chemin d'un point à un autre, et trouver le plus court chemin, s'est traduit en termes d'économie d'énergie – et, souvent, en termes de vie ou de mort – quand il s'agit de trouver ou d'exploiter des ressources nutritives rares, éphémères, dans un contexte de compétition avec d'autres êtres, ou lorsqu'il s'agit de revenir à son domicile ou de migrer vers des territoires plus accueillants.

Dans de très nombreuses espèces, ces capacités à résoudre le problème du plus court chemin ont fait l'objet d'une longue évolution, et ont été progressivement optimisées, de génération en génération.

Parmi ces nombreux êtres vivants, ceux qui ont découvert des solutions particulièrement surprenantes sont des insectes sociaux qui appartiennent à l'ordre des *Hyménoptères* – les abeilles et les fourmis.

L'histoire écologique des fourmis à travers les temps géologiques, qui culmine aujourd'hui autour de nous avec une profusion de créatures sociales complexes, doit être considérée comme l'une des grandes épopées de l'évolution du vivant, écrivaient Edward Wilson et Bert Hölldobler en 2005.

Cela fait cent dix à cent soixante millions d'années que les premiers ancêtres des fourmis ont émergé, donnant naissance à de très nombreuses familles dont les quatre grandes familles qui survivent aujourd'hui. Initialement rares, les fourmis se sont propagées et diversifiées à mesure qu'émergeaient les forêts tropicales. Elles y ont occupé d'abord les sols, puis la canopée. Et, de ces forêts tropicales, elles sont parties par vagues successives et se sont répandues à travers le monde – fourmis charpentières, couturières, guerrières, pastorales – éleveuses de troupeaux – ou agricultrices, coupeuses de feuilles...

Les plus anciens fossiles de fourmis datent d'il y a environ cent millions d'années. Ils ont été découverts en France et en Birmanie. Puis, en 2010, en Éthiopie – dans neuf morceaux d'ambre, dont un de plus d'un kilo.

Les fourmis ont inventé le génie civil, la construction des ponts et des radeaux, elles ont inventé la couture, le tissage, elles ont inventé l'élevage, une forme d'interaction étroite mutuellement bénéfique avec d'autres insectes – elles sont les gardiennes de troupeaux qui produisent la rosée de miel dont elles se nourrissent, elles les protègent de leurs prédateurs.

Certaines fourmis qui avaient envahi la canopée sont devenues les gardiennes de leur royaume, les gardiennes des arbres. Les arbres avec lesquels elles vivent en symbiose leur fournissent un abri et une nourriture spéciale, et les fourmis protègent les arbres de leurs prédateurs.

Et d'autres espèces de fourmis de la tribu des *Attini* ont inventé l'agriculture, il y a soixante à cinquante millions d'années – elles cultivent des jardins de champignons à l'intérieur de leurs fourmilières.

Depuis une vingtaine d'années, des chercheurs en informatique s'inspirent des réalisations collectives remarquables de certaines colonies de fourmis.

Ce qui a causé l'intérêt des chercheurs, c'est la capacité des colonies de fourmis à faire émerger des solutions globales, optimales, en l'absence de tout système de contrôle central, à partir d'une succession d'interactions élémentaires entre des individus qui ne disposent chacun que d'informations locales.

Les algorithmes que les chercheurs ont élaborés – et qui ont été nommés *modèles d'optimisation par colonies de fourmis* – répandent dans des réseaux virtuels des colonies de *fourmis virtuelles* qui explorent tous les chemins possibles entre deux points particuliers du réseau.

Et ces colonies de *fourmis virtuelles* découvrent le chemin le plus court entre ces deux points.

Les *fourmis virtuelles* inventées par les informaticiens imitent les véritables fourmis ouvrières qui sortent pour la première fois de leur fourmilière à la recherche de nourriture. Elles explorent leur territoire au hasard en laissant échapper au long du chemin des phéromones – des molécules odorantes – qui recrutent les fourmis voisines sur ce chemin.

Parce que les phéromones s'évaporent rapidement, plus le chemin suivi par ces fourmis entre la fourmilière et le lieu de récolte est court – plus le trajet est rapide – et moins vite les phéromones qui ont été répandues sur ce chemin s'évaporent, et plus le chemin devient balisé de phéromones.

Progressivement, la voie la plus courte est de plus en plus empreinte de phéromones, et recrute, par conséquent, un nombre de plus en plus grand de fourmis.

Et, assez rapidement, la seule voie empruntée par toutes les fourmis sera ce chemin, le plus court.

Pour imiter les véritables fourmis, les informaticiens font *répandre* par leurs *fourmis virtuelles* des *phéromones* volatiles *virtuelles*.

Et, comme les véritables fourmis, les fourmis virtuelles finissent rapidement par emprunter toutes le plus court chemin entre deux points.

Ces algorithmes développés à partir des connaissances fondées sur le comportement réel de certaines familles de fourmis permettent de trouver de manière rapide et effective des solutions au problème du plus court chemin entre deux points à l'intérieur de réseaux statiques qui ne se modifient pas.

Mais ils opèrent très mal à l'intérieur de réseaux qui se modifient, qui se reconfigurent – où certains chemins disparaissent ou sont bloqués –, les réseaux dynamiques. Or la plupart des réseaux pour lesquels ces algorithmes seraient le plus utiles sont des réseaux dynamiques...

Dans la nature, pour les êtres vivants, le problème du plus court chemin se pose le plus souvent dans des environnements dynamiques qui se transforment.

Mais les fourmis – les véritables fourmis, que les fourmis virtuelles des informaticiens tentent d'imiter – de quelle manière résolvent-elles le problème du plus court chemin dans un environnement dynamique, complexe et changeant ?

C'est la question qu'a posée une équipe de chercheurs regroupant des biologistes spécialistes du comportement des fourmis et des chercheurs en mathématique. Ils ont publié leur étude en 2011 dans le *Journal of Experimental Biology*.

Les chercheurs ont construit un labyrinthe et ont d'abord exploré si des colonies de fourmis réelles étaient capables de découvrir rapidement la sortie de ce labyrinthe – et de trouver le chemin le plus court vers la sortie.

Ils ont exploré, durant une année, les capacités de soixante colonies de fourmis d'Argentine, de la famille *Linepithema humile*, à résoudre ce problème. Les fourmis d'Argentine sont de redoutables conquérantes qui se sont répandues à travers le monde en envahissant les territoires où elles ont migré, exploitant les ressources aux dépens de celles qui vivent dans ces régions.

Parmi les soixante colonies étudiées, trente étaient composées, chacune, de cinq cents ouvrières et d'une reine; et trente étaient composées, chacune, de mille ouvrières et de deux reines.

Le labyrinthe – à ciel ouvert pour permettre l'évaporation des phéromones déposées par les fourmis – avait pour base une projection en deux dimensions d'un casse-tête appelé les *Tours d'Hanoï*.

Le labyrinthe comporte trente-deux mille sept cent soixante-huit chemins différents possibles entre l'entrée et la sortie – sans compter les innombrables trajets que l'on peut suivre si l'on revient sur ses pas.

Parmi tous ces chemins, il y en a deux qui sont les plus courts entre l'entrée et la sortie.

Les chercheurs ont placé l'entrée du labyrinthe à l'entrée de la fourmilière, et, à l'extrémité opposée, distante d'un mètre – la sortie – ils ont déposé une source de nourriture.

Thésée n'avait pas *découvert* la sortie du Labyrinthe. Il était simplement revenu sur ses pas, en suivant le fil d'Ariane, jusqu'à la porte par laquelle il était entré. Et ce n'était pas le chemin le plus court vers la sortie qu'il avait emprunté, mais celui qu'il avait suivi, de détours en détours, jusqu'au Minotaure, en s'enfonçant dans le palais.

Contrairement à Thésée, les fourmis qui s'engagent dans le labyrinthe doivent résoudre un problème plus complexe que de revenir sur leurs pas.

Et, contrairement à Thésée, elles ne disposent d'aucun fil d'Ariane.

Le fil qu'elles suivent, ce sont elles qui le tressent. Il est invisible et éphémère, volatile – il est fait des phéromones, les odeurs qu'elles déposent sur leur chemin.

Et au début, il n'y a pas *un* fil, mais un enchevêtrement de fils qui s'évaporent et renaissent et s'évaporent. Puis, progressivement, il n'en persiste qu'un seul.

Et ce fil ne fait pas qu'indiquer la sortie.

Il indique l'un des deux plus courts chemins entre l'entrée et cette sortie du labyrinthe.

Au bout d'une heure, 93 % des soixante colonies que les chercheurs étudiaient avaient découvert l'un des deux chemins les plus courts entre l'entrée et la sortie du labyrinthe, et l'empruntaient dans les deux sens, pour aller chercher la nourriture et pour la rapporter à la fourmilière.

Alors les chercheurs ont décidé d'explorer les capacités de ces fourmis à résoudre le problème que les fourmis virtuelles des informaticiens n'arrivaient pas à résoudre :

découvrir rapidement un nouveau plus court chemin lorsque le réseau du labyrinthe a soudain été modifié.

Les chercheurs ont recommencé l'expérience, en introduisant une difficulté supplémentaire.

Au bout d'une heure – une fois que les fourmis avaient découvert l'un des deux plus courts chemins entre l'entrée et la sortie du labyrinthe – les chercheurs ont bloqué, au milieu du labyrinthe, deux des couloirs qui faisaient partie des deux plus courts chemins entre l'entrée et la sortie.

Lorsqu'on bloque à un endroit donné le plus court chemin qu'elles ont trouvé, les fourmis *virtuelles* des informaticiens se mettent à suivre le chemin libre qui est le plus balisé par les phéromones *virtuelles*. Or le chemin le plus balisé est celui qu'elles viennent de parcourir... et ce chemin les reconduit directement au point d'où elles étaient parties – l'entrée du labyrinthe.

Les *fourmis virtuelles* rebroussent donc chemin et, à peine revenues à leur point de départ, reprennent à nouveau le chemin qui est le plus balisé... qui est celui qu'elles viennent d'emprunter... et elles se retrouvent donc bloquées sur le lieu qui a été bloqué par les chercheurs.

Et, ainsi, pendant longtemps, elles vont aller et venir, oscillant entre leur point de départ et le lieu du blocage, perdant beaucoup de temps avant, éventuellement, de tout recommencer à zéro et de rechercher un nouveau chemin entre les deux points du réseau qu'elles avaient réussi à relier avant le blocage.

Mais ce n'est pas le cas des colonies de fourmis d'Argentine *Linepithema humile*.

Une fois que les chercheurs avaient interrompu les deux chemins les plus courts de leur labyrinthe, parmi les trente-deux mille sept cent soixante-six chemins restants, il y en avait quatre qui étaient les plus courts entre l'entrée et la sortie.

Au bout de dix minutes, un quart des colonies avaient découvert l'un de ces quatre chemins les plus courts et l'utilisaient. Et, au bout d'une heure, toutes les colonies s'activaient à aller chercher la nourriture et à la rapporter à la fourmilière en utilisant l'un des quatre chemins les plus courts entre ces deux points.

Contrairement aux *fourmis virtuelles* qui n'en sont encore qu'une pâle imitation, les fourmis d'Argentine ne rebroussent pas chemin vers leur point de départ au long des routes les plus marquées lorsque le plus court chemin est bloqué.

Elles délaissent le chemin le plus balisé devenu inutile, se mettent à changer de direction, explorant les couloirs voisins du couloir bloqué, faisant dans certains cas une série de changements successifs de directions de cent quatre-vingts degrés.

Elles ont gardé en mémoire les directions dans laquelle se trouvaient la nourriture et la fourmilière.

Elles explorent d'autres chemins qui vont dans la direction de la nourriture et de la fourmilière et, rapidement, parmi ces chemins qu'elles ont explorés, elles découvrent le plus court. Et bientôt, toutes l'empruntent.

Elles s'adaptent de manière dynamique à des environnements changeants. Elles ne demeurent pas prisonnières des solutions optimales qu'elles ont initialement découvertes.

Ces recherches soulignent l'intérêt des approches transdisciplinaires entre biologistes, mathématiciens et informaticiens. Et cette transdisciplinarité peut à la fois révéler des capacités jusque-là inconnues dans le monde vivant et être, pour les mathématiciens et les informaticiens, une source d'inspiration dans leur recherche de nouveaux algorithmes susceptibles de résoudre dans différents domaines des problèmes que le monde vivant a réussi à résoudre il y a très longtemps.

LES SEPT MERVEILLES DU MONDE

> Si un congrès de naturalistes devait se réunir pour choisir les sept merveilles du monde animal, ils se sentiraient obligés d'inclure la civilisation étrange et impressionnante des *Attini* coupeuses de feuilles.
>
> Edward Wilson, Bert Hölldobler, *L'incroyable instinct des fourmis. De la culture du champignon à la civilisation.*

Les fourmis font partie des rares êtres vivants, dont les êtres humains, à se déplacer en groupe, en même temps, en empruntant le même chemin dans deux directions opposées. Une fois qu'elles ont trouvé le plus court chemin entre leur fourmilière et une source de nourriture, les fourmis circulent dans les deux sens au long de la même route, en évitant le plus souvent les embouteillages. Et, là encore, comme pour leur découverte du plus court chemin entre deux points, la solution émerge d'un processus spontané d'auto-organisation.

Il y a plus de deux mille trois cents ans, dans sa monumentale *Histoire des animaux*, Aristote remarquait déjà que les fourmis retrouvent leur fourmilière en suivant un trajet relativement direct – le plus court chemin – et, ajoutait-il, sur ce chemin, elles ne se gênent pas les unes les autres.

Quatre siècles plus tard, Plutarque note que les fourmis qui ne sont pas chargées s'écartent du chemin pour laisser passer celles qui sont chargées.

Y a-t-il des règles de priorité de circulation chez les fourmis ?

Parce que les fourmis ouvrières sont pour la plupart de petite taille et très légères, les collisions, les accidents de la circulation, ne seraient pas très graves. Mais le problème important qui se pose à elles, et qu'elles réussissent à éviter, c'est le problème des embouteillages qui ralentiraient la récolte de nourriture.

Dans certaines familles de fourmis, les files qui circulent dans les deux sens peuvent être très denses et relativement rapides. Durant les raids des armées de fourmis guerrières d'Amérique du Sud *Eciton burchelli,* les fourmis se déplacent à grande vitesse. Celles qui sont en train de revenir vers le lieu du bivouac, chargées de la nourriture qu'elles ont pillée, occupent la partie centrale du chemin. Et les attaquants, qui se déplacent en sens inverse, avancent sur les flancs de cette colonne centrale.

Chez les fourmis guerrières d'Afrique, les *fourmis légionnaires Dorylus nigricans,* ces trois colonnes, qui avancent dans des sens différents sont protégées par de redoutables soldats qui se tiennent immobiles, à distance, de part et d'autre.

Et puis, il y a les colonnes de fourmis *coupe-feuilles* de la tribu des *Attini* – ces agricultrices qui cultivent dans leurs gigantesques fourmilières les jardins de champignons dont elles se nourrissent, et qu'elles nourrissent de feuilles et de fleurs.

À *travers les régions tropicales et subtropicales du Nouveau Monde,* écrivent Wilson et Hölldobler, *[les coupe-feuilles] dominent les forêts, les prairies et les pâtures. Où que vous voyagiez à travers l'Amérique centrale ou l'Amérique du Sud, que ce soit dans les régions sauvages ou au cœur des villes, vous allez bientôt rencontrer les* coupeuses de feuilles. *Ce qui attire votre attention, au début, ce sont les files massives de fourmis* ouvrières, de couleur rouge-brun, et de relativement grande taille.

Elles avancent en colonnes de dix fourmis de front, aussi denses que celles de soldats à la parade. Elles voyagent au long d'auto-routes miniatures de la largeur d'une main humaine, qu'elles gardent nues de toute végétation et débris. Certaines se dirigent vers l'extérieur et à peu près autant rentrent chez elles. La plupart de ces dernières portent un morceau fraîchement coupé d'une feuille ou d'un pétale de fleur, qu'elles serrent dans leurs mandibules et qui recouvre leur dos et leur corps comme une ombrelle. Ce sont les fourmis parasol, vous diront les habitants du Texas ou de la Louisiane.

Regardez de plus près ces fourmis qui portent leur fardeau, et vous verrez probablement des fourmis pygmées qui chevauchent, comme des autostoppeurs, les morceaux de feuilles transportés. Ces fourmis miniatures sont-elles en train de guider leurs grandes sœurs vers la maison ? Non, leur rôle est plus étrange encore. Elles assurent une défense anti-aérienne. Les colonnes de fourmis attirent des mouches parasites qui leur sont mortelles. [Les mouches] plongent vers le sol comme des bombardiers, et, si elles n'en sont pas empêchées, elles pondent des œufs sur le cou des grandes fourmis. Les larves qui écloront bientôt dévoreront les fourmis de l'intérieur. Les gardes qui assurent la défense anti-aérienne protègent leurs sœurs en se dressant sur les feuilles et en attaquant les mouches avec leurs pattes de devant et leurs mandibules.

Si vous suivez la caravane de fourmis chargées, elle vous mènera à la fourmilière. Elle peut être à cinquante ou même à plus de cent mètres plus loin. Le voyage pourra vous conduire à travers des sous-bois denses, et peut-être à travers un petit ravin abrupt, ou deux. Inévitablement, et souvent soudainement, la fourmi-lière apparaît.

C'est une ville de plusieurs millions d'habitants, une métropole souterraine. Au-dessus est un dôme circulaire fait de sol excavé, haut de deux mètres ou plus. Sous la terre les fourmis ont creusé des milliers de salles, d'un volume à peu près équivalent à une tête humaine. Toutes les salles sont interconnectées par un labyrinthe de tunnels. Dans les salles pousse un champignon qui ne vit, exclusivement, qu'en symbiose avec les fourmis agricultrices. En plus de la sève que les végétaux fraîchement coupés leur fournissent, les coupeuses de feuilles ne vivent que du champignon qu'elles cultivent. Elles ont inventé une méthode qui leur permet de convertir la végétation fraîche – que leur système digestif ne leur permet pas d'absorber – en un produit dont elles peuvent se nourrir. Et en utilisant de la végétation fraiche pour faire pousser leur récolte de champignons, elles ont découvert une source virtuellement illimitée de nourriture.

Les *autoroutes miniatures des fourmis coupe-feuilles*, balisées par leurs phéromones et tout d'abord invisibles au regard, deviennent progressivement visibles à mesure qu'elles sont débarrassées de leur végétation. L'avantage est que la route dégagée permet l'accélération de la vitesse de déplacement et facilite le transport des feuilles. Mais le coût en énergie dépensée est élevé, car les fourmis doivent enlever en permanence la végétation et les débris.

Chez les fourmis *coupe-feuilles*, la circulation n'est pas organisée selon des lois aussi strictes que dans les armées de fourmis guerrières.

Les ouvrières qui partent couper et porter les feuilles voyagent au milieu de la route, formant plusieurs colonnes, mais elles s'écartent et donnent la priorité à celles qui reviennent chargées de feuilles, qui occupent aussi, mais en sens contraire, le milieu du chemin. Les ouvrières qui reviennent à la fourmilière non chargées de feuilles se déplacent sur les côtés, donnant la priorité à celles qui, en sens contraire, partent chercher la nourriture. L'intégration par chacune des petites piétonnes d'un ensemble d'indices – odeurs, repères visuels, nombre de ses voisines, direction de leur trajet – permet le maintien d'un trafic fluide, et les brefs contacts entre les ouvrières qui s'en vont couper les feuilles et celles qui les rapportent renseignent celles qui partent vers le lieu de récolte sur la qualité des feuilles coupées.

Ces processus émergents, ces processus d'auto-organisation qui font apparaître au niveau de la collectivité des propriétés globales que ne possède aucun des individus qui la constituent sont à l'œuvre dans toute une série de réalisations collectives extraordinaires de différentes familles de fourmis.

La construction de fourmilières complexes, la construction de ponts et de radeaux vivants, l'élevage de troupeaux d'insectes, le gardiennage des arbres, l'agriculture, la résolution des problèmes de circulation routière à deux sens.
Et la résolution du problème du plus court chemin entre deux points, à l'intérieur d'un labyrinthe...
Mais les fourmis sont aussi capables de réalisations individuelles complexes.
Toutes les fourmis ne partent pas chercher et récolter leur nourriture ensemble.

Dans les colonies de fourmis qui habitent les déserts – au Sahara, comme *Cataglyphis fortis*, en Namibie, comme *Ocymyrmex robustior,* ou en Australie, comme *Melophorus bagoti* – les fourmis vont chercher leur nourriture en solitaires. Pour elles, le problème de trouver le plus court chemin entre deux points se pose en termes différents – elles doivent le résoudre seules.
Et leur labyrinthe n'est pas de même nature.

Il y a une nouvelle de Borges qui s'intitule *Les deux rois et les deux labyrinthes*.

Il y eut un roi des îles de Babylonie, dit Borges, *qui réunit ses architectes et ses mages et qui leur ordonna de construire un labyrinthe si complexe et si subtil que les hommes les plus sages ne s'aventureraient pas à y entrer et que ceux qui y entreraient s'y perdraient. Cet ouvrage était un scandale, car la confusion et l'émerveillement, opérations réservées à Dieu, ne conviennent point aux hommes. Avec le temps, un roi des Arabes vint à la cour et le roi de Babylonie (pour se moquer de la simplicité de son hôte) le fit entrer dans le labyrinthe où il erra, outragé et confondu, jusqu'à la tombée de la nuit. Alors il implora le secours de Dieu et trouva la porte. Ses lèvres ne proférèrent aucune plainte, mais il dit au roi de Babylonie qu'il possédait lui aussi en Arabie un meilleur labyrinthe et qu'avec la permission de Dieu il le lui ferait connaître quelque jour. Puis il rentra en Arabie, réunit ses capitaines et ses lieutenants et dévasta le royaume de Babylonie avec tant de bonheur qu'il renversa les forteresses, détruisit les armées et fit le roi prisonnier. Il l'attacha au dos d'un chameau rapide et l'emmena en plein désert. Ils chevauchèrent trois jours et il lui dit : « Ô Roi du Temps, Substance et Chiffre du siècle ! En Babylonie tu as voulu me perdre dans un labyrinthe de bronze aux innombrables escaliers, murs et portes. Maintenant, le Tout Puissant a voulu que je montre le mien, où il n'y a ni escaliers à gravir, ni portes à forcer, ni murs qui empêchent de passer. »*
Puis il le détacha et l'abandonna au cœur du désert.

Les fourmis des déserts du Sahara, de Namibie et d'Australie sortent de leur domicile et s'aventurent seules à travers le labyrinthe de leur désert, à la recherche de nourriture.

Il n'y a pas, pour elles, de chemin balisé par les phéromones de leurs voisines.

Lorsqu'elles ont découvert une source de nourriture, comment font-elles pour retrouver seules le chemin de leur fourmilière ?

Et, comment font-elles pour trouver seules l'un des chemins les plus courts entre ces deux points, leur source de nourriture et leur domicile ?

Durant sa marche, qui peut la conduire de quelques dizaines à plusieurs centaines de mètres de sa fourmilière, la fourmi des déserts utilise trois mécanismes, trois procédés différents et pour partie complémentaires.

Le premier est un sens de la direction, une forme de boussole, fondé sur l'angle que forme la position du Soleil dans le ciel projetée sur l'horizon, et la direction du trajet qu'elle a suivi. Et parce que ses yeux sont sensibles à la lumière polarisée – qui forme des cercles concentriques autour du Soleil – elle pourra déduire la position du Soleil et s'orienter par rapport au Soleil, même s'il est caché par des nuages, à condition qu'une partie du ciel, au moins, soit visible.

Le deuxième mécanisme est une mesure de la distance parcourue.

Comme les joggeurs, elle possède un odomètre – de ὁδὸς, le chemin en grec, et μέτρον la mesure – un moyen de mesurer la longueur du parcours.

Son odomètre intègre, à mesure qu'elle avance, la distance qu'elle a parcourue depuis la fourmilière. Des études indiquent que cette distance est déduite du nombre de pas que fait la fourmi durant son trajet. À partir de la mesure de la distance parcourue et de la mesure de la direction où se situe la fourmilière, la fourmi construit un vecteur qui lui indique le chemin de retour le plus court.

Le troisième mécanisme fait appel à sa mémoire visuelle.

Au moment où elle quitte pour la première fois la fourmilière – et lors d'un départ ultérieur, si l'environnement visible, alentour, s'est modifié – la fourmi exécute une forme de danse. Elle s'éloigne progressivement en décrivant des spirales de plus en plus larges autour de la fourmilière. Et, à intervalles réguliers, elle exécute un tour rapide sur elle-même – un tour complet, dans le sens des aiguilles d'une montre, ou dans le sens inverse – et, au moment où elle se retrouve face à l'entrée de la fourmilière, elle s'immobilise un court instant, pendant un à deux dixièmes de seconde, elle semble photographier et mémoriser la scène et les repères visuels situés autour de l'entrée de la fourmilière. Un comportement que les chercheurs ont appelé *retourne-toi et regarde*.

Puis elle termine son tour sur elle-même et poursuit son chemin en spirale. Elle continuera pendant un certain temps, même lorsque la fourmilière aura cessé de lui être visible.

Ce sont les alentours qu'elle mémorise.

Et cette mémoire visuelle persistera durant des semaines, tant qu'il n'y a pas de changement visuellement détectable autour de la fourmilière.

Il y a cinq ans, en 2008, était publiée la première étude visant à déterminer, chez la fourmi *Ocymyrmex robustior* des déserts de Namibie, la part respective du recours à son compteur de distance – l'odomètre – et à sa mémoire visuelle lors de son chemin de retour vers sa fourmilière.

Pour répondre à cette question, les chercheurs avaient trompé les fourmis sur leur chemin de retour, en les empêchant de se fier soit à leur compteur de distance soit à leur mémoire visuelle.

Comment tromper une fourmi sur son compteur de distance ? En la capturant pendant son retour, et en la reposant ailleurs, sans qu'elle ait elle-même parcouru le trajet.

Comment tromper sa mémoire visuelle ? En modifiant les repères visuels qui sont autour de la fourmilière, ou en les plaçant ailleurs, sur le chemin de retour de la fourmi.

Les résultats indiquent que la fourmi exerce un choix dans l'utilisation de l'un ou l'autre de ces deux mécanismes, le recours à son odomètre ou à sa mémoire photographique.

Plus le compteur de distance de la fourmi lui indique que le trajet qu'il lui reste à parcourir est important, et moins elle tient compte des indices visuels le long de son chemin.

Plus son compteur de distance lui indique qu'elle est proche du but, et plus elle tient compte des indices visuels pour chercher l'entrée de la fourmilière.

D'autres études suggèrent que les fourmis *Melophorus bagoti* d'Australie mémorisent les repères visuels non seulement à proximité de leur fourmilière – comme les fourmis *Ocymyrmex robustior* de Namibie et les fourmis *Cataglyphis fortis* du Sahara – mais aussi tout au long de leur trajet. Une particularité qui semble liée au grand nombre d'indices visuels – touffes d'herbe et petits buissons – qui parsèment les déserts d'Australie.

Et ainsi, dans ces labyrinthes *où il n'y a ni escaliers à gravir, ni portes à forcer, ni murs qui empêchent de passer* – dans ces vastes labyrinthes ouverts des déserts – les fourmis du Sahara, de Namibie et d'Australie découvrent individuellement le plus court chemin entre deux points par des moyens radicalement différents de ceux qu'utilisent collectivement les colonies de fourmis d'Argentine qui explorent ensemble les trente-deux mille sept cent soixante-huit couloirs tortueux du labyrinthe du casse-tête des *Tours d'Hanoï*.

L'un des plus merveilleux
atomes de matière

Il est certain qu'il peut exister une extraordinaire activité [mentale] associée une masse de matière nerveuse extrêmement réduite. Ainsi, les instincts merveilleusement diversifiés, les capacités mentales et les comportements affectifs des fourmis sont célèbres, alors que leurs ganglions cérébraux ne sont pas plus grands que le quart d'une petite tête d'épingle.

De ce point de vue, le cerveau d'une fourmi est l'un des plus merveilleux atomes de matière dans le monde, peut-être plus encore que le cerveau humain.

Charles Darwin, *La généalogie de l'homme.*

La complexité d'une colonie de fourmis émerge des innombrables interactions que tissent les individus qui la composent. Et le comportement collectif influe, en retour, sur le devenir de chacun des individus.

Dans la plupart des espèces de fourmis, c'est l'environnement – la composition de sa nourriture, les phéromones libérées par la reine et la température ambiante – qui déterminera si un embryon de fourmi femelle se développera en une reine féconde, qui pourra vivre plus de vingt-cinq ans, ou en une ouvrière qui ne vivra que quelques mois.

Et ainsi, en fonction de l'environnement dans lequel elles sont plongées dès le début de leur vie, il y a chez les fourmis au moins deux façons profondément différentes d'utiliser leurs gènes, qui aboutissent à la construction de corps aux potentialités radicalement différentes, et au développement de comportements très différents.

Une étude publiée en 2012 dans la revue *Current Biology*, qui explorait les différentes *castes* chez les fourmis charpentières de Floride *Camponotus floridanus,* suggère que, dans certaines espèces de fourmis, l'environnement peut aussi influer sur le développement d'ouvrières très différentes – soit une petite ouvrière soit une grande soldate, dont le poids peut être cent fois supérieur à celui de la petite ouvrière.

L'intérieur et l'extérieur s'interpénètrent, dit le généticien Richard Lewontin, *et tout être vivant est à la fois le produit et le lieu de cette interaction.*
Le plus souvent, l'extérieur compte autant que l'intérieur – l'environnement autant que les gènes, l'acquis autant que l'inné.

Les effets des interactions entre gènes et environnements sont particulièrement spectaculaires chez les insectes sociaux – les fourmis, les termites et les abeilles – au point d'avoir longtemps été considérés comme une exception. Mais ces phénomènes opèrent, à des degrés divers, chez tous les êtres vivants. Et l'exploration de la complexité de ces interactions entre gènes et environnements est un domaine en pleine expansion, qui a été nommé l'épigénétique, littéralement ce qui est *au-dessus des gènes, au-delà des gènes* – l'influence exercée par l'environnement sur la manière dont les êtres vivants, leurs cellules et leur corps utilisent leurs gènes.

Dans de très nombreux cas, la manière dont un organisme utilise ses gènes peut avoir autant d'importance sur son devenir que la séquence particulière des gènes dont il a hérité.

Et deux êtres génétiquement identiques – des jumeaux vrais – ont progressivement, au cours de leur vie, des modalités de plus en plus différentes d'utilisation de leurs mêmes gènes, différences qui participent à la construction de leur singularité biologique.

Dans les grandes colonies de fourmis *Attini coupe-feuilles,* un facteur qui semble jouer un rôle important dans les vingt à trente activités successives très différentes dans lesquelles se spécialisent les ouvrières et qui contribuent à la vie de la collectivité – c'est l'âge de l'ouvrière.

Les plus jeunes assurent les tâches à l'intérieur de la fourmilière – certaines veillent sur les œufs, nourrissent les petits et la reine, d'autres réceptionnent les feuilles fraîchement coupées, d'autre encore les découpent en petits morceaux, d'autres encore, de plus petite taille, insèrent ces morceaux dans le jardin de champignons, d'autres, encore plus petites, patrouillent dans le jardin, explorant avec leurs antennes l'état de santé du jardin. Quant aux jeunes soldates, elles montent la garde et patrouillent à l'intérieur de l'environnement protégé de la fourmilière.

Les ouvrières plus âgées assurent les activités plus dangereuses, à l'extérieur de la fourmilière – partir couper les feuilles, les transporter sous la garde des toutes petites fourmis, juchées sur les feuilles, qui protègent leurs grandes sœurs des attaques de mouches parasites. Et les soldates plus âgées montent la garde à l'extérieur de la fourmilière.

Il y a moins de six mois, en mai 2013, une étude publiée dans la revue *Science* révélait que cette évolution des carrières des fourmis ouvrières ne dépend pas seulement de l'écoulement du temps – de leur âge – mais aussi de l'espace – de l'endroit qu'elles occupent dans la fourmilière.

La recherche avait été réalisée par Danielle Mersch et Laurent Keller, du Département d'Entomologie de l'Université de Lausanne, en collaboration avec Alessandro Crespi, du laboratoire de biorobotique de l'École Polytechnique de Lausanne.

Laurent Keller étudie depuis vingt ans le comportement social des fourmis.

Avec ses collègues, il a exploré en continu, durant quarante et un jours, dans six colonies de fourmis *Camponotus fellah,* les comportements individuels de chacune des cent à deux cents ouvrières qui composaient avec leur reine chacune des colonies.

Ils avaient collé sur le dos de chaque ouvrière un petit code-barres et filmaient en permanence l'intérieur de chacune des six fourmilières à l'aide d'un appareil photo infrarouge de très haute résolution qui prenait une image deux fois par seconde.

Leur étude indique que, dans chaque colonie, les ouvrières se répartissent en trois groupes différents.

Un premier groupe est composé des ouvrières les plus jeunes, qui ont une activité de nourrice, s'occupant de la reine et des petits, et sont localisées à leurs côtés, au centre de la fourmilière.

Un deuxième groupe est composé des ouvrières les plus âgées, qui ont une activité de récolteuses – elles sortent chercher et rapporter la nourriture, et sont localisées près de l'entrée de la fourmilière.

Le troisième groupe, composé d'ouvrières d'âge intermédiaire, a une activité de nettoyage, et peut-être de surveillance, et parcourt l'ensemble de la fourmilière.

Et, durant la période de quarante et un jours de l'étude, les chercheurs ont constaté que les ouvrières, à mesure qu'elles prenaient de l'âge, changeaient à la fois de groupe, d'activité et de localisation. Des nourrices rejoignaient progressivement le groupe des nettoyeuses, et des nettoyeuses rejoignaient progressivement le groupe des récolteuses, s'aventurant à l'extérieur pour partir à la recherche de la nourriture de la collectivité.

Les photos prises en continu pendant ces quarante et un jours ont permis de répertorier un total de près de dix millions d'interactions entre les ouvrières.

En raison de leurs localisations respectives, les ouvrières du groupe des nourrices ne peuvent pas entrer directement en contact avec les ouvrières du groupe des récolteuses qui sortent chercher la nourriture. Seules les ouvrières du groupe des nettoyeuses peuvent interagir directement avec des ouvrières de chacun des deux autres groupes. Le groupe des nettoyeuses joue donc probablement un rôle important dans la diffusion de l'information à l'ensemble des membres de la fourmilière.

Mais le point important est que les interactions entre ouvrières sont beaucoup plus nombreuses à l'intérieur d'un même groupe qu'entre ouvrières appartenant à des groupes différents.

Et ainsi, l'étude suggère que ce partage d'une même localisation géographique par des ouvrières engagées dans la même activité favoriserait les capacités d'apprentissage rapide et la spécialisation des jeunes qui viennent de rejoindre un groupe et renforcerait la coopération entre les ouvrières en leur permettant de multiplier leurs interactions.

Jusqu'au moment où, après être devenue une spécialiste, l'ouvrière, prenant de l'âge, gagne un autre groupe et s'engage à nouveau aux côtés d'autres spécialistes, dans l'apprentissage d'une nouvelle carrière.

Si l'étude indique que les apprentissages et les spécialisations successives des ouvrières suivent la même séquence à mesure qu'elles prennent de l'âge – d'abord nourrices, puis nettoyeuses et patrouilleuses, puis récolteuses – les chercheurs notent que l'âge précis auquel chaque ouvrière s'engage dans l'un de ces trois groupes d'activités différentes est variable.

Pourrait-il y avoir, dans les comportements et les apprentissages des fourmis qui aboutissent à leur division du travail, une part due à leur expérience individuelle, aux hasards de leur vie, à leur histoire singulière ? Et si tel est le cas, jusqu'à quel point ?

Certaines recherches récentes ont commencé à explorer cette question.

L'expérience individuelle peut à elle seule faire émerger une division durable du travail chez les fourmis.
C'était le titre d'une étude publiée en 2007, dans la revue *Current Biology*.
Les chercheurs avaient exploré le comportement de fourmis ouvrières *Cerapachys biroi* de même âge qui sortaient pour la première fois de la fourmilière à la recherche de leur nourriture – de petits œufs d'insectes.
Afin de pouvoir les distinguer, les chercheurs avaient marqué individuellement chacune des fourmis par de minuscules taches de couleur de peinture différente.
Puis ils ont manipulé l'environnement extérieur.
Pour une partie des fourmis, les chercheurs faisaient en sorte qu'il y ait toujours, à chacune de leurs sorties, de la nourriture dans leur environnement.
Pour les autres, les chercheurs ont fait en sorte d'enlever, avant leur sortie, toute la nourriture présente dans leur environnement.

Au bout de trois jours et demi, des différences significatives de comportements avaient déjà émergé chez ces ouvrières.
Les fourmis qui échouaient à chacune de leurs sorties sortaient moins souvent de la fourmilière, et demeuraient plus longtemps à l'intérieur.

Au bout d'un mois, la quasi-totalité des fourmis qui avaient toujours trouvé de la nourriture au cours de leurs sorties continuaient à se spécialiser dans la recherche de nourriture.
Et celles qui avaient initialement échoué s'étaient reconverties.
Elles s'étaient spécialisées dans le rôle de baby-sitters et de nourrices – elles s'occupaient des petits à l'intérieur de la fourmilière.

Cette reconversion était probablement due à la conjonction de deux facteurs qui se renforçaient mutuellement.
Les fourmis qui échouaient systématiquement dans leurs tentatives de récolte de nourriture avaient eu rapidement tendance à sortir de moins en moins souvent et donc à demeurer de plus en plus longtemps dans la fourmilière. Et, en y demeurant, elles avaient été de plus en plus exposées aux phéromones émises par les petits à l'attention des nourrices qui s'en occupent, et aux phéromones émises par les nourrices.
Une démotivation de plus en plus importante à l'égard de la recherche de nourriture et une exposition de plus en plus importante aux phéromones des petits et des nourrices ont probablement joué un rôle complémentaire dans leur reconversion de récolteuses en nourrices.

Cette étude indique que, toutes choses étant par ailleurs apparemment égales, ces ouvrières s'engagent dans différentes activités en fonction de leur expérience individuelle, de leur motivation, de leurs succès ou de leurs échecs.

Mais les colonies de ces fourmis *Cerapachys biroi* sont très particulières.

Elles n'ont pas de reine, et chaque fourmi ouvrière se reproduit par parthénogenèse.

Le degré de flexibilité individuelle, la plasticité comportementale des ouvrières *Cerapachys biroi* est-elle liée à cette absence de division sociale de la reproduction et du travail, et notamment à l'absence de reine ? L'émergence des sociétés plus complexes de fourmis a-t-elle impliqué en retour une diminution, une restriction du champ des possibles de chacun des individus qui les composent et les construisent ?

D'autres recherches indiquent que l'expérience individuelle, l'histoire singulière pourraient aussi jouer un rôle dans des colonies de fourmis d'organisation sociale plus complexe, composées d'une reine et d'ouvrières.

L'histoire individuelle pourrait jouer un rôle important dans les apprentissages.

Non seulement en permettant d'apprendre. Mais aussi en permettant d'enseigner.

Nigel Franks dirige le Laboratoire des fourmis à l'université de Bristol, en Grande-Bretagne. Il a été l'élève, à l'université Harvard, d'Edward Wilson et de Bert Hölldobler, deux des plus grands spécialistes des insectes sociaux, et notamment des fourmis.

Depuis plus de vingt ans, Nigel Franks étudie les comportements individuels des fourmis. Il les a longtemps marquées, chacune, avec de toutes petites taches de différentes couleurs. Puis, beaucoup plus récemment, avec de minuscules émetteurs d'ondes radio qui lui permettent d'enregistrer tous les déplacements individuels de chaque fourmi vingt-quatre heures sur vingt-quatre.

Les fourmis dont il explore le comportement individuel – les fourmis *Temnothorax albipennis* – forment de petites colonies constituées d'une reine et de quarante à quatre cents ouvrières. Elles construisent leurs fourmilières à l'intérieur de petites crevasses dans la roche, et l'on peut facilement leur procurer ce type d'environnement au laboratoire et y suivre leur comportement.

Il y a près de quarante ans, en 1974, Bert Hölldobler et deux chercheurs de l'Université de Frankfort avaient publié dans *Science* leur découverte d'une forme particulière de communication dans différentes espèces de fourmis, qu'ils avaient nommée *appel pour un tandem* – un appel que fait une fourmi à une autre et qui les conduit à réaliser ensemble *une course en tandem*.

Lorsque l'une des ouvrières parties en éclaireuses à la recherche d'un lieu possible pour la construction d'une nouvelle fourmilière découvre un site qui lui convient, elle revient au domicile et, en émettant une phéromone volatile, y recrute une ouvrière qu'elle conduit au nouveau site en l'entraînant dans une *course en tandem*. Et la nouvelle venue explorera et évaluera à son tour la qualité du futur lieu possible de construction de la future fourmilière.

La *course en tandem* peut avoir lieu dans deux circonstances différentes – soit, comme l'avaient découvert Hölldobler et ses collègues, lors de la recherche d'un nouveau site pour une fourmilière, soit lors de la recherche de nourriture, une ouvrière expérimentée conduisant alors une fourmi qui n'est pas encore sortie de la fourmilière pour lui indiquer le lieu où se trouve la nourriture.

Ce sont ces *courses en tandem* qu'étudie Nigel Franks.

La fourmi expérimentée avance en tête, lentement – quatre fois moins vite que lorsqu'elle court en solitaire –, et s'arrête pour attendre celle qui la suit.

Et la suiveuse, lorsqu'elle la rejoint, caresse à intervalles fréquents avec ses antennes sa guide, sur les pattes et l'abdomen. Puis la course reprend.

Durant ces *courses en tandem*, la guide se comporte-t-elle de façon stéréotypée avec sa recrue ?

Ou pourrait-elle adapter son comportement en fonction des capacités de sa recrue ?

Pourrait-il y avoir, entre les deux fourmis une relation d'enseignante à élève ?

C'est la question qu'ont posée Nigel Franks et son équipe.

Ils ont publié leurs premiers résultats en 2006, dans *Nature*. Le titre de leur brève communication était *[Existence d']un enseignement chez des fourmis en train de courir en tandem*.

Un an plus tard, en collaboration avec une équipe de mathématiciens, ils publiaient une étude plus complète qu'ils avaient intitulée *[Existence d']un enseignement avec évaluation chez les fourmis*.

Le principe des expériences était le suivant.

Durant une *course en tandem*, à l'un des moments où l'élève s'est perdue en chemin et s'est trouvée un peu éloignée de sa guide, les chercheurs ont capturé la recrue.

Et ils ont observé la guide pour savoir combien de temps elle attendrait avant de retourner à la fourmilière recruter une nouvelle ouvrière.

L'étude révèle que plus la distance déjà parcourue par le tandem a été importante, et plus longtemps la guide attendra le retour de sa recrue.

Plus la guide a évalué le nouveau site où elle conduit son élève comme étant de grande qualité, et plus longtemps elle attendra le retour de sa recrue.

Et plus sa recrue l'a suivie rapidement jusque-là, moins elle a traîné en route, et plus longtemps la guide l'attendra.

La guide adapte son comportement et ses efforts en fonction du contexte – la qualité du but (et donc l'intérêt qu'elle attribue au fait de parvenir au but), l'importance de l'investissement déjà réalisé et les capacités qu'elle prête à l'élève.

Mais peut-on véritablement parler d'un enseignement, et d'un comportement d'enseignante à élève ? C'est l'objet d'une controverse intense.

Bert Hölldobler et Edward Wilson écriront :

[Cette notion *d'enseignement*] *est peut-être une charmante métaphore, mais cela apporte peu, si tant est que cela apporte quoi que ce soit à notre compréhension du phénomène* [de la course en tandem].

Quel serait le comportement qui pourrait être considéré comme un véritable enseignement ?

C'est l'objet d'un débat chez les éthologues qui explorent le comportement des animaux.

La notion la plus récente qui a été introduite dans ce débat est que, pour pouvoir parler d'enseignement, il faut non seulement qu'il y ait un comportement coûteux en temps et en énergie de la part de l'enseignant, qui permette à un élève d'apprendre, mais il faut aussi qu'il y ait, de la part de l'enseignant, une évaluation de la qualité de l'apprentissage et une adaptation de son enseignement au comportement de l'élève.

Pour Nigel Franks, c'est le cas lors des *courses en tandem*.

Et il remarque que la définition de ce que serait un véritable enseignement fait l'objet de modifications et de raffinements continuels à mesure que de nouvelles capacités sont découvertes chez les animaux. Ces modifications et raffinements continuels, dit-il, n'ont qu'un but – faire en sorte que la définition de ce qu'est un enseignement ne puisse correspondre qu'aux enseignements prodigués par les humains.

Pourtant, dit-il, rechercher les critères minimaux de ce qu'on pourrait considérer comme un enseignement permettrait au contraire de mieux appréhender la richesse et la variété des systèmes de communication qui ont émergé dans le monde des animaux.

Et, dans le même temps, de mieux comprendre en quoi l'enseignement humain a des caractéristiques uniques, réellement singulières.

Chaque fois que les capacités des animaux sont considérées comme un peu semblables aux nôtres, la réaction est violente, dit l'éthologue et primatologue Frans de Waal.

Vous pourriez penser que les chercheurs arrivent de manière dépassionnée à une caractérisation raisonnable d'un phénomène. Après quoi, ils n'auraient plus besoin que de se mettre d'accord sur ce qu'il reste à découvrir.

Mais les définitions sont rarement neutres.

Elles reflètent des visions du monde et, souvent, le débat ne concerne rien de moins que la place de l'humanité dans le cosmos.

Mais revenons aux fourmis *Temnothorax albipennis* et à leurs *courses en tandem.*

Ce qu'il y a d'intéressant, lors de la recherche d'un nouveau site pour une fourmilière, ce n'est pas seulement le recrutement et l'enseignement que la guide prodigue à sa recrue, c'est aussi le fait que cet enseignement est un préalable à un processus de choix collectif.

Au bout d'un certain nombre de courses en tandem qui ont conduit les recrues sur différents sites, à partir d'un certain seuil, un choix collectif va être fait par l'ensemble des guides et de leurs recrues lorsqu'elles seront de retour à la fourmilière. Et la collectivité va aboutir à un consensus en faveur d'un seul de ces sites – presque toujours le meilleur.

À ce moment, les guides emporteront les œufs, les larves et les nymphes et guideront les ouvrières et la reine vers le nouveau site où sera bâtie la nouvelle fourmilière.

Il s'est produit ce qui ressemble à un vote.

Et le choix majoritaire a été adopté par tous.

En 2012, Nigel Franks et son équipe ont publié dans le *Journal of Experimental Biology* une nouvelle étude concernant la course en tandem.

La question qu'ils ont posée était de savoir si l'âge jouait un rôle important dans l'engagement d'une ouvrière dans la carrière de guide et dans ses talents d'enseignante.

Leurs résultats indiquent que, si l'âge favorise l'adoption d'une carrière de guide, le critère essentiel n'est pas l'âge, mais l'expérience.

Les ouvrières qui ont eu tendance à souvent accepter d'être recrutées deviennent souvent guides à leur tour.

Il y a des guides âgées expérimentées, et de jeunes guides expérimentées.

Et la qualité de l'enseignement délivré par les guides à leurs recrues – et notamment leur patience – ne dépend pas de leur âge, mais de leur expérience.

Les capacités d'apprentissage des fourmis sont d'autant plus remarquables que leur cerveau, qui mesure moins d'un millimètre cube, ne contient qu'un peu moins d'un million de cellules nerveuses – cent mille fois moins que notre cerveau.

Et des recherches suggèrent que le petit cerveau des fourmis – *l'un des plus merveilleux atomes de matière dans le monde,* disait Darwin – se remodèle tout au long de leur existence. Cette plasticité serait liée à la modification des connections, des synapses, entre les cellules nerveuses de leur cerveau, à mesure que se modifie le répertoire des comportements et des expériences individuelles des fourmis.

Ces études ne nous disent rien, bien sûr, sur la façon dont chaque fourmi se représente et ressent le monde. Mais elles soulèvent des questions passionnantes.

Jusqu'à quel point les contingences de leur histoire individuelle favorisent-elles la capacité des fourmis à arpenter le champ des possibles et à faire émerger la complexité de leur société ?

Et jusqu'à quel point ces singularités individuelles ont-elles pu jouer un rôle dans la splendide épopée des fourmis à travers l'espace et le temps ?

Ce champ de recherches nouveau commence à changer le regard que nous portons sur leur univers étrange et merveilleux.

II

L'ÂME DE L'ÉTÉ

Elles sont l'âme de l'été, l'horloge des minutes d'abondance, l'aile diligente des parfums qui s'élancent, l'intelligence des rayons qui planent, le murmure des clartés qui tressaillent, le chant de l'atmosphère qui s'étire et se repose et leur vol est le signe visible, la note musicale des petites joies innombrables qui naissent de la chaleur et vivent dans la lumière. Elles font comprendre la voix la plus intime des bonnes heures naturelles. À qui les a connues, à qui les a aimées, un été sans abeilles semble aussi malheureux et aussi imparfait que s'il était sans oiseaux et sans fleurs.

Maurice Maeterlinck. *La vie des abeilles.*

Je vais chanter le miel aérien

Poursuivant mon œuvre, je vais chanter
le miel aérien, présent céleste.
Je t'offrirai, à partir de toutes petites choses,
des spectacles admirables.

Virgile. *Géorgiques.*

Pour faire une prairie, dit la poétesse Emily Dickinson,
Pour faire une prairie, il faut un trèfle et une abeille,
Un trèfle et une abeille,
Et de la rêverie.

La rêverie seule suffira
Si les abeilles sont rares.

La rêverie nous suffira – mais elle ne suffira pas aux prairies,
aux arbres et aux fleurs.
Aux prairies, aux arbres et aux fleurs, il faut des abeilles.

Depuis très longtemps, bien avant l'émergence de nos premiers ancêtres humains, bien avant l'extinction des dinosaures, avant que ne se déchirent et ne se séparent, de part et d'autre de l'océan Atlantique, les rivages de l'Amérique des rivages de l'Europe et de l'Afrique – il y a cent dix à cent quarante millions d'années – les premières abeilles et les premières plantes à fleurs avaient commencé à tisser l'immense tapisserie de leurs liens étroits.

Le plus ancien fossile connu d'une abeille a été découvert dans la vallée de Hukawng, au nord de la Birmanie. Il a été décrit il y a sept ans, en 2006, dans la revue *Science*.
C'est une toute petite abeille de moins de trois millimètres de long, conservée dans l'ambre.
Elle date d'il y a environ cent millions d'années.

La vénérable aïeule, à laquelle nous devons probablement la plupart de nos fleurs et de nos fruits, disait Maurice Maeterlinck, il y a un siècle, dans son merveilleux livre, *La Vie des Abeilles.*

Cette minuscule abeille ancestrale possède à la fois certaines caractéristiques des abeilles d'aujourd'hui et certaines caractéristiques des guêpes d'aujourd'hui.
Les premières abeilles végétariennes, qui se nourrissent de pollen et de nectar
– *Vous qui n'avez pas d'autre proie*
Que les parfums, chantait Victor Hugo –
auraient émergé à partir d'ancêtres guêpes chasseresses carnivores – des guêpes de la famille *Crabonidae.*

Les premières fleurs ont nourri les premières abeilles. Et les premières abeilles, en se nourrissant, ont pollinisé les plantes à fleurs, favorisant ainsi leur propagation et leur extraordinaire expansion et diversification à travers notre planète.

Aujourd'hui, cent dix à cent quarante millions d'années plus tard, il y a près de vingt mille espèces d'abeilles et plus de deux cent cinquante mille espèces de plantes à fleurs réparties sur tous les continents.
C'est l'un des exemples les plus réussis et les plus spectaculaires de coévolution dans le monde vivant.

Les vingt mille espèces actuelles d'abeilles appartiennent à sept grandes familles, réparties inégalement à travers le monde.

La plus grande famille est *Apidae*, constituée de cinq mille sept cents espèces.

La plupart d'entre elles vivent en solitaires, ou en toutes petites communautés peu structurées.

Mais c'est dans cette famille qu'a émergé, il y a une vingtaine de millions d'années, la tribu des *Apini*, la tribu des abeilles à miel, à la vie sociale extrêmement complexe, qui compte aujourd'hui neuf espèces, dont *Apis mellifera* – l'abeille à miel de nos régions – et *Apis cerana*, la principale espèce d'abeille à miel vivant aujourd'hui en Asie du Sud et de l'Est.

Le lieu de naissance des premiers ancêtres d'*Apis mellifera* a été déduit de l'analyse de l'ADN – le support de l'hérédité, la molécule qui contient tous les gènes – de ses descendants d'aujourd'hui.

La séquence complète de leur ADN a été établie et publiée en 2006 dans la revue *Nature* par un consortium international de plus de deux cents chercheurs.

Il semble que – comme nos premiers ancêtres humains – les premiers ancêtres d'*Apis mellifera* soient nés en Afrique.

Et, d'Afrique, ces abeilles à miel se seraient engagées dans plusieurs grands périples.

Une première vague de migrations vers l'ouest – en Europe occidentale.

Puis une deuxième vague et peut-être plusieurs vagues successives de migrations vers l'est – en Europe orientale et en Asie centrale.

Aujourd'hui, *Apis mellifera* comporte environ vingt-cinq sous-espèces, réparties en quatre groupes majeurs, qui se distinguent à la fois du point de vue de leur évolution et de leur répartition géographique distinctes – le groupe A, en Afrique ; le groupe C, en Europe de l'Est ; le groupe M, en

Europe de l'Ouest et du Nord ; et le groupe O, au Moyen-Orient et en Asie centrale.

Quant à leur arrivée sur le continent américain, elle est extrêmement récente.

Elle date du début du XVIIᵉ siècle et s'est faite par bateau, les colons européens emportant avec eux dans leur voyage vers le Nouveau Monde leurs ruches et leurs abeilles domestiques.

Le plus ancien témoignage de notre goût pour les productions des abeilles à miel date d'il y a quatre à sept mille ans. C'est une peinture sur les parois d'une caverne figurant nos ancêtres en train de voler le miel des nids d'abeilles sauvages.

Mais *L'art d'élever les abeilles, quel dieu, Muse, quel dieu nous l'a révélé ?* demande le berger Aristée, qui se lamente d'avoir perdu ses abeilles.
Comment cet étrange procédé a-t-il pris naissance chez l'homme ?
C'est un passage du Livre IV des *Géorgiques*, le grand poème dans lequel Virgile célèbre, il y a un peu plus de deux mille ans, l'agriculture et l'élevage.

Le premier Livre des *Géorgiques* chante la culture de la terre, le blé, le laboureur et le semeur.
Le second, l'entretien des arbres – les oliviers et la vigne.
Le troisième, l'élevage des troupeaux.
Et le quatrième est consacré à la vie des abeilles, aux apiculteurs, aux ruches, aux récoltes de miel.

Mais le plus ancien témoignage de notre domestication des abeilles date d'il y a près de quatre mille cinq cents ans :
un bas-relief dans un temple – le temple solaire d'Abou Ghorab en Égypte. On y voit des apiculteurs et des ruches.

Des peintures, des fresques, des bas-reliefs.
Et des textes.

Un texte de loi hittite datant d'il y a trois mille trois cents ans, indiquant les peines auxquelles sont condamnés les voleurs de ruches.

Et la Bible aussi parle de miel – du *pays où coule le lait et le miel*. Mais il semble que le nom de miel y désigne le plus souvent la douceur du suc des fruits – des dattes.
Le miel des abeilles n'y est cité que deux fois.
Dans *le Livre des Juges*.
Et dans *le Livre de Samuel*.
Et il s'agit du miel produit par les abeilles sauvages.
Il n'est pas fait mention dans la Bible de ruche ni d'apiculture.

Et pourtant.
Il y a six ans, en 2007, des archéologues découvrent des ruches dans une ancienne cité de la vallée du Jourdain.
Elle date des temps bibliques, il y a plus trois mille ans.
L'époque du royaume de David et de Salomon.

C'est l'un des plus grands sites archéologique de l'âge du fer découvert en Israël.
Tel Rehov.
L'antique cité de Rome s'y étendait sur dix hectares.

Et, au milieu de la ville, il y a un rucher – dont une trentaine de ruches persistent, intactes, sur un total de cent à deux cents ruches.
Chaque ruche est un cylindre d'argile non cuite.
Et, à l'intérieur, les chercheurs découvrent des vestiges des abeilles qui y vivaient.
Leur datation au carbone 14 confirme qu'elles vivaient là il y a plus de trois mille ans.

Ce sont les plus anciennes traces archéologiques d'une activité humaine d'apiculture.
Une activité intense. Déjà très développée.

En 2010, une équipe de chercheurs de Jérusalem, en collaboration avec des chercheurs de Sao Paulo et de Francfort,
publie dans les *Comptes rendus de l'Académie des Sciences des
États-Unis* les résultats d'une analyse minutieuse des vestiges
des abeilles ouvrières et des nymphes découvertes dans ces
ruches.

Les abeilles à miel qui sont présentes aujourd'hui dans la
région appartiennent à la sous-espèce *Apis mellifera syriaca*.
Plus loin, on trouve la sous-espèce égyptienne, *Apis mellifera
lamarckii,* et la sous-espèce perse, *Apis mellifera meda*.

Mais les abeilles à miel qui peuplaient les ruches de Tel Rehov
il y a trois mille ans appartenaient à la sous-espèce *Apis mellifera anatoliaca* qui réside aujourd'hui en Anatolie, près des
monts Taurus, dans le sud de la Turquie.
À cinq cents kilomètres au nord de la vallée du Jourdain.

Et les chercheurs font deux hypothèses.
La première est que, durant les trois derniers millénaires, les
abeilles à miel se seraient déplacées.
Apis mellifera anatoliaca aurait initialement vécu dans la
vallée du Jourdain, puis aurait émigré au nord, où elle réside
aujourd'hui.
Ce sont des régions tempérées, pluvieuses, au climat frais. Tel
Rehov, au contraire, est situé dans l'une des régions les plus
chaudes et les plus sèches d'Israël.
Le climat a-t-il changé ? Était-il frais et pluvieux dans la vallée
du Jourdain il y a trois mille ans ?

Les chercheurs préfèrent une autre hypothèse.
Apis mellifera syriaca est difficile à élever – elle est agressive,
a tendance à essaimer de nombreuses fois et produit relativement peu de miel.
Toutes les tentatives réalisées au XXe siècle pour développer
une activité d'apiculture au Moyen-Orient en élevant *Apis*

mellifera syriaca ont échoué. D'autres abeilles à miel ont été importées, dont *Apis mellifera anatoliaca*, qui est beaucoup moins agressive et qui produit de trois à huit fois plus de miel. Les ruches de l'antique cité de Rehov étaient situées au centre de la ville et il aurait été très difficile, disent les chercheurs, de maintenir la présence d'abeilles agressives au milieu des habitations.

La cité de Rehov commerçait avec les habitants de Phénicie, de Chypre, de Grèce.

Et, pour les chercheurs, la présence exclusive d'*Apis mellifera anatoliaca* dans les ruches de la cité signifierait le développement, dès avant cette époque, il y a plus de trois mille ans, d'un échange et d'un commerce des abeilles à miel qui se serait étendu à travers la région jusqu'en Anatolie.

En raison du caractère précieux des productions des abeilles.

La cire qui, durant l'âge du bronze, permettait d'utiliser la technique de la cire perdue pour réaliser les merveilleux moulages de bronze.

Et le miel à la couleur ambrée et au goût exquis, dont on tirait l'alcool d'hydromel – et qui composait peut-être, dit la légende, le *nectar* et l'*ambroisie* dont se nourrissaient les dieux de l'Olympe.

Lorsque le Soleil doré a mis l'hiver en fuite et l'a relégué sous la terre, chante Virgile, *quand le ciel s'est rouvert à l'été lumineux, aussitôt les abeilles parcourent les fourrés, butinent les fleurs vermeilles et effleurent, légères, la surface de l'eau.*

Transportées alors de je ne sais quelle douceur de vivre, elles choient leurs couvées et leur nid, et façonnent avec art la cire nouvelle et composent leur miel.

Les abeilles donnent le miel et la cire odorante à l'homme qui les soigne, dira Maurice Maeterlinck; *mais ce qui vaut peut-être mieux que le miel et la cire, c'est qu'elles appellent son attention sur l'allégresse de juin, c'est qu'elles lui font goûter l'harmonie des beaux mois, c'est que tous les événements où elles se mêlent sont liés aux ciels purs, à la fête des fleurs, aux heures les plus heureuses de l'année [...].*

À qui les a connues, à qui les a aimées, un été sans abeilles semble aussi malheureux et aussi imparfait que s'il était sans oiseaux et sans fleurs.

Cela fait plus de quatre mille cinq cents ans que l'humanité a tissé des liens étroits avec les abeilles.

Mais, depuis les origines de l'humanité, elles ont apporté une contribution majeure à la récolte des fruits, des graines, des légumes et des noix dont se nourrissaient nos ancêtres.

Pendant très longtemps, à partir de leurs cueillettes. Puis, depuis dix mille ans, dans différentes régions du monde, à partir de leurs activités d'agriculteur.

On estime qu'aujourd'hui un tiers de notre nourriture, sur toute notre planète, est dérivée de plantes dont les abeilles fécondent les fleurs.

Mais aujourd'hui, dans nos pays de l'hémisphère nord, la diversité et le nombre des abeilles ont considérablement diminué.

Et cette diminution progressive, qui a débuté, il y a plus d'un demi-siècle, s'est brutalement accentuée durant ces dix dernières années.

Les abeilles sont en danger.

Elles sont en train de mourir.

Parmi les nombreux facteurs incriminés, il y a le fractionnement de leur habitat, dû aux activités humaines, et une diminution de leur résistance à des parasites.

Et les pesticides.

Il y a moins de six mois, à la fin mai 2013, une étude publiée dans les *Comptes Rendus de l'Académie des Sciences des États-Unis* par des chercheurs de l'Université de l'État de l'Illinois explorait l'une des nombreuses causes possibles de la diminution des populations d'abeilles à miel *apis mellifera* dans de nombreuses régions du monde.

Les chercheurs ont observé que le miel stocké par les abeilles contient une molécule – l'acide p-coumarique – qui a pour effet d'augmenter les capacités de détoxification des abeilles et leurs défenses contre les microbes.

Cette molécule provient probablement de la présence dans le miel d'extraits de pollen et de *propolis* – cette résine que les butineuses récoltent sur les arbres conifères, les bourgeons de saule, de peuplier, ... et que les ouvrières transforment en un mortier qu'elles utilisent pour réparer les rayons de cire et les alvéoles hexagonaux et pour colmater les ouvertures et les brèches dans leur domicile.

L'ingestion de miel par les abeilles augmenterait donc leur capacité à résister aux effets toxiques de certains pesticides et aux parasites.

Or de nombreux apiculteurs fournissent aux abeilles dont ils prélèvent un excès de miel des substituts riches en fructose – comme le sirop de maïs – qui ne contiennent pas cette molécule présente dans le miel fabriqué par les abeilles.

Et ils compromettent ainsi, disent les chercheurs, les capacités de résistance des abeilles.

Un an plus tôt, en mars 2012, deux études publiées dans *Science* révélaient les effets délétères sur les abeilles de faibles doses de produits qui font partie de la famille des pesticides les plus utilisés dans le monde – les néo-nicotinoïdes – des neurotoxines, qui affectent le système nerveux des insectes.

L'une des études a été réalisée par un groupe de chercheurs anglais et concernait les bourdons, ou abeilles *Bombus*.

L'autre a été réalisée par un groupe de chercheurs français et concernait les abeilles à miel *Apis mellifera*. Elle indiquait que l'ingestion de faibles doses de pesticides – comparables aux doses qui sont présentes dans le nectar et le pollen récoltés par les abeilles à miel dans les fleurs de culture de maïs, de tournesol, de lin et de colza, dont les graines sont traitées par les pesticides – a pour effet de perturber le sens d'orientation des butineuses.

Et la désorientation des butineuses provoque leur mort prématurée parce qu'elles deviennent incapables de retrouver le chemin de leur nid ou de leur ruche. Et qu'il leur est impossible de survivre en dehors de la présence de leurs sœurs.

Ce merveilleux sens de l'orientation des abeilles à miel.

Et cette étrange capacité qu'ont les butineuses, une fois revenues au nid ou à la ruche, de faire à leurs sœurs le récit de leur voyage.

Chaque jour, dit Maeterlinck, *dès la première heure de soleil, dès la rentrée des exploratrices de l'aurore, la ruche qui s'éveille apprend les bonnes nouvelles de la terre :* « *Aujourd'hui fleurissent les tilleuls qui bordent le canal* », – « *Le trèfle blanc éclaire l'herbe des routes* », – « *Le mélilot et la sauge des prés vont s'ouvrir* », – « *Les lys, les résédas ruissellent de pollen* ». *Vite, il faut s'organiser, prendre des mesures, répartir la besogne.*

Car les abeilles sont des conteuses.

Elles ont cette extraordinaire capacité d'indiquer à leurs sœurs la direction, la distance et la qualité des sources de nectar ou de pollen qu'elles viennent de découvrir.

Mais Maeterlinck ne sait rien du langage secret dans lequel les butineuses font leurs récits. Et ce langage demeurera mystérieux durant encore plus de quarante ans.

Il sera déchiffré par l'éthologue autrichien Karl von Frisch. Un langage sans parole – *die Tanzsprache,* dira-t-il – *le langage de la danse, le langage par la danse.*

Encore trente ans.

Et en 1973, à l'âge de quatre-vingt-sept ans, Karl von Frisch recevra pour cette découverte le prix Nobel de physiologie.

La danse frétillante des abeilles.

Ce récit qui prend la forme d'une danse sonore, dans l'obscurité du nid ou de la ruche.

Cette *danse frétillante* qui continue, aujourd'hui encore, à révéler certains de ses secrets.

Durant les années 1910, von Frisch avait observé que, lorsqu'une butineuse découvre une source riche en nectar, elle revient rapidement à la ruche, se pose sur l'un des rayons de cire et se met à exécuter une étrange forme de danse.

Pendant ce temps, les ouvrières l'entourent et la suivent, *prenant part,* écrira-t-il, *à chacune de ses manœuvres, de telle sorte que la danseuse elle-même, durant sa succession de mouvements follement animés, semble traîner derrière elle en permanence une queue de comète d'abeilles.*

Et une fois que la danse est terminée, la queue de comète, ou une partie de ses membres, se précipite hors du nid ou de la ruche en direction de la source de nourriture indiquée par la danseuse.

Tout d'abord, Von Frisch pensera que l'information que transmet la danseuse est simplement un parfum, une odeur.

En suivant de près la danseuse, ses sœurs apprennent, pense-t-il, à reconnaître le parfum particulier de la fleur qu'elle a découverte et visitée, qu'elles perçoivent, à l'aide de leurs antennes, sur le corps de la danseuse.

La danse est un moyen d'attirer l'attention des autres butineuses, de leur permettre de s'imprégner du parfum de la fleur, d'en apprécier la qualité et de le mémoriser. Puis, une fois dehors, les butineuses se mettent à voler autour de la ruche en décrivant des cercles concentriques de plus en plus larges, jusqu'à ce qu'elles découvrent les fleurs que leur a signalées la danseuse.

Mais cette interprétation initiale de von Frisch n'expliquait que la forme de danse la plus simple qu'exécutent les butineuses – *la danse en rond* – un cercle dans une direction, puis, quand le cercle est achevé, un cercle dans la direction opposée, et ainsi de suite – qui signale l'odeur des fleurs remarquables à proximité du nid ou de la ruche, à une distance de moins de cent mètres.

Et von Frisch découvrira plus tard que, lorsque la source de nectar ou de pollen est plus lointaine, lorsqu'elle est située à plus de cent mètres du nid ou de la ruche, ce n'est pas le parfum de la fleur qui est communiqué par la danse, c'est le récit du voyage qu'a accompli la danseuse, le récit du voyage qu'il faudra que ses sœurs réalisent à leur tour si elles partagent l'enthousiasme qu'exprime la danseuse pour les fleurs qu'elle a découvertes.

Et ce récit du voyage, ce n'est pas une simple *danse en rond* qui peut le communiquer.

C'est une toute autre forme de danse – la *danse frétillante*.

Thomas Seeley est l'un des principaux chercheurs spécialistes du monde des abeilles. Il dirige le département de neurobiologie et d'études des comportements de l'Université Cornell, dans l'État de New-York. Il a écrit deux beaux livres. *The wisdom of the hive – La sagesse de la ruche –* et, il y a trois ans, *Honeybee democracy – La démocratie des abeilles à miel.*

Depuis une quarantaine d'années, il étudie la complexité des modalités de communication entre les abeilles.

Ce que von Frisch découvrit en 1944 était presque incroyable, écrit Thomas Seeley dans *La démocratie des abeilles à miel.*

Les abeilles ouvrières qui avaient suivi la danse ne recherchaient la fleur qu'à proximité du lieu où la danseuse l'avait découverte, même si ce lieu était très distant du nid – par exemple, à des kilomètres de là, au long de la rive ombragée d'un lac.

Sans aucun doute, elles avaient acquis de l'exploratrice une information concernant à la fois la localisation et l'odeur de la source de nourriture. Cette information sur la localisation de la fleur pouvait-elle avoir été communiquée par la danse de l'abeille à l'intérieur de la ruche, plongée dans l'obscurité ?

La réponse se révéla être oui.

Plus tard, durant l'été 1945, au milieu du chaos qui suivit en Europe la Seconde Guerre mondiale, von Frisch retourna à ses abeilles dansantes, observant désormais leurs mouvements de plus près qu'auparavant, recherchant des indices qui pourraient l'aider à résoudre le mystère.

Il découvrit que, lorsqu'une abeille exécute une danse frétillante dans l'obscurité d'un nid ou d'une ruche, elle réalise une représentation en miniature de son vol récent hors du nid ou de la ruche, à travers la campagne éclairée par le soleil, et, de cette façon, elle indique la localisation de la source de nourriture qu'elle vient de visiter.

Comme les fourmis des déserts du Sahara, de Namibie, et d'Australie, qui partent chercher leur nourriture en solitaires et retrouvent seules le chemin du retour à leur domicile, les abeilles ont un sens de la direction et de la distance parcourue. Mais, contrairement aux fourmis du désert, elles partagent leurs informations avec leurs sœurs, elles leur racontent l'histoire de leur découverte, elles la revivent en leur présence.

La danse frétillante est une chorégraphie durant laquelle l'abeille revit sous une forme symbolique le voyage et la découverte qu'elle vient de vivre.

S'agit-il pour elle d'un récit ? On ne le sait pas.

Mais ce que l'on sait, c'est que ses sœurs sont capables de déchiffrer la signification du récit auquel elles assistent. Ou, tout du moins, de se l'approprier, puis de revivre, sous la forme d'un véritable voyage, la danse qu'elle ont observée et appréciée.

Durant tout le printemps, tout l'été et une partie de l'automne, une butineuse de retour à son nid ou à sa ruche communique à ses sœurs par sa danse frétillante la direction, la distance et la qualité d'une source de nectar ou de pollen, ou d'un point d'eau qu'elle vient de découvrir et qui peut être situé très loin du nid ou de la ruche.

La danse frétillante de la butineuse est exécutée dans l'obscurité quasi complète du nid ou de la ruche.

La danseuse s'est posée sur la paroi verticale d'un rayon de cire. Puis elle commence à monter, au long d'un segment de droite, en frétillant de l'abdomen et en bruissant des ailes.

La durée de cette montée est directement proportionnelle à la durée du voyage que la danseuse vient d'accomplir – elle indique la distance qui la sépare de la source de nourriture. En moyenne – il y a des variations selon les sous-espèces d'abeilles à miel et selon les colonies – une seconde de cette montée en frétillant correspond à une durée de vol qui permet de parcourir une distance d'un kilomètre. Et la danse, en la restituant, comprime, réduit la durée du vol.

Plus la distance à parcourir est grande, et plus sera longue la durée de ce parcours tressautant vers le haut, avant de revenir à son point de départ.

Cette durée est détectable, malgré l'obscurité, grâce aux bruissements d'ailes que produit la danseuse pendant qu'elle frétille – plus la durée est longue, et plus le nombre de frétillements et de bruissements d'ailes sera important.

L'angle que fait avec la verticale le segment de droite au long duquel la danseuse monte en frétillant, représente la direction qu'il faudrait suivre, par rapport à la direction dans laquelle se trouve le Soleil, pour atteindre le lieu de la récolte. Si elle monte en frétillant au long du rayon de cire en suivant un trajet qui fait avec la verticale un angle de quarante degrés à droite, cela signifie que la direction vers la source de nectar ou de pollen est à quarante degrés à droite de la direction dans laquelle se trouve le Soleil.

Si la direction du lieu de récolte, par rapport au nid ou à la ruche, est à l'*opposé* de la direction du Soleil dans le ciel, la danseuse procède de la même façon, mais elle descendra au long du rayon, au lieu de monter.

Et l'angle que forme avec la verticale le segment de droite au long duquel la danseuse descend représentera alors la direction qu'il faudrait suivre par rapport à la direction *opposée* à celle du Soleil.

Et la danseuse tient compte du temps qui s'est écoulé depuis sa découverte.

C'est l'angle par rapport à la position actuelle du Soleil dans le ciel qu'elle indique, et non pas l'angle par rapport à la position qui était celle du Soleil au moment de sa découverte.

Et ce qui est le plus remarquable, dit Seeley, *c'est que les abeilles qui suivent la danseuse dans la ruche sont capables de déchiffrer et de décoder sa danse et de transformer ces informations en actes.*
Et, parce que, comme les fourmis des déserts du Sahara, de Namibie et d'Australie, les abeilles sont sensibles à la lumière polarisée, elles pourront déduire, de la polarisation de la lumière dans le ciel, la position du Soleil, quand le Soleil ne leur est pas visible, à condition qu'une partie du ciel leur soit visible.

Il y a une autre indication, encore, dans la danse frétillante des butineuses – une indication qui concerne la qualité de la nourriture découverte.

Lorsque la danseuse a achevé sa montée frétillante, elle exécute un demi-cercle sans frétiller pour redescendre à son point de départ.

Un premier demi-cercle à droite, puis elle remonte en frétillant, puis un demi-cercle à gauche, puis elle remonte en frétillant, et ainsi de suite.

Plus la vitesse de son retour en demi-cercle est rapide, avant qu'elle reprenne sa marche frétillante vers le haut, et plus cela signifie que la qualité de la nourriture a été bonne à son goût. Et il en est de même pour le nombre total de circuits réalisés – le nombre total de montées et de retours en demi-cercle. Une danse qui annonce des fleurs riches d'un délicieux nectar peut comporter une centaine de circuits et durer plus de trois minutes.

Et ainsi, plus la nourriture qu'elle a découverte a paru exceptionnelle à la danseuse, et plus sa danse sera animée, bruyante et prolongée.

Et plus sera grand le nombre de ses sœurs qui partiront à la recherche de ce trésor.

Elles auront, en suivant la danseuse, perçu et mémorisé le parfum des fleurs qu'elle a visitées et rechercheront spécifiquement les fleurs qui émettent ce parfum lorsqu'elles seront parvenues à l'endroit indiqué par la danse.

Si les butineuses qui ont été convaincues par la danseuse partagent, une fois parvenues au lieu de récolte, son enthousiasme pour les fleurs qu'elle leur a signalées, elles danseront à leur tour une danse passionnée, une fois revenues avec leur part du trésor.

Plus l'avis de la première danseuse aura été partagé par ses sœurs, plus augmentera le nombre des butineuses recrutées vers les fleurs qu'elle a signalées, et plus augmentera la quantité de nectar et de pollen récoltée.

C'est ce qu'on appelle un phénomène de rétroaction positive, d'amplification non linéaire, exponentiel – qui devient progressivement explosif.

La récolte de nectar augmentera, et les intendantes et les cuisinières s'affaireront pour préparer les réserves de miel qui permettront à la collectivité de survivre à l'hiver.

Et les réserves de pollen augmenteront, permettant aux nourrices de nourrir leurs petites sœurs auxquelles la reine donne continuellement naissance.

Mais l'environnement se modifie en permanence.

Certaines fleurs éclosent au printemps, à différents endroits, puis s'étiolent.

D'autres éclosent ailleurs au début de l'été puis fanent.

D'autres encore apparaissent au début de l'automne.

Et lorsqu'un trésor est épuisé, l'intérêt pour la découverte initiale retombera aussi vite qu'il était né. Les butineuses attirées par les premières danseuses reviendront sans danser. Et l'attention se reportera rapidement soit sur d'autres lieux déjà connus soit sur de nouvelles découvertes.

Et ainsi, chaque abeille exerce individuellement son effet sur la dynamique du comportement collectif, permettant une adaptation rapide, en temps réel, des activités de récolte de la colonie et permettant à la collectivité d'exploiter de manière optimale les ressources diverses et éphémères dont la localisation change en permanence dans son environnement.

La danse frétillante d'une butineuse est un récit que ses sœurs vivent sous la forme d'une invitation au voyage. *J'ai découvert des merveilles,* semble dire la danseuse, *et je vous livre le secret du chemin qui y mène.* Si elles ont été convaincues, d'autres butineuses emprunteront à leur tour ce chemin et reviendront danser leur enthousiasme, recrutant d'autres sœurs encore.

En revanche, si elles ont été déçues, elles reviendront sans danser.

Et l'enthousiasme retombera.

Mais il y a aussi des cas où l'invitation au voyage peut être brutalement interrompue au moment même où elle est émise.

Il y a trois ans, en 2010, James Nieh, un chercheur de l'Université San Diego de Californie publiait dans *Current Biology* sa découverte d'un signal négatif, qu'il a appelé un signal *stop*, et qui a pour effet d'empêcher une danseuse de recruter ses sœurs vers une source particulière de nourriture.

Ce signal négatif, qui équivaut à un *n'y allez pas,* et qui s'adresse directement à la danseuse, avait été identifié trente ans plus tôt. Mais sa signification était demeurée inconnue.

Ce qu'a révélé l'étude de James Nieh, c'est que ce signal *stop*, une butineuse va l'émettre lorsqu'elle a été attaquée par un prédateur – une araignée, par exemple, tapie dans la fleur que l'abeille a visitée.

C'est le récit d'un danger, un signal d'alarme.

La butineuse qui a échappé au prédateur est revenue dans son nid ou sa ruche. Une autre butineuse commence sa danse frétillante qui chante les louanges des fleurs qu'elle a découvertes à l'endroit où la première a été attaquée.

Celle qui a été attaquée se met à suivre la danseuse et, durant sa phase de descente en demi-cercle, elle lui donne une série de coups de tête rapides tout en émettant de brefs bourdonnements intenses, d'une durée d'un ou deux dixièmes de seconde.

Et, au bout d'un moment, la danseuse s'arrête de danser.

Il y a d'autres raisons encore, pour une butineuse, d'interrompre la danse d'une de ses sœurs – d'autres raisons que d'avoir subi une attaque d'un prédateur sur le lieu que célèbre la danseuse.

L'abeille interrompra aussi une danse si elle a senti, à cet endroit, sur des fleurs, en l'absence de tout danger présent, des phéromones de stress, des hormones d'angoisse déposées par une abeille qui l'a précédée sur la fleur et qui y a vécu un danger.

Elle interrompra aussi une danseuse si, à l'endroit indiqué par la danse, elle a dû fuir devant d'autres abeilles appartenant à une autre colonie, qui lui disputaient ce territoire.

Les abeilles distinguent leur appartenance à des colonies différentes par les phéromones, les odeurs spécifiques à chaque collectivité.

Mais ce n'est pas le simple fait qu'elle ait dû se battre contre d'autres abeilles qui déterminera si, une fois de retour, elle interrompra la danse qui risquerait d'attirer ses sœurs vers le lieu de son combat. Elle n'interrompra la danse que si elle a été vaincue lors de ce combat.

Si elle a eu le dessus, elle laissera chanter les louanges de cet endroit, qui est probablement pour elle non pas le lieu d'un danger, d'un guet-apens, mais celui d'une victoire.

Et ainsi, la danse frétillante, qui invite la colonie à s'envoler vers le trésor que la danseuse a découvert sera interrompue par toute abeille qui, sur les lieux du trésor, a perçu – directement, ou indirectement – l'existence d'un danger qui menace ses sœurs et auquel la danseuse n'avait pas été exposée.

Dans le langage des abeilles, le signal *stop* signifie *n'y allez pas* – la nourriture est peut-être d'excellente qualité, mais *moi, je sais ce que la danseuse ne sait pas : la nourriture, là-bas, est entourée d'ennemis, elle est un piège.*

Comment la butineuse qui a décelé le danger détermine-t-elle que la danseuse est en train de vanter une nourriture située dans ce lieu dangereux, et pas dans un autre lieu ?

Ce n'est pas en déchiffrant, dans le langage de la danse frétillante, la direction et la distance indiquées par la danseuse. C'est en identifiant le parfum de la danseuse, l'odeur du pollen qu'elle a rapporté en l'agglomérant sur ses cuisses, en petites pelotes.

La danse frétillante indique la direction, la distance et la qualité des fleurs. Mais l'interruption de la danse se fonde sur l'odeur.

En d'autres termes, l'invitation au voyage – le caractère merveilleux du lieu et sa localisation – se lit dans le langage symbolique de la danse frétillante. Mais la présence du danger s'est imprimée dans la mémoire dans le langage des parfums. Et avant même de déchiffrer le récit de la danse, la butineuse qui a été exposée au danger *sent* le danger sur le corps de la danseuse.

Et ainsi, l'ampleur et la durée du recrutement vers un lieu particulier de récolte dépendront à la fois de l'importance du phénomène d'amplification, de rétroaction positive lié au nombre de butineuses qui partageront l'enthousiasme des premières danseuses. Mais il dépendra aussi de l'importance du phénomène de répression, d'inhibition, de rétroaction négative lié au nombre de butineuses qui auront été exposées à un danger sur ce lieu de récolte.

En partageant et en intégrant ces informations individuelles, parcellaires et incomplètes, la colonie, dans son ensemble, fait émerger une forme d'intelligence collective qui permet à chacune des abeilles de la colonie de s'adapter à un environnement complexe et changeant dont aucune abeille n'a, à elle seule, une représentation globale.

Mais comment les jeunes abeilles butineuses déchiffrent-elles initialement les subtilités des indications communiquées par la danse frétillante de leurs sœurs ?

S'agit-il d'une capacité innée ?

Ou la compréhension de leur langage fait-il l'objet d'un apprentissage – comme c'est le cas pour nous et pour tant d'autres animaux ?

Il y a cinq ans, en juin 2008, une étude profondément originale était publiée dans *PLOS One*.

Elle avait été réalisée par des chercheurs de l'Université du Zhejiang, à Hangzhou en Chine, en collaboration avec des chercheurs de Canberra en Australie, et un chercheur de l'Université de Würzburg, en Allemagne – Jürgen Tautz, qui avait, au début des années 2000, révélé comment les abeilles mesuraient la distance du lieu de récolte qu'elles indiquaient à leurs sœurs par leur danse frétillante.

Les chercheurs avaient tout d'abord exploré une question controversée – le langage de la danse est-il universel chez toutes les abeilles à miel ou fait-il l'objet de différents *dialectes* dans différentes espèces d'abeilles à miel ?

Ils avaient comparé les indications que communiquaient à leurs sœurs, par leur danse frétillante, des abeilles à miel asiatiques de l'espèce *Apis cerana* et des abeilles à miel d'origine européenne de l'espèce *Apis mellifera*. Plus précisément, ils avaient comparé l'une des huit sous-espèces d'*Apis cerana* – *Apis cerana cerana*, qui vit notamment en Chine – à l'une des vingt-cinq sous-espèces d'*Apis mellifera* – *Apis mellifera ligustica*, qui vit notamment en Italie.

Les chercheurs ont placé les ruches dans un même environnement et déchiffré les indications que les éclaireuses et des butineuses des deux familles donnaient par leur danse frétillante.

La façon d'indiquer la direction du lieu de récolte par rapport à la direction du Soleil – par l'angle que forme la montée frétillante de la danseuse par rapport à la verticale – et la façon d'indiquer la distance – par la durée de cette montée frétillante, avant le retour en demi-cercle – étaient les mêmes chez les abeilles asiatiques et les abeilles européennes.

Mais il y avait une différence. Pour une même distance qui séparait le lieu de récolte de la ruche, les abeilles asiatiques réalisaient une montée frétillante d'une durée deux fois plus longue que les abeilles européennes.

Dans le dialecte d'*Apis mellifera ligustica,* une durée de montée frétillante d'une seconde signifiait une distance de cinq cents mètres.

Dans le dialecte d'*Apis cerana cerana,* une même durée de montée frétillante d'une seconde signifiait une distance de deux cent cinquante mètres.

Un même langage. Mais deux dialectes.

Deux dialectes différents pour indiquer la distance à parcourir, dans deux espèces d'abeilles à miel dont les derniers ancêtres communs vivaient probablement il y a six à dix millions d'années – deux espèces qui vivaient depuis très longtemps dans des territoires très distants.

Mais là n'était pas la partie la plus originale et la plus intéressante de l'étude.

Ce que les chercheurs avaient tenté était de faire vivre ensemble, dans une même ruche, les abeilles de ces deux espèces aux dialectes différents.

Toutes les tentatives d'introduire dans une ruche des abeilles à miel d'une espèce différente s'étaient jusque-là conclues par un échec – leur mode de communication par phéromones conduit immédiatement les ouvrières de la ruche à détecter les intrus et à les expulser de la ruche ou à les tuer.

Les chercheurs ont introduit des nymphes d'abeilles ouvrières de l'une des deux espèces dans les alvéoles des rayons de cire d'une ruche habitée par une colonie d'abeilles de l'autre espèce.

Lorsqu'ils ont introduit des nymphes d'abeilles ouvrières asiatiques dans une colonie d'abeilles européennes, celles-ci ont tué les intruses en un à deux jours.

En revanche, lorsque les chercheurs ont introduit des nymphes d'abeilles ouvrières européennes dans une colonie d'abeilles asiatiques, les ouvrières et la reine asiatiques ont accepté les nouvelles venues.

Les colonies d'abeilles asiatiques se sont révélées plus accueillantes que les colonies d'abeilles européennes.

Néanmoins, au bout de quelques jours, lorsque les ouvrières européennes ont éclos de leur chrysalide et ont commencé à grandir, des conflits, parfois violents, ont commencé à éclater entre ouvrières européennes et ouvrières asiatiques en ce qui concernait la répartition des tâches ménagères.

Les chercheurs ont alors ajouté du miel et ont exclu de la ruche les quelques abeilles les plus agressives.

Et dans ces conditions les ouvrières européennes, les ouvrières asiatiques et la reine asiatique ont réussi à cohabiter harmonieusement durant cinquante jours.

Les chercheurs avaient introduit cinq mille nymphes européennes dans une colonie asiatique constituée d'une reine et de cinq mille ouvrières.

Au bout de quelques jours, quand les nymphes ont éclos, la colonie mixte contenait donc dix mille ouvrières, composées pour moitié d'européennes et pour moitié d'asiatiques.

Dans cette colonie mixte, les butineuses asiatiques et les butineuses européennes, lorsqu'elles exécutaient leur danse frétillante, continuaient, chacune, à s'exprimer dans son dialecte d'origine.

Pour indiquer une même distance – la distance d'un même lieu de récolte – la durée de la montée frétillante des ouvrières européennes était deux fois plus brève que la durée de la montée frétillante des ouvrières asiatiques – comme lorsqu'elles vivent chacune dans leur propre colonie.

La cohabitation ne changeait pas le dialecte qu'utilisait la danseuse.
Mais elle permettait l'apprentissage et la compréhension du dialecte de l'autre.
En vivant ensemble, les abeilles asiatiques *Apis cerana cerana* ont appris à comprendre le dialecte européen *Apis mellifera ligustica* et les abeilles européennes ont appris à comprendre le dialecte asiatique.

Chaque abeille danse dans son dialecte. Mais celles qui suivent et écoutent la danse, quelle que soit leur origine, interprètent la distance indiquée par le dialecte en fonction de l'origine de la danseuse.
Si la danseuse est européenne, l'abeille européenne et l'abeille asiatique sauront que la distance à parcourir est deux fois moins longue que si la danseuse est asiatique.

L'article était intitulé *L'Orient apprend de l'Occident : les abeilles à miel asiatiques peuvent comprendre le langage de la danse des abeilles à miel européennes.*

Mais cet apprentissage s'est fait dans les deux sens.
Le titre de l'article s'explique par le fait que les abeilles asiatiques avaient tendance à être très souvent recrutées par les danseuses – et l'étaient autant par des danseuses européennes que par des danseuses asiatiques – alors que les abeilles européennes étaient beaucoup moins enclines à être recrutées par

les danseuses. Mais lorsqu'elles l'étaient, c'était autant par des danseuses asiatiques que par des danseuses européennes.

En d'autres termes, la compréhension du dialecte de l'autre était aussi bonne chez les européennes que chez les asiatiques – mais les européennes manifestaient beaucoup moins d'intérêt à suivre les danseuses.

Etait-ce dû au fait qu'elles vivaient dans un environnement de phéromones émise par une reine qui n'était pas de leur espèce ? Les phéromones de la reine pourraient-elles exercer une influence sur l'enthousiasme des butineuses à écouter les danseuses et à les suivre ?

Ou y avait-il, dans cet environnement particulier pour elles, une moindre proportion d'ouvrières européennes que d'ouvrières asiatiques qui devenaient butineuses, les ouvrières européennes s'occupant plutôt des tâches ménagères à l'intérieur de la ruche ?

On ne le sait pas.

Mais ce qu'indique cette étude, c'est la très grande plasticité des capacités d'apprentissage social des abeilles à miel.

Leur capacité, non seulement à apprendre à communiquer dans le dialecte particulier que parlent leurs sœurs, mais aussi à apprendre à déchiffrer un autre dialecte, qui a émergé ailleurs, très loin, il y a longtemps.

Combien de variations différentes sur le langage symbolique de la danse sont-elles capables d'apprendre ?

Et si elles peuvent apprendre à déchiffrer au moins deux dialectes différents – le leur et un autre – sont-elles aussi capables d'apprendre à s'exprimer dans le dialecte des autres ?

Peuvent-elles devenir complètement bilingues ?

Les chercheurs évoquent cette hypothèse – non encore explorée – que, à mesure que la cohabitation se prolonge, les butineuses pourraient apprendre non seulement à comprendre la danse des autres mais aussi à la danser.

Les capacités d'apprentissage des abeilles à miel sont d'autant plus remarquables que leur cerveau – qui mesure moins d'un millimètre cube – ne contient, comme celui des fourmis, qu'un peu moins d'un million de cellules nerveuses – cent mille fois moins que notre cerveau.

PARTAGER LA JOIE QUE J'AVAIS VÉCUE

Tout cela paraît très clair – et demeure cependant suffisamment mystérieux pour que nous ne cessions de nous émerveiller. [...] L'une des raisons qui m'ont poussé à écrire ce petit livre fut le désir de partager la joie que j'avais vécue.

Karl von Frisch. *Vie et mœurs des abeilles.*

Les premières études de Karl von Frisch ne concernaient pas le mystère des récits que font les abeilles, de retour de leurs voyages, dans l'obscurité du nid ou de la ruche – le secret de la *Tanzsprache – du langage de la danse, du langage par la danse.* Von Frisch avait commencé par explorer une question qui peut aujourd'hui nous paraître étrange. Est-ce que les abeilles voient le monde en noir et blanc, ou en couleurs ?

Durant les années 1920, l'idée prédominante était que seuls les animaux qui nous étaient les plus proches étaient capables de voir comme nous le monde en couleurs. Et que ce n'était le cas ni des poissons ni des abeilles.

Von Frisch avait d'abord étudié les poissons et avait découvert que de petits poissons d'eau douce, les vairons, distinguent les couleurs.

Puis il se mit à explorer la vision des abeilles.

Il trouvait étrange que les merveilleuses couleurs des fleurs qui les attirent, dont elles prélèvent le nectar et le pollen et qu'elles fécondent en les pollinisant, puissent leur être invisibles.

Il était convaincu que c'était la longue coévolution, l'antique symbiose entre les plantes à fleurs et leurs pollinisateurs, et notamment les abeilles, qui avait joué un rôle essentiel dans la propagation de l'extraordinaire diversité et l'éclat des couleurs des plantes à fleurs. *C'est aux abeilles*, dira-t-il, *et non pas à nous que s'adressent ces couleurs et ces parfums.*

Les plantes à fleurs parlent aux abeilles à miel, même si elles ne savent pas qu'elles leur parlent.

Et les abeilles à miel, en y puisant leur nourriture, fécondent les plantes à fleurs, leur permettant de se reproduire, même si les abeilles ne savent pas qu'elles permettent aux plantes à fleurs de se reproduire et de se propager.

De génération en générations, au long de plus de vingt millions d'années, la splendeur et les raffinements de cette symbiose n'ont cessé de se tisser et de se déployer, et elles nous offrent aujourd'hui, en précieux et fragile cadeau, les couleurs et le parfum des fleurs, le goût des fruits et la saveur du miel.

Les abeilles voient-elles le monde et les fleurs en couleurs ?

Comme dans toutes ses explorations scientifiques, von Frisch abordera cette question avec une grande intelligence, une grande rigueur, une grande élégance et une très grande simplicité.

Comme pour la plupart de ses autres explorations scientifiques, il travaillera en pleine campagne, en plein air.

Et il décrira avec une grande clarté ses découvertes et celles de ses collaborateurs dans son beau livre, *Vie et mœurs des abeilles.*

Si le lecteur, lors d'un séjour à la campagne, s'installe en plein air pour déjeuner, et si son repas comprend du miel, écrit von Frisch, *il se peut que les abeilles, attirées par l'arôme, viennent s'attabler à ses côtés.*

Voilà pour lui l'occasion de faire une expérience toute simple, pour laquelle il n'a besoin que d'un morceau de papier rouge et de deux morceaux de papier bleu, tous trois de la même grandeur, et d'un peu de patience.

Éloignons le récipient qui contient le miel, après en avoir déposé quelques gouttes sur l'un des papiers bleus, que nous plaçons alors sur la table. Il ne faudra pas longtemps pour que les abeilles qui sont là découvrent les gouttes de miel et se mettent à les goûter.

Elles remplissent leur jabot, retournent à la ruche [le confient à leurs sœurs] et reviennent quelques minutes plus tard pour continuer à profiter de cette aubaine

Laissons les abeilles aller et venir quelques fois, puis posons sur la table, à gauche et à droite du morceau de papier bleu qui y est déjà, l'autre morceau de papier bleu et le morceau de papier rouge, en ayant bien soin de ne pas mettre de miel dessus; enlevons alors le papier [bleu au centre] sur lequel nous avions déposé du miel.

Les abeilles ne s'intéresseront pas le moins du monde au papier rouge, alors qu'elles ne cesseront de voltiger autour du papier bleu et de s'y poser, bien qu'il n'y ait rien dessus et qu'aucune odeur de miel ne les y attire.

Elles ont donc remarqué que le miel était [auparavant] sur le papier bleu, et elles distinguent donc le bleu du rouge.

On a déduit d'expériences de ce genre que les abeilles voient les couleurs.

Toutefois, poursuit von Frisch, *le problème n'est pas si simple, et cette conclusion était prématurée.*

Von Frisch sait que cette expérience ne suffit pas à établir si les abeilles voient les couleurs. Il sait que certaines personnes, dans de très rares cas, soit depuis leur naissance soit à la suite d'un accident cérébral, ne perçoivent aucune couleur. On dit qu'elles sont *achromatopsiques*. Elles voient le monde en gris, sous forme d'innombrables nuances de gris. Et von Frisch sait que les personnes achromatopsiques – qui ne voient pas les couleurs en tant que telles – peuvent néanmoins faire la différence entre des objets de différentes couleurs, à partir des différences d'intensité lumineuse qu'ils leur renvoient. Elles distinguent les couleurs comme différentes nuances de gris.

Pour une personne achromatopsique, le bleu est perçu comme un gris pâle. Et le rouge est perçu comme un gris très foncé, proche du noir.

Si on montre à une personne achromatopsique un papier d'un certain gris clair et un papier de même texture mais bleu, elle confondra les deux papiers. Et de même si on lui présente un papier d'un gris presque noir et un papier rouge.

Von Frisch va donc reprendre, avec d'autres abeilles, une série d'expériences complémentaires pour déterminer si elles perçoivent réellement les couleurs.

Il réalise à nouveau l'étape d'apprentissage – il place un carré bleu sur la table, dépose une goutte de miel sur ce carré de papier bleu. Plus tard, il retire ce carré bleu et pose, à sa place, sur la table, un autre carré bleu, dépourvu de miel.

Puis il dispose, autour de ce carré bleu, plusieurs carrés de papier gris.

Il répète ces mélanges, avec chaque fois un papier bleu et des papiers d'un gris différent, jusqu'à épuiser la quasi-totalité des nuances de gris, entre le blanc et le noir.

Et les abeilles ne se posent chaque fois que sur le carré de couleur bleue.

Ce qu'elles ont apparemment appris à reconnaître, c'est bien la couleur bleue, et non une nuance particulière de gris.

Puis von Frisch refait l'expérience d'apprentissage, mais cette fois avec la couleur rouge.

Il a placé un carré rouge sur la table, a déposé une goutte de miel sur ce carré de papier rouge, puis il a retiré ce carré rouge et posé sur la table, à sa place, un autre carré rouge mais dépourvu de miel.

Puis il a disposé, autour de ce carré rouge, plusieurs carrés de papier allant du blanc au noir, en passant par toutes les nuances de gris.

Et là, dit-il, *une surprise nous attend.*

Les abeilles qui ont appris à rechercher le papier rouge ne vont pas uniquement vers cette couleur, mais aussi vers le noir et le gris foncé.

Les abeilles confondent le rouge et le noir.

Pour elles le rouge n'est pas perçu comme une couleur, mais bien comme l'équivalent d'un gris très foncé.

Et ainsi Karl von Frisch découvre, non seulement que les abeilles ont une vision des couleurs, mais que leur vision des couleurs n'est pas la même que la nôtre.

Elles ne voient pas la couleur rouge.

Mais, dit-il, *l'œil de l'abeille est supérieur à l'œil de l'humain à un autre point de vue : il perçoit parfaitement les rayons lumineux ultraviolets, qui nous sont invisibles.*

Comment percevons-nous les couleurs ?

Elles émergent dans l'obscurité de notre cerveau. Ce sont des sensations qui s'inventent en nous, à partir des influx nerveux que nous envoie notre rétine lorsque la lumière, lorsque des photons de lumière frappent notre rétine.

La vision des couleurs est un sujet qui a, durant des siècles, provoqué un intérêt passionné de la part des plus grands artistes, philosophes et scientifiques, écrit le neurologue Oliver Sacks, dans *Le cas du peintre qui ne voyait plus les couleurs* – un chapitre de son livre *Un anthropologue sur Mars*.

Le premier traité qu'écrivit le jeune Spinoza, poursuit Sacks, *concernait l'arc-en-ciel, et la découverte la plus joyeuse du jeune Newton concernait la composition de la lumière blanche. Le grand œuvre de Goethe sur la couleur débute, comme celui de Newton, avec un prisme. Schopenhauer, Thomas Young, Hermann von Helmholtz et James Clerk Maxwell durant le* XIXe *siècle, ont tous été fascinés par le problème des couleurs. Et la dernière œuvre de Ludwig Wittgenstein a été ses* Remarques sur la couleur.

Et pourtant, la plupart d'entre nous, la plupart du temps, nous négligeons ce grand mystère.

En 1666, Isaac Newton avait découvert que la lumière blanche pouvait, à l'aide d'un prisme, être décomposée en toutes les couleurs de l'arc-en-ciel. Et que toutes ces couleurs pouvaient, toujours en passant à travers un prisme, se fondre à nouveau en une lumière blanche.

Mais il n'avait aucune idée de la manière dont la lumière produit en nous une sensation de couleur.

Par quel mécanisme, se demandait Newton, *la lumière produit-elle dans nos esprits le phantasme des couleurs ?*

Notre rétine possède deux familles principales de cellules sensibles à la lumière.

Les cellules en forme de bâtonnets, qui répondent en fonction de la quantité de photons qui frappent notre rétine et nous permettent de faire apparaître, dans la pénombre de notre cerveau, l'intensité lumineuse, la luminosité des objets et de l'environnement qui nous entoure.

Et les cellules en forme de cônes, qui répondent aux différentes longueurs d'onde de la lumière et nous permettent de faire apparaître, dans la pénombre de notre cerveau, toutes les couleurs de l'arc-en-ciel.

Les cellules en cônes de notre rétine sont de trois types différents.

Chaque type de cellule possède un pigment différent qui répond de manière optimale, en se déformant, à une longueur d'onde particulière de la lumière.

L'un des pigments répond de manière optimale aux grandes longueurs d'onde de la lumière qui font émerger en nous la sensation de couleur rouge ; un autre pigment aux longueurs d'onde moyennes, qui font émerger en nous la sensation de couleur verte ; le troisième aux longueurs d'onde courtes de la lumière, qui font émerger en nous la sensation de couleur bleue.

Chacun de ces trois pigments répond aussi, mais moins bien, à toute une gamme de longueurs d'onde de la lumière au-dessus et au-dessous de la longueur d'onde optimale.

Et l'importance de la réponse d'un pigment dépend donc à la fois de la quantité de lumière, de la quantité de photons, qu'il reçoit et de la longueur d'onde de lumière qui le frappe.

Une faible lumière d'une longueur d'onde optimale activera autant une cellule en cône qui possède l'un des trois pigments qu'une lumière très intense dont la longueur d'onde ne serait pas optimale.

Et ainsi, ce n'est pas la longueur d'onde de la lumière reçue par une cellule en cône qui détermine à elle seule la couleur qui surgit dans notre cerveau.

Les sensations de couleurs qui s'inventent en nous émergent d'une comparaison des influx nerveux transmis par les trois types de cellules en cônes, par leurs trois types de pigments.

La rétine des oiseaux, comme celle des reptiles et de nombreux poissons, possède quatre pigments différents – trois, qui répondent aux mêmes longueurs d'ondes que les nôtres, et un quatrième pigment qui répond aux longueurs d'onde plus courtes de la lumière, qui nous sont invisibles et qui correspondent aux rayons ultraviolets.

Et les oiseaux perçoivent des couleurs non seulement à partir des rayons ultraviolets, mais aussi à partir de mélanges entre les ultraviolets et les longueurs d'onde de la lumière qui correspondent aux couleurs de l'arc-en-ciel.

Une autre réalité, un autre kaléidoscope de couleurs, dont nous connaissons aujourd'hui la richesse, mais dont nous ne pouvons que tenter d'imaginer les sensations qu'elle produit dans l'esprit des oiseaux.

Les reflets ultraviolets de leur plumage, qui nous sont invisibles, font partie des splendeurs des oiseaux qui leur permettent de séduire les oiselles.

Et des recherches publiées en 2005 indiquaient que, dans plus d'une centaine d'espèces d'oiseaux dans lesquelles les messieurs sont dépourvus de toute couleur éclatante et chez lesquelles notre vue ne nous permet pas de distinguer les différences entre les couleurs des oiseaux et celles des oiselles, ce sont les couleurs ultraviolettes de leur plumage qui permettent aux messieurs de séduire leurs dames, tout en n'attirant pas l'attention de leurs prédateurs mammifères, qui ne perçoivent pas les couleurs ultraviolettes.

Nous sommes tellement enfermés dans l'univers de nos propres sens, dit le biologiste Timothy Goldsmith, *que nous avons une très grande difficulté à envisager une autre vision du monde que la nôtre.*
La vision des oiseaux nous invite à l'humilité.
La réalité que nous percevons n'est qu'une réalité parmi d'autres.

Cela fait moins de cinquante ans qu'a été découverte la capacité des oiseaux à percevoir les rayons ultraviolets.

Mais cela fait plus de cent trente ans qu'un ami de Darwin avait découvert que certains insectes – il s'agissait des fourmis – perçoivent les ultraviolets.

Les yeux des insectes – les yeux des abeilles – sont très différents des yeux des poissons, des mammifères – de nos yeux – et de ceux des oiseaux

Ils sont constitués de plusieurs milliers de facettes – les ommatidies – comportant chacune une petite lentille.

Et, comme l'avait découvert von Frisch, leur rétine ne répond pas aux longueurs d'onde les plus longues que nous percevons et que perçoivent les oiseaux, celles qui font émerger la sensation de couleur rouge.

La rétine des abeilles répond aux ondes lumineuses plus courtes, celles que nous percevons, et aussi, comme la rétine des oiseaux, à des ondes plus courtes encore, que nous ne percevons pas, – les ultraviolets.

Un même paysage se pare de couleurs différentes en fonction des différents êtres qui le regardent.

Et ainsi se révèlent la richesse, la diversité et la merveilleuse étrangeté des modalités de perception qui ont émergé chez différents êtres vivants, et qui leur permettent de recomposer différentes dimensions du monde qui les entoure et d'inventer différentes portions de ce que nous appelons la réalité. Leur réalité.

Ce que l'abeille éprouve en voyant les couleurs dit von Frisch, *nous ne pouvons évidemment pas l'imaginer.*
Nous ne connaissons déjà pas l'effet produit sur une autre personne par une couleur qu'elle appelle du même nom que nous.
Car l'œil humain n'a jamais pu voir dans l'âme d'une autre personne.

Ce que nous appelons la couleur d'une fleur s'invente dans notre cerveau à partir des longueurs d'onde de lumières qui ne sont pas absorbées par cette fleur – à partir de celles que les fleurs reflètent et renvoient vers nos yeux.

Quand nous disons qu'une fleur est rouge, c'est qu'elle absorbe toutes les longueurs d'onde de la lumière, sauf celles qui feront émerger en nous la couleur rouge.

Ce que nous appelons la couleur d'une fleur, c'est la sensation qui apparaît en nous à partir de ce que nous renvoie la fleur – à partir de ce qu'elle nous donne, et non de ce qu'elle conserve. C'est à partir de ce qu'elle nous donne que nous lui inventons, que nous lui attribuons des couleurs.

Et parce que von Frisch est convaincu que *c'est aux abeilles, et non à nous, que s'adressent les parfums et les couleurs des fleurs*, il va explorer les couleurs des fleurs du point de vue des abeilles.

Il a découvert que les abeilles ne distinguent pas la couleur rouge.

Mais sous nos climats, dit-il, *la plupart des fleurs qui nous paraissent rouges, la bruyère, le rhododendron, le trèfle incarnat, le cyclamen, ne sont pas rouges au sens où nous l'entendons. Mais plutôt pourpres, donnant à l'abeille [qui ne perçoit pas le rouge] une impression de bleu.*

Les coquelicots, poursuit von Frisch, *sont parmi les rares fleurs d'un rouge presque pur qui poussent sous nos climats, et, cependant, les abeilles y viennent avec assiduité.*

C'est que nous ne voyons pas que leurs pétales renvoient non seulement les rayons rouges de la lumière mais aussi les ultraviolets. Pour nous, le coquelicot est rouge, pour les abeilles, il est d'une couleur ultraviolette.

Contrairement aux fleurs de nos pays, avait noté von Frisch, sous les tropiques il y a beaucoup de fleurs d'un véritable et pur rouge écarlate. Mais, ajoutait-il, beaucoup d'entre elles sont pollinisées, non pas par les abeilles, mais par des oiseaux qui se nourrissent aussi de leur nectar.

Dans les régions tropicales et subtropicales d'Amérique du Sud, certaines fleurs rouges sont visitées et pollinisées par des oiseaux mouches, les colibris, mais pas par les abeilles. Et d'autres fleurs rouges, qui à nos yeux sont du même rouge, sont visitées et pollinisées par les abeilles, mais pas par les colibris.

Ces teintes rouges, qui nous semblent identiques, sont-elles perçues comme des couleurs différentes par les abeilles et par les colibris ?

En 2011, une étude était publiée dans le *Journal of Experimental Biology*.

Elle indiquait que les fleurs rouges visitées et pollinisées par les abeilles, et les fleurs rouges visitées et pollinisées par les colibris se distinguent par la manière dont elles reflètent ou absorbent les rayons ultraviolets.

Les abeilles visitent les fleurs rouges qui reflètent les ultraviolets – c'est-à-dire qui ont, pour les abeilles, une couleur ultraviolette.

Et les colibris visitent les fleurs rouges qui absorbent les ultraviolets – des fleurs qui, pour les abeilles, n'ont pas de couleur, mais seulement une nuance particulière de gris très foncé, de noir.

Des expériences réalisées par les chercheurs avec des fleurs artificielles, dépourvues d'odeurs, où les abeilles ont le choix entre des fleurs artificielles d'un rouge qui absorbe les ultraviolets ou d'un rouge qui reflète les ultraviolets, confirment que les abeilles ont une nette préférence pour les couleurs rouges avec reflets ultraviolets.

En revanche, lorsqu'ils sont mis en présence des mêmes fleurs artificielles, les colibris ne semblent pas avoir de préférence particulière.

Tout semble donc se passer comme si, dans la nature, les colibris avaient choisi de visiter les fleurs rouges dont les abeilles ne perçoivent pas, ou mal, les couleurs.

Comme si les colibris redoutaient la concurrence des abeilles. Comme si les limites de la vision des couleurs des abeilles avaient dégagé, pour les colibris, une niche écologique libre, riche de nectar, négligée par les abeilles.

Bien sûr, il n'y a pas que les couleurs.

Il y a aussi les parfums et les formes des fleurs.

Les fleurs qui accueillent les colibris possèdent souvent une forme et une structure qui favorisent le recueil de nectar par les colibris en leur permettant de plonger leur bec à l'intérieur de la fleur pendant qu'ils volent, de ce battement d'ailes si rapide et si particulier, en faisant du surplace, sans se poser. Et la forme de ces fleurs visitées par les colibris défavorise aussi la visite des abeilles, notamment par l'absence de plateforme leur permettant de se poser sur la fleur pour recueillir le nectar et le pollen.

Mais ce que suggère cette recherche, c'est que ces phénomènes anciens et remarquables de coévolution, de coadaptation et de coopération entre les fleurs, les abeilles et les colibris, ont conduit, de générations en générations, à une diversification progressive des fleurs et à une spécialisation progressive de leurs pollinisateurs. Morcelant et fragmentant un même environnement en des niches écologiques distinctes où se côtoient, comme dans autant de morceaux de miroirs brisés, des animaux qui ne perçoivent pas de la même façon les reflets de lumière que leur renvoient les fleurs.

L'étude concernait aussi des fleurs de couleur blanche. Et elle indiquait que, sous les tropiques, les abeilles visitent les fleurs blanches qui absorbent les ultraviolets, alors que les colibris visitent les fleurs blanches qui reflètent les ultraviolets.

Pour nous, une fleur qui reflète toutes les longueurs d'onde des couleurs de l'arc-en-ciel et qui reflète aussi les ultraviolets, est du même blanc qu'une fleur qui reflète toutes les couleurs de l'arc-en-ciel mais qui absorbe les ultraviolets.

Mais von Frisch avait essayé de voir les fleurs blanches du point de vue des abeilles.

Et il avait noté que les fleurs blanches qui absorbent les ultra-violets apparaissent aux abeilles plus colorées que les fleurs blanches qui reflètent les rayons ultraviolets.

Pour les abeilles, les pâquerettes, les fleurs blanches de pommier, les campanules blanches, les liserons blancs, les roses blanches – qui absorbent, à des degrés différents, les ultraviolets – ne sont pas des fleurs d'une couleur blanche uniforme, mais des fleurs parées de différentes couleurs.

Et von Frisch remarque qu'il en est de même pour des fleurs qui nous semblent toutes d'une même couleur jaune, comme les fausses giroflées, les fleurs de navet, les fleurs de moutarde. Elles ne reflètent pas les ultraviolets de la même façon, et elles sont donc de couleurs différentes pour les abeilles.

Et il y a aussi la marque du *nectaire* – qui apparaît à l'endroit, dans la fleur, où se trouve le nectar. Cet indice coloré nous est parfois visible, comme l'anneau jaune au cœur du myosotis bleu, et la tâche jaune foncé qui est au centre de la primevère jaune clair. Ce nectaire se distingue non seulement par des couleurs particulières, mais aussi, très souvent, par un parfum plus intense. Et, dans certaines fleurs, il est rendu visible aux abeilles par des couleurs que nous ne percevons pas.

Ainsi, note von Frisch, *la fleur de la* potentille rampante *est pour nous d'un jaune uniforme, mais les parties extérieures des pétales réfléchissent les ultraviolets, produisant pour les abeilles une couleur qui mélange le jaune et l'ultraviolet.*

Et au centre, les pétales absorbent les ultraviolets, dessinant pour les abeilles un nectaire d'un jaune pur que nous ne pouvons distinguer de la couleur du reste des pétales.

Et ainsi, ces dessins, ces motifs et ces couleurs qui nous sont invisibles s'adressent à d'autres yeux que les nôtres. Et c'est à d'autres que nous que s'adressent ces parfums.

Les abeilles inscrivent dans leur mémoire à la fois les couleurs et les parfums des fleurs dont elles ont apprécié le nectar et le pollen.

Et von Frisch se demandera s'il existe, pour les abeilles, une hiérarchie entre le souvenir d'une couleur et le souvenir d'une odeur.

Il dépose de l'eau sucrée à l'intérieur d'une petite boîte de couleur bleue qu'il a parfumée au jasmin. La boîte a une petite ouverture par laquelle les abeilles doivent entrer pour pouvoir accéder à l'eau sucrée.

À côté de cette boîte, il en a placé d'autres, ni bleues ni parfumées, qui ne contiennent pas d'eau sucrée.

Une fois que les abeilles ont appris à trouver l'endroit – la boîte bleue à l'odeur de jasmin – où est cachée l'eau sucrée, von Frisch retire la boîte qui contient l'eau sucrée. Et, au milieu des autres boîtes, il place une boîte bleue non parfumée, ainsi qu'une boîte d'une autre couleur parfumée au jasmin.

Aucune des boîtes ne contient désormais d'eau sucrée.

Dans quelles boîtes vont entrer les abeilles à la recherche de l'eau sucrée ? Est-ce la couleur – bleue – ou bien l'odeur – de jasmin – de la boîte qui s'est inscrite le plus profondément dans leur mémoire ?

Les abeilles se dirigent vers la boîte bleue. C'est la couleur qu'elles ont repérée en premier. Mais, ne sentant pas le parfum de jasmin, elles n'entrent pas à l'intérieur de la boîte, elles se mettent à voleter, et, dès qu'elles ont perçu l'odeur de jasmin, elles entrent dans la boîte parfumée de jasmin, bien qu'elle ne soit pas de couleur bleue.

La conclusion est donc que le premier indice, détecté de loin, est fondé sur le souvenir de la couleur. Mais que c'est le souvenir du parfum, que les abeilles détectent à l'aide de leurs antennes, qui est ensuite l'indice déterminant.

Et ainsi, leurs yeux leur permettent de repérer de loin la concordance à leur souvenir, et leurs antennes leur permettent de le confirmer.

Sur le lieu de ses récoltes, la butineuse apprendra à associer le souvenir des couleurs et du parfum d'une variété particulière de fleur au souvenir de la qualité de son nectar et de son pollen. Et, de retour au nid ou à la ruche, elle communiquera à ses sœurs, par sa danse frétillante, la direction et la distance des lieux où elle a butiné et la qualité de la récolte.

Elle apprendra aussi à associer le souvenir du parfum de la fleur au souvenir d'un danger qu'elle a rencontré au moment où elle butinait. Et, de retour au nid ou à la ruche, elle interrompra la danse frétillante d'une autre butineuse si elle sent sur la danseuse le parfum de cette même fleur où elle vient de découvrir un danger.

Se souvenir des fleurs.

Durant la longue coévolution entre les abeilles à miel et les plantes à fleurs, qui s'est déployée durant plus d'une vingtaine de millions d'années, les plantes dont le nectar était le plus apprécié par les abeilles et dont les couleurs, les formes et les parfums étaient les plus faciles à distinguer et à mémoriser, ont été de plus en plus visitées et pollinisées.

De génération en génération les butineuses ont favorisé la fécondité des plantes à fleurs chez qui survenaient par hasard des variations qui leur permettaient d'être plus appréciées et mieux reconnues par les abeilles.

Et ainsi les abeilles à miel ont progressivement joué un rôle essentiel, non seulement dans l'extraordinaire propagation et diversification des plantes à fleurs qui se sont répandues dans le monde, mais aussi dans la sculpture de leurs formes et l'émergence de leurs couleurs et de leurs parfums.

Et, comme dans tout phénomène de coévolution et de coadaptation, si les abeilles ont profondément influencé le devenir des fleurs qui les nourrissaient, les fleurs ont, elles aussi, exercé une influence sur les abeilles qui les fécondaient.

Darwin était fasciné par la diversité et les raffinements des phénomènes de coadaptation entre les plantes et leurs pollinisateurs.

Certaines orchidées – et Darwin avait consacré un livre à l'extraordinaire évolution des coadaptations entre les orchidées et les insectes qui les pollinisent –ont développé un mimétisme qui joue sur le thème de la séduction : elles attirent à elles les messieurs insectes en leur donnant l'illusion de la présence d'une compagne.

Ces orchidées, qui n'offrent pas de nectar en récompense à leurs visiteurs, émettent un parfum qui ressemble aux phéromones sexuelles émises par les dames de l'espèce pollinisatrice. Et chez certaines de ces fleurs, leur *labelle*, ou lèvre inférieure, ressemble tellement à une dame guêpe que des messieurs guêpes viennent s'unir à elles. Puis, frustrés de constater leur méprise, ils repartent aussitôt, chargés du pollen, vers une fleur voisine, qui leur présente aussi une fausse dame guêpe, et ils fécondent ainsi, de fleur en fleur, ces orchidées.

Sur ce thème ancestral de l'attraction des pollinisateurs, d'autres variations, plus subtiles et moins visibles, ont émergé dans les relations entre certaines plantes à fleurs et les abeilles à miel.

De nombreuses plantes à fleurs produisent des alcaloïdes – comme la caféine et la nicotine.

Ces substances ont un effet protecteur pour la plante – lorsqu'elles sont présentes en grande concentration, leur goût amer a un effet répulsif sur les prédateurs de ces plantes. Et, lorsqu'elles sont présentes en très grande concentration, ces substances sont toxiques pour les prédateurs.

Il y a un peu plus de six mois, en mars 2013, une étude publiée dans *Science* par des chercheurs de l'Institut de neuroscience de l'Université de Newcastle, en Grande Bretagne, révélait un tout autre effet d'un alcaloïde produit par certaines plantes à fleurs.

Les plantes à fleurs qu'ils ont étudiées sont les agrumes – les citronniers, orangers, pamplemoussiers – et les caféiers.
Et l'alcaloïde que ces plantes produisent est la caféine.

Elle est présente en très petite quantité dans le nectar des fleurs des caféiers et des agrumes – sa concentration y est très faible par rapport à celle qui est présente dans leurs feuilles ou leurs graines, et qui exerce un effet répulsif sur leurs prédateurs herbivores.

À titre d'exemple, le nectar des fleurs de caféier contient une concentration de caféine cinq cents fois plus faible que ses graines – à partir desquelles nous extrayons cette boisson stimulante que nous appelons *café*.

La présence de caféine dans le nectar des fleurs pourrait-il avoir un effet sur le comportement des abeilles à miel qui les butinent ?

C'est la question qu'ont posée les chercheurs.
Et pour y répondre, ils ont réalisé des expériences semblables à celles qu'avait effectuées Karl von Frisch il y a près d'un siècle.

Le premier jour, ils ont fait en sorte que les butineuses apprennent qu'un parfum particulier de fleur était associé à une récompense d'eau sucrée.

Dans certains cas, les chercheurs avaient ajouté dans l'eau sucrée de la caféine, à la même concentration que celle qui est présente dans le nectar des fleurs de caféiers et d'agrumes.

Puis, une fois que les butineuses avaient réalisé leur apprentissage, elles ont été exposées – soit le lendemain, soit deux jours plus tard, soit trois jours plus tard – à différents parfums de fleur. Soit le parfum de la fleur qui avait été associé à l'eau sucrée durant l'apprentissage soit des parfums d'autres fleurs.

Le lendemain de leur apprentissage, les butineuses qui avaient goûté l'eau sucrée dans laquelle les chercheurs avaient ajouté de la caféine étaient trois fois plus nombreuses à rechercher le parfum de cette fleur que les butineuses qui avaient consommé l'eau sucrée pure, sans ajout de caféine.

Et trois jours après leur apprentissage, les butineuses qui avaient consommé l'eau sucrée à la caféine étaient encore deux fois plus nombreuses à rechercher le parfum de la fleur que celles qui avaient goûté à l'eau sucrée non caféinée.

Cet effet n'était observé que lorsque les chercheurs ajoutaient au nectar les concentrations de caféine qui sont naturellement présentes dans le nectar des fleurs des agrumes et des caféiers.

Mais lorsque les chercheurs ont progressivement augmenté la concentration de caféine qu'ils rajoutaient à l'eau sucrée, à partir d'une concentration trois fois plus élevée, l'eau sucrée entraînait une réaction de répulsion chez les butineuses.

Ainsi, la quantité de caféine présente dans le nectar des fleurs des agrumes et de caféiers est celle qui stimulera la mémoire de l'abeille à miel sans donner au nectar un goût désagréable.

Ce nectar donne à la butineuse l'envie de revenir, et la caféine inscrit plus profondément en elle le souvenir du parfum de la variété de fleur qu'elle vient de butiner.

Et elle y reviendra.

À qualité de nectar égale, elle aura davantage tendance à revenir à ces fleurs qu'à d'autres. Et donc à féconder ces fleurs plutôt que d'autres.

Les abeilles à miel perçoivent les goûts et les parfums avec leurs antennes.

Et les influx nerveux qui naissent dans leurs antennes gagnent leur cerveau.

Le cerveau des abeilles est très différent du nôtre – les derniers ancêtres communs aux abeilles et aux mammifères d'aujourd'hui vivaient probablement il y a sept cents millions d'années.

La portion du cerveau des abeilles qui semble jouer un rôle majeur dans leur mémoire olfactive est une région qu'on a appelée *les corps pédonculés*. Cette région reçoit et intègre des influx nerveux qui proviennent de plusieurs modes de perception différents. Elle interviendrait dans la mémorisation des apprentissages associatifs – le souvenir d'une odeur particulière activant, par exemple, le souvenir d'une couleur particulière ou d'une forme particulière qui étaient associés à cette odeur.

Dans les *corps pédonculés*, plus de trois cent cinquante mille cellules nerveuses particulières, appelées *cellules de Kenyon*, joueraient un rôle semblable à celui que joue dans notre cerveau une petite région – l'hippocampe – qui nous permet de consolider nos souvenirs récents, en les inscrivant dans notre mémoire durable, dans notre mémoire à long terme.

Et les chercheurs ont découvert que les faibles concentrations de caféine qui stimulaient la mémoire associative des butineuses avaient pour effet de stimuler les *cellules de Kenyon* de leur cerveau.

Ainsi, la petite stimulation cérébrale offerte aux butineuses par les agrumes et les caféiers inscrira plus profondément et plus durablement dans leur mémoire le parfum – et peut-être aussi les couleurs et les formes – des fleurs dont elles viennent de récolter le nectar.

Mais est-ce une manipulation de la mémoire des abeilles à miel qu'effectuent ces plantes, comme le concluent les chercheurs ? Ou est-ce une manipulation de leur motivation ?
Se souviennent-elles simplement mieux du parfum ? Ou ont-elles surtout une plus grande envie de revenir à la fleur – et d'y reprendre une dose de caféine ?
Pourrait-il s'agir d'une forme d'addiction ?
Ce qui s'est inventé dans ces plantes, est-ce une manière de rendre les abeilles dépendantes d'elles ?
Agissent-elles sur les butineuses comme une drogue ?

Il est possible qu'il s'agisse d'un mélange des deux – à la fois l'émergence d'un souvenir plus précis et d'une plus grande envie d'y revenir.
Il est difficile de distinguer ce qui relève de la mémoire, de la motivation, et de la dépendance.

Toujours est-il qu'un jour est apparu, chez certaines plantes à fleurs, une manière nouvelle d'inciter les abeilles à miel à revenir les visiter plus souvent.
À augmenter leur *constance florale*.
À les féconder aux dépens d'autres fleurs.
À les propager à travers les générations.

ET CE CHANGEMENT-LÀ,
VIVRE AU MONDE S'APPELLE

> Ce qui fut se refait ; tout coule comme une eau
> Et rien dessous le Ciel ne se voit de nouveau
> Mais la forme se change en une autre nouvelle
> Et ce changement-là, Vivre au monde s'appelle
>
> Ronsard. *Hymnes.*

Parmi les multiples réalisations collectives dont sont capables les abeilles à miel, il y a en a une qui n'apparaît pas d'emblée à qui observe les activités incessantes à l'intérieur d'une ruche. C'est la capacité qu'a la collectivité de contrôler en permanence et de maintenir constante la température ambiante de son domicile.

Contrairement à nous, et contrairement aux autres mammifères et aux oiseaux, les abeilles ne sont pas des homéothermes – des animaux à sang chaud. Elles ne possèdent pas de mécanisme physiologique qui leur permette de maintenir automatiquement constante la température de leur corps.

Elles sont capables, comme nous, de modifier la température de leur corps en réalisant certains mouvements et peuvent, par exemple, produire de la chaleur et se réchauffer, en contractant rapidement les muscles de leur abdomen et de leurs ailes, sans battre des ailes – comme nous pouvons nous réchauffer en piétinant et en tremblant de froid.

Mais elles ont aussi acquis la capacité de contrôler collecti-vement la température intérieure de leur nid ou de leur ruche, et donc, indirectement, la température du corps de chacun des habitants de la colonie.

Et en particulier la température du centre du nid ou de la ruche, où sont situés les rayons de cire dont les alvéoles contiennent les œufs et les petits – les larves et les nymphes – qui sont très sensibles à la température ambiante –, la tem-pérature optimale pour leur développement étant d'environ 35°C.

À la fin du printemps ou en été, si la température de leur domicile s'élève au-dessus de 35°C, les abeilles commencent à ventiler le nid ou la ruche en faisant battre leurs ailes, comme des éventails, et un nombre croissant de butineuses s'envolent chercher de l'eau, qu'elles déposent à l'intérieur, et dont l'éva-poration a un effet refroidissant. Puis, à mesure que la tempé-rature ambiante redescend à 35°C, le nombre d'abeilles qui ventilent et vont chercher de l'eau diminue, maintenant la température optimale constante.

Si le temps se rafraîchit, et que la température au centre du nid ou de la ruche tombe en dessous de 35°C, les abeilles se rassemblent autour des alvéoles qui contiennent les petits et se mettent à frissonner, faisant vibrer les muscles qui sou-tiennent leurs ailes, sans battre des ailes, produisant ainsi de la chaleur qui réchauffe la colonie. Puis, à mesure que la température remonte, le nombre d'abeilles qui frissonnent diminue.

Et ainsi, la réponse individuelle de chaque abeille aux varia-tions de son environnement au-dessus ou en dessous d'un seuil donné – ici, une température ambiante d'environ 35°C au centre du domicile – va entraîner une modification de l'en-vironnement – un réchauffement ou un refroidissement de la température ambiante – qui va à son tour modifier le comportement de ses sœurs, aboutissant à maintenir constante la température du nid ou de la ruche.

Ce contrôle de la température à l'intérieur du domicile est une propriété émergente de la collectivité.

Les abeilles exercent aussi un contrôle collectif sur la quantité de gaz carbonique – le dioxyde de carbone, le CO_2, qu'elles expirent, comme nous – qui s'accumule dans le nid ou la ruche. Lorsque la concentration de CO_2 dépasse 1 % à 2 %, les ouvrières augmentent la ventilation du domicile en battant des ailes, expulsant ainsi l'air chargé de CO_2 hors du nid ou de la ruche.

Au mois de juin 2013, Robert Page – qui explore depuis trente ans la complexité des sociétés d'abeilles à miel, et qui réalise aujourd'hui ses recherches à l'Université de l'État de l'Arizona, aux États-Unis – publiait un livre intitulé *The spirit of the hive. The mechanisms of social evolution [L'esprit de la ruche. Les mécanismes de l'évolution sociale]*.

L'esprit de la ruche – le terme même qu'utilisait Maurice Maeterlinck il y a plus d'un siècle pour évoquer la mystérieuse capacité d'auto-organisation des colonies d'abeilles. *« L'esprit de la ruche », où est-il ?* demandait Maeterlinck. *En qui s'incarne-t-il ? [...]*

La reine exerce une certaine influence sur les ouvrières. Elle émet notamment une phéromone, appelée *substance de reine*, qui imprègne les antennes des ouvrières qui la soignent et que chaque ouvrière distribue à son tour à ses sœurs lors de leurs contacts. Cette substance indique aux ouvrières que leur reine mère est vivante, et n'est pas prête à essaimer, et leur interdit de construire les grands alvéoles destinés aux futures reines et de donner à leur petites sœurs en train de se développer dans les alvéoles d'ouvrières la nourriture qui les transformerait en futures reines.

Et une autre phéromone, secrétée à la fois par la reine et par les petits en train de se développer, a pour effet de maintenir les ouvrières stériles, en inhibant le développement de leurs ovaires ainsi que leur comportement de ponte.

Mais si la reine exerce une influence sur certaines modalités de développement du corps des ouvrières et sur certains de leurs comportements, elle ne contrôle pas les activités de la collectivité.

Elle n'en est pas la reine, dit Maeterlinck, *au sens où nous l'entendrions parmi les hommes.*

Elle n'y donne point d'ordres, et s'y trouve soumise, comme le dernier de ses sujets, à cette puissance masquée et souverainement sage que nous appellerons, en attendant que nous essayions de découvrir où elle réside, « l'esprit de la ruche ».

C'est probablement dans les pays de l'hémisphère nord, durant l'hiver, que le phénomène de contrôle collectif de la température ambiante du nid ou de la ruche par les ouvrières est le plus spectaculaire, et le plus vital.

Imaginons l'intérieur d'un nid d'abeilles – l'intérieur d'un trou dans un tronc d'arbre, suffisamment volumineux pour abriter les rayons de cire et les réserves de miel, et dont l'entrée est suffisamment étroite pour pouvoir être protégée et pour procurer un isolement thermique optimal.

C'est le début du mois de décembre, le sol est recouvert de neige, la température extérieure est de -10°C.

Alors se révèle l'importance de la qualité de l'isolement thermique du nid.

Mais, même lorsque l'isolement thermique est optimal, l'intérieur du nid est froid – trop froid pour une abeille.

La colonie s'est resserrée à l'intérieur du nid, elle s'est contractée, formant une grappe sphérique de la taille d'un ballon de football, chaque abeille étant toute proche des autres.

La température au centre de la sphère est d'environ 30°C, mais elle diminue progressivement en fonction de l'éloignement des abeilles du noyau central. Et elle est minimale à la périphérie de la sphère – à peine supérieure à 10°C, une température au-dessous de laquelle les abeilles sombrent dans le coma.

La température globale du nid est maintenue par les abeilles situées au centre qui sont nourries de miel par leurs sœurs et produisent de la chaleur en dépensant de l'énergie – elles frissonnent, contractant les muscles de leur abdomen et de leurs ailes, sans battre des ailes.

Les abeilles alternent – passant de la périphérie froide, où elles sont plongées dans une relative léthargie, vers le centre où elles se réchauffent, sont nourries de miel, frissonnent et contribuent à leur tour à réchauffer l'atmosphère. Puis elles laissent leur place aux autres en passant du centre vers la périphérie.

Et pendant les longs mois d'hiver, c'est dans la vingtaine de kilos de réserve de miel qu'elles ont stockée dans le nid que les abeilles puisent l'énergie qui leur permet de survivre, et de contracter leurs muscles, et de réchauffer la collectivité.

Et ainsi, chaque abeille, à tour de rôle, est à la fois le feu qui produit la chaleur et celle qui s'y réchauffe.

Et c'est leur miel – le nectar qu'elles ont puisé dans les fleurs, puis fait évaporer, le concentrant en sucre et le transformant en miel – qui leur permet de survivre au froid, à la neige et au gel.

Après le solstice d'hiver, un autre phénomène va se produire.

Il fait toujours froid, mais les jours commencent à rallonger. Les abeilles se mettent à frissonner encore plus, faisant monter la température ambiante du nid, qui atteint, au centre, 35°C – la température idéale pour la croissance des petits.

Alors, la reine recommence à pondre. Les ouvrières nourrissent les petits à partir des réserves de pollen et de miel. Et, au début du printemps, quand apparaissent les premières fleurs, la colonie dont les réserves de miel s'étaient épuisées sera en pleine expansion, et les nouvelles butineuses sortent du nid et se déploient à travers la campagne à la recherche de nectar et de pollen.

Et ainsi, stockant en plein été leurs réserves de nourriture dans le domicile où elles passeront l'hiver ; chauffant, en plein hiver, le nid ; puis, à la fin de l'hiver, nourrissant les petits et préparant les activités du printemps, les colonies d'abeilles sont, en permanence, projetées au-delà du présent – elles sont continuellement projetées dans l'avenir.

La reine des abeilles vit plusieurs années.

Les abeilles ouvrières nées vers la fin de l'automne, qui passeront l'hiver dans un état intermittent de semi-hibernation puis élèveront les petits jusqu'à la fin de l'hiver, ont une espérance de vie de plusieurs mois.

En revanche, toutes celles qui seront nées du début du printemps au milieu de l'automne – durant la période où l'ensemble de la colonie, composée de dix mille à quarante mille ouvrières, débordera d'activité – auront une durée de vie qui ne dépassera pas, en général, deux mois.

Chez les abeilles, deux sœurs peuvent se développer de deux manières radicalement différentes selon leur environnement – selon la nourriture que leur procurent les nourrices. Soit l'embryon se développera en une petite ouvrière, qui vivra en moyenne deux ou trois mois, assurera successivement, au cours de sa brève existence, toutes les tâches de la collectivité, et dont les organes de reproduction – les ovaires – seront maintenus dans un état d'immaturité par les phéromones émises par la reine et par les petits.

Soit l'embryon se développera en une reine de grande taille, féconde, dont la seule activité consistera à pondre d'innombrables œufs, et qui pourra vivre jusqu'à cinq ans, c'est-à-dire vingt à trente fois plus longtemps que les ouvrières auxquelles elle aura donné naissance.

Tous les petits commencent par être nourris par la *gelée royale* – dont le composant essentiel, la *royalectine*, produite par les nourrices, n'a été identifié qu'il y a trois ans, en 2010.

Puis, en fonction de la durée pendant laquelle les petites seront nourries à la gelée royale, elles deviendront soit de futures ouvrières soit de futures reines.

Les futures ouvrières ne seront nourries de gelée royale que durant trois jours, avant d'être nourries de pollen et de miel. Seule la future reine sera nourrie de gelée royale durant toute sa période de développement, puis durant toute sa vie.

Et ainsi, il y a, pour les abeilles, en fonction de l'alimentation qu'elles reçoivent de leurs nourrices, au moins deux façons profondément différentes d'utiliser leurs gènes, qui aboutissent à la construction de corps aux potentialités radicalement différentes et au développement de comportements très différents.

Chez les fourmis, nous l'avons vu, ce sont différents éléments de leur environnement dont les effets respectifs sont encore mal connus – la composition de la nourriture, les phéromones libérées par la reine, et la température ambiante – qui jouent un rôle épigénétique dans les différentes façons qu'aura le corps de se développer.

Chez les abeilles à miel, c'est un seul élément de l'environnement qui joue ce rôle – la nature de l'alimentation fournie par les nourrices après les trois premiers jours de développement, pollen et miel, ou gelée royale.

Les petites ouvrières auront une durée d'existence d'environ deux mois.
Mais, pendant ces deux mois, chacune vivra l'équivalent de plusieurs vies.

Dès qu'elle débute sa métamorphose – à partir du moment où elle a tissé son cocon – les nourrices protègent la nymphe en scellant de cire le plafond de son alvéole.
Puis, une fois sa métamorphose accomplie, la petite abeille ouvrière sort de sa chrysalide, détruit le plafond de cire et sort de sa cellule hexagonale.
Elle demeure d'abord sur place, s'occupant du nettoyage de son alvéole, puis elle commence à nettoyer les alvéoles proches.
Au centre du nid ou de la ruche sont les rayons de cire dont les alvéoles contiennent les œufs et les petits en train de se développer. Plus en périphérie sont les rayons de cire dont les alvéoles contiennent le pollen. Plus en périphérie encore, sont les rayons de cire qui contiennent le miel – les rayons de miel.
Deux jours après sa naissance, la petite ouvrière commence à se déplacer mais reste proche du centre du nid. Elle s'occupe des soins aux petits. Elle devient nourrice.
La jeune nourrice soigne et nourrit aussi sa reine, qui ne peut s'alimenter seule et dont l'unique activité, de la fin de l'hiver au début de l'été, consiste à pondre jusqu'à mille cinq cents œufs chaque jour.

Une dizaine de jours après sa naissance, la petite ouvrière commence à quitter le centre du nid ou de la ruche. Elle se déplace vers la périphérie et change d'activité. Et elle va progressivement s'engager dans une succession d'activités très différentes les unes des autres.

Elle devient receveuse.

Elle recueille le pollen – que les butineuses ont aggloméré sur leurs cuisses en petites pelotes, après avoir rendu les grains de pollen collants à l'aide d'une goutte de miel qu'elles avaient emportée avant de s'envoler hors du nid ou de la ruche.

Elle recueille le nectar – que les butineuses régurgitent après l'avoir avalé et stocké dans leur jabot. Elle en confie une petite partie à d'autres receveuses, qui en confient à leur tour une petite partie à d'autres. La qualité du nectar est ainsi évaluée par de nombreuses ouvrières, puis le nectar sera transformé en miel par une évaporation qui augmente ainsi sa concentration en sucre.

Et la petite ouvrière répartit le pollen et le miel dans les alvéoles des rayons de cire correspondants.

Puis elle change d'activité et devient architecte.

Elle bâtit les nouveaux rayons de cire et construit les alvéoles hexagonaux aux parois régulières.

Un jour, elle se rapproche de l'entrée du nid ou de la ruche, et devient gardienne.

Elle découvre la lumière du jour. Elle entrevoit le monde extérieur.

Elle se poste à l'entrée, ailes écartées, mandibules ouvertes, pattes avant levées. Et elle vérifie, en les touchant avec ses antennes, que les abeilles qui sont en train de tenter d'entrer ont bien l'odeur, ont bien les phéromones qui témoignent qu'elles font partie de la colonie.

Parfois elle s'engagera dans une activité qui l'amènera à sortir brièvement du nid ou de la ruche.

Elle participera aux rites funéraires – sommaires – de la colonie.

Elle recueillera les abeilles qui sont mortes au domicile, les tirera vers l'entrée, puis s'envolera, les transportant pour les lâcher à distance du nid ou de la ruche.

Durant les trois premières semaines de sa vie active, l'abeille ouvrière s'est progressivement éloignée du centre du nid ou de la ruche où elle est née.
Ses pérégrinations ont suivi une forme de mouvement centrifuge, en spirale, du centre vers la périphérie. Et à mesure qu'elle se déplaçait, elle a progressivement changé d'activité.
Dans le grand orchestre de la colonie, la petite ouvrière s'est successivement formée à tous les instruments.
À mesure qu'elle prenait de l'âge et découvrait tous les recoins de son domicile, elle a joué de tous les instruments de la colonie, les uns après les autres.
Elle a tenu tous les rôles – ou presque tous les rôles. Plus ou moins longtemps, plus ou moins intensément, suivant ses goûts innés, ses interactions avec ses sœurs, et les aléas de ses expériences vécues.
Elle est née depuis trois semaines, et rien – ou presque rien – de ce qui constitue la vie de la colonie à l'intérieur du nid ou de la ruche ne lui est désormais inconnu.

Et maintenant qu'elle a atteint l'âge de trois semaines ou d'un mois, elle va découvrir et parcourir le vaste monde.
Elle va, pour la première fois, prendre son envol.
Elle quitte son domicile, plonge dans la lumière du jour et entame ses premiers vols de reconnaissance dans les proches environs.

Comme les fourmis des déserts du Sahara, de Namibie et d'Australie – mais en volant – la future butineuse va adopter le comportement *retourne-toi et regarde*. Elle s'éloigne progressivement en décrivant des spirales de plus en plus grandes autour de son domicile. À intervalles réguliers, elle exécute un tour rapide sur elle-même et, au moment où elle se retrouve face à l'entrée de son nid ou de sa ruche, elle s'immobilise un court instant, pendant un à deux dixièmes de seconde, et mémorise les repères visuels environnants. Puis elle poursuit son chemin en spirale.

Et une fois qu'elle a appris à s'orienter, à retrouver le chemin du nid ou de la ruche, à se repérer par rapport à la direction du soleil et à mémoriser les lieux alentour, à se souvenir des repères – un arbre, un tas de pierres, le sommet d'une colline, un toit, un fourré – elle devient butineuse.

Au cours de ses activités antérieures, avant sa première sortie dans le monde, elle a déjà appris à reconnaître le parfum des fleurs, en recueillant le nectar et le pollen rapportés par les butineuses. Désormais, elle va à partir la recherche de la source du nectar et du pollen.

Avant sa première sortie dans le monde, elle a déjà entendu les butineuses exécuter leurs *danses en rond* et leurs *danses frétillantes*.

Elle va désormais en suivre les indications.

Et elle fera elle-même, une fois de retour dans l'obscurité du nid ou de la ruche, le récit de ses voyages, exécutant la *danse en rond* ou la *danse frétillante* quand elle aura fait une belle récolte, une belle découverte.

Et elle avertira ses sœurs des dangers qu'elle aura rencontrés, en donnant de petits coups de tête – le signal *stop*, le signal *n'y allez pas* – aux danseuses qui tentent de recruter d'autres butineuses sur les lieux où elle a détecté le danger.

La jeune butineuse passera par de nouvelles périodes successives de spécialisation.

Une fois qu'elle aura été recrutée par des danseuses vers un lieu particulier, elle se spécialisera, pendant un temps, sur une fleur précise et sur un type de récolte — nectar ou pollen —, mémorisant un parfum, une forme et une couleur et s'y attachant avec obstination.

Cinq mille des plus robustes iront jusqu'aux tilleuls, écrit Maurice Maeterlinck, *trois mille des plus jeunes animeront le trèfle blanc.*

La spécialisation initiale de la butineuse la rend de plus en plus habile dans sa récolte de nectar ou de pollen, favorisant l'accumulation rapide des réserves de la colonie durant les périodes fastes, mais éphémères, d'abondance.

Cette spécialisation joue aussi un rôle essentiel dans la fécondation des plantes à fleurs. Une abeille qui passerait sans cesse d'un trèfle à une églantine puis à la sauge puis au tilleul, aurait une activité pollinisatrice très aléatoire et surtout très rare — le pollen de trèfle ne fertilise pas la sauge...

Et ainsi, cette fidélité temporaire de la butineuse – que les jardiniers ont appelé *la constance florale des abeilles* – a joué, et continue à jouer un rôle majeur dans l'antique symbiose entre les abeilles et les plantes à fleurs, favorisant la pollinisation, la fécondation et la propagation des plantes à fleurs.

La butineuse ne fait pas que récolter et rapporter au nid ou à la ruche ce qu'elle a le plus apprécié, ce qu'elle a trouvé le plus savoureux – elle fait aussi le lien entre l'intérieur et l'extérieur et adapte sa récolte aux besoins changeants de la colonie.

De retour à son domicile, une fois délestée de sa récolte de nectar et de pollen, elle se promène sur les rayons de cire, s'informant du nombre de petits et de l'état des réserves de leur nourriture.

Les petits émettent une *phéromone de couvain*. Plus les petits sont nombreux, plus la quantité de cette phéromone est importante, et plus les butineuses seront stimulées pour aller récolter du pollen.

Mais cet effet, positif, peut être contrebalancé par un autre, négatif – plus il y a d'alvéoles emplis de pollen dans les rayons de cire sur lesquelles se promènent les butineuses, et moins les butineuses seront stimulées pour aller récolter du pollen.

Et ainsi, l'importance de la récolte de pollen dépendra à la fois du nombre de petits et du nombre d'alvéoles emplis de pollen.

Si les besoins des petits dépassent le stock de pollen, les butineuses rapporteront du pollen. Et, à mesure qu'elles en rapportent, le stock de pollen se reconstitue. Elles en rapporteront alors de moins en moins, privilégiant les récoltes de nectar, qui constitueront la réserve en miel.

Jusqu'au jour où, à nouveau, les besoins des petits commenceront à dépasser le stock de pollen...

En deux mois, l'abeille ouvrière aura vécu plusieurs existences. Et ce ne sont pas seulement ses activités et ses comportements qui se seront transformés avec l'âge, mais aussi son corps.

Il y a plus de deux mille trois cents ans, Aristote avait noté, dans les passages de son *Histoire des animaux* consacrés à la vie des abeilles, que les différentes activités des ouvrières, et les modifications de leur corps, étaient liées à leur âge.

Mais il avait commis une erreur.

Les abeilles plus âgées se chargent des travaux à l'intérieur du domicile, écrivait Aristote.

Et les jeunes abeilles se chargent des travaux à l'extérieur.

Il pensait que les ouvrières débutaient leur vie active en devenant butineuses et en parcourant la campagne – puis, ayant gagné en âge, elles devenaient sédentaires et se consacraient aux activités de nourrice, d'architecte,...

Il avait noté que les butineuses *sont plus lisses, ont moins de poils,* alors que celles *qui se chargent des travaux à l'intérieur du domicile sont rugueuses et poilues.*

Son erreur provenait du fait qu'il pensait que les jeunes abeilles – comme nos enfants – avaient la peau plus lisse, étaient moins velues que les abeilles plus âgées. Mais chez les abeilles ouvrières, c'est l'inverse qui se produit – les butineuses, plus âgées que les nourrices et les architectes, ont moins de poils.

Il y avait d'autres erreurs encore que faisait Aristote – et notamment l'erreur, très fréquente, que faisait aussi Virgile et qui sera répétée jusqu'au XVIIIe siècle – penser que la reine des abeilles était *un roi.*

Le corps de la petite ouvrière se transforme rapidement à mesure qu'elle prend de l'âge, et qu'elle change de carrière en s'engageant dans ses activités successives.

Au moment où elle devient nourrice, les glandes salivaires de la toute jeune ouvrière se développent. Et c'est dans ces glandes salivaires que s'accumule la *royalectine* qu'elle produit – dont elle nourrira tous les petits durant les premiers jours de leur vie, et dont la reine sera nourrie, tout au long de sa vie, par les nombreuses générations de jeunes nourrices auxquelles elle aura donné naissance.

Au moment où l'abeille devient architecte et commence à construire les rayons de cire, ce sont ses glandes qui produisent la cire qui se développent.

Ces transformations du corps et du comportement de la petite ouvrière semblent être un phénomène stéréotypé, déterminé par le passage du temps. Elles sont liées à l'âge, aux modifications hormonales, notamment la production d'hormone juvénile, et à la succession des expériences vécues à mesure que la petite ouvrière se déplace de plus en plus loin à travers le domicile, change d'environnement et s'engage dans de nouvelles activités.

Mais ces transformations du corps et du comportement de la petite ouvrière sont aussi influencées par la collectivité. Elles ont aussi une origine sociale.

La collectivité exerce des effets indirects sur le développement du corps et du comportement des ouvrières. Et quand les effets exercés par la collectivité viennent à se modifier, l'extraordinaire plasticité des comportements de chaque abeille peut alors se révéler.

Lorsque la colonie perd un grand nombre de butineuses, de jeunes nourrices adoptent soudain une activité de butineuse. Il semble que, habituellement, ce sont des phéromones libérées par les butineuses qui retardent la transformation des nourrices en butineuses jusqu'à ce qu'elles aient atteint l'âge de trois à quatre semaines. Mais si un grand nombre de butineuses disparaît, la concentration de phéromones libérées par les butineuses dans la ruche diminue, et de jeunes nourrices se transformeront en butineuses.

Et ce n'est pas seulement leur corps qui se modifiera, mais aussi leur cerveau.

Depuis une dizaine d'années, plusieurs études ont révélé que les différentes étapes de la vie d'une abeille ouvrière, ses différents comportements, ses différents apprentissages et ses différentes activités s'accompagnent de transformations au niveau de son cerveau.

Son cerveau de nourrice, lorsqu'elle est âgée d'une dizaine de jours, et son cerveau de butineuse, lorsqu'elle sera âgée de trois semaines, utiliseront de façon différente certains de ses gènes. Mais ces modifications sont-elles simplement liées à la différence d'âge ? Ou pourraient-elles être aussi dues à la différence de comportement et d'activité ?

Il y a un an, en octobre 2012, une étude publiée dans *Nature Neuroscience* par des chercheurs de l'université John Hopkins, à Baltimore, aux États-Unis, explorait plus avant cette question.

Les chercheurs avaient comparé le cerveau de nourrices âgées de trois semaines, qui avaient continué leur fonction de nourrices au-delà du délai habituel, et le cerveau de leurs sœurs du même âge qui venaient de devenir butineuses.

Et ils ont découvert que le cerveau de ces nourrices et le cerveau de ces butineuses, qui avaient le même âge, utilisaient de manière différente cent cinquante-cinq de leurs gènes.

Ces différences n'étaient donc pas liées à l'âge mais aux activités et aux comportements différents de ces abeilles ouvrières.

Les chercheurs se sont alors demandé si c'étaient les changements dans les modalités de fonctionnement de leur cerveau qui étaient la cause des différences de carrière professionnelle des abeilles, ou si c'était leur changement de comportement, le fait qu'elles s'étaient engagées dans des carrières professionnelles distinctes, réalisant des tâches différentes dans des environnements différents, qui changeait la façon dont leur cerveau utilisait certains de leurs gènes.

Comment faire la distinction entre ces deux possibilités ?

Pour tenter de répondre, les chercheurs ont réalisé l'expérience suivante.

Ils ont attendu que, au matin, les butineuses soient parties récolter le pollen et le nectar, abandonnant la ruche à leurs sœurs nourrices-ménagères.

Et, pendant l'absence des butineuses, ils ont retiré les nourrices de la ruche, et les ont mises dans une autre ruche.

Lorsque les butineuses sont revenues, chargées de pollen et de nectar, elles ont constaté qu'il n'y avait plus de nourrices pour s'occuper des petits.

Alors une partie des butineuses a changé de métier, et a repris une activité de nourrice.

Lorsque les chercheurs ont exploré leurs cerveaux, ils ont découvert que le cerveau de ces butineuses reconverties en nourrices s'était modifié – il utilisait désormais une cinquantaine des gènes qu'utilisait le cerveau des nourrices.

En d'autres termes, le changement de comportement des butineuses avait entraîné une modification du fonctionnement de leur cerveau. Et leur cerveau de butineuse était en partie redevenu celui qui était le leur lorsqu'elles avaient été jeunes nourrices.

C'est le changement d'environnement dans leur ruche, l'absence soudaine de nourrices, qui a entraîné leur changement de comportement et qui a en partie modifié l'architecture et le fonctionnement de leur cerveau.

Ce que révèle cette étude, c'est une nouvelle dimension du rôle important que joue l'épigénétique dans la vie des abeilles, en exerçant des effets, à l'âge adulte, sur leur cerveau et leurs comportements.

Et l'existence chez les abeilles à miel d'une très grande plasticité du cerveau – sa capacité à se recomposer et à s'adapter, pour partie au moins, à une nouvelle situation en fonction des modifications de l'environnement – leur permet de prendre de nouveaux départs, d'adopter de nouveaux comportements, de vivre de nouvelles métamorphoses.

Une fois que l'ouvrière est sortie de son domicile et s'est engagée dans la carrière de butineuse, cette activité n'est pas obligatoirement le stade ultime de la longue succession de carrières qu'elle a connues au cours de sa brève existence.

Une minorité de butineuses, de cinq à vingt-cinq pour cent, vont se transformer en éclaireuses. Ce sont des exploratrices, qui vont sans cesse à la recherche de nouvelles récoltes – qui recherchent en permanence la nouveauté.

Quand elles ont découvert un nouveau site de récolte et qu'elles l'ont trouvé à leur goût, les éclaireuses reviennent au nid ou à la ruche en faire le récit, elles exécutent leur danse frétillante, puis elles repartent ailleurs, explorer la campagne.

Les butineuses suivent les indications données par les éclaireuses et, si elles ont elles-mêmes apprécié les découvertes faites par les éclaireuses, elles reviendront danser leur enthousiasme, recrutant de nouvelles butineuses sur ce site. Et si elles ne l'ont pas apprécié, elles rentreront au nid ou à la ruche sans danser, attendant que d'autres éclaireuses ou d'autres butineuses leur indiquent un autre lieu.

En d'autres termes, l'élaboration continuelle de la carte changeante des sites de récolte disponibles est réalisée par les éclaireuses au cours de leurs incessantes explorations. Elles sont les cartographes, au travail toujours recommencé.

En revanche, les phénomènes d'amplification positive et négative qui adaptent en temps réel cette carte évolutive en fonction de la qualité, de l'apparition et de la disparition des ressources, et des dangers, sont réalisés par les vagues successives de butineuses qui ont été informées par les comptes rendus des éclaireuses.

Et de ces deux catégories très différentes et complémentaires de danseuses – les éclaireuses qui dansent leurs découvertes et repartent explorer ailleurs, et les butineuses qui récoltent, et recrutent, et réévaluent en permanence la qualité et les dangers des sites découverts par les éclaireuses – émerge une adaptation optimale des activités de récolte de la collectivité à son environnement toujours changeant.

Ce qui différencie ces deux catégories de danseuses, c'est l'âge et l'expérience. Seule une petite partie des butineuses, les plus âgées, les plus expérimentées, deviendront des éclaireuses.

Et ainsi, dans le monde des abeilles, ce n'est pas la jeunesse, mais l'âge et l'expérience qui semblent faire émerger la curiosité, l'intrépidité, l'exploration, le goût de l'aventure, la recherche constante de territoires et de sensations inconnues.

Il y a un an et demi, en mars 2012, une étude était publiée dans *Science* par un groupe de chercheurs animé par Gene Robinson, de l'Université de l'Illinois, aux États-Unis, en collaboration avec Thomas Seeley.

Les chercheurs avaient exploré si ce goût de l'aventure était lié à des modifications du fonctionnement du cerveau.

L'étude indiquait que le cerveau des éclaireuses n'utilise pas de la même façon que le cerveau des butineuses une partie de leurs gènes. Ces différences sont d'ordre quantitatif – certains gènes sont soit plus utilisés soit moins utilisés par certains groupes de cellules du cerveau des éclaireuses. Au total, ce sont plus de mille deux cents gènes qui sont concernés – c'est-à-dire plus de dix pour cent de la totalité des gènes des abeilles à miel et plus de quinze pour-cent des gènes utilisés par leur cerveau.

Et parmi les nombreuses molécules fabriquées en quantité différente par le cerveau des éclaireuses et des butineuses à partir de ces gènes, figurent des molécules, des neuromédiateurs, dont la dopamine et le glutamate, qui participent – dans le cerveau des mammifères et donc dans notre cerveau – à des circuits que les neurobiologistes appellent les circuits de récompense et de frustration, qui sont impliqués dans la recherche de nouveauté, dans la curiosité et dans les sensations de satisfaction ou d'insatisfaction.

Les chercheurs se sont demandé s'ils pourraient, en modifiant le fonctionnement de certains de ces circuits, modifier le comportement des butineuses et éveiller chez elles le désir d'exploration, de recherche de nouveauté qui caractérise le comportement des éclaireuses. Et inversement, s'ils pourraient faire perdre aux éclaireuses leur goût de l'aventure et leur faire retrouver le comportement de butineuses qui avait été le leur auparavant.

Ils ont fait boire à des éclaireuses et à des butineuses de l'eau sucrée, à laquelle ils avaient ajouté différentes molécules qui modifient l'effet du glutamate ou de la dopamine.

Et certaines de ces boissons ont induit chez les butineuses, un comportement d'éclaireuses. Et d'autres boissons ont diminué le caractère exploratoire des éclaireuses, leur faisant adopter un comportement proche de celui des butineuses.

Le cerveau des abeilles à miel est non seulement minuscule, par rapport au nôtre, il a aussi une structure très différente.

Et pourtant le cerveau des abeilles semble partager avec le nôtre certains des circuits nerveux et des neuromédiateurs qui sont impliqués, chez nous, dans la recherche de nouveauté, dans le plaisir, la récompense, la satisfaction ou la frustration.

Les abeilles ressentent-elles des émotions ?

Elles ne peuvent nous le dire, ou plutôt, même si elles pouvaient nous le dire, nous ne saurions sans doute pas les comprendre.

Une étude récente suggère qu'il est possible qu'elles vivent ce que nous appelons des émotions.

Mais c'est une autre histoire.

Et avant de l'aborder, nous allons partir à la découverte de l'une des activités des éclaireuses qui constitue probablement leur contribution essentielle à la survie de la colonie.

LA DÉMOCRATIE DES ABEILLES

> Plus tard, quand tu verras, en levant les yeux, l'essaim sortir de la ruche, nager dans le ciel limpide, vers les astres, et, qu'étonné, tu l'apercevras qui flotte au gré du vent comme une nuée sombre, suis-le des yeux.
>
> Virgile. *Géorgiques*.

Ces étranges récits que font les abeilles de leurs voyages et de leurs découvertes.

Ces récits sans mots, qui prennent la forme d'une danse sonore – la danse frétillante.

Du début du printemps à la fin de l'automne cette danse est exécutée par les éclaireuses et les butineuses sur les rayons de cire, dans l'obscurité du nid ou de la ruche, et indique aux butineuses la direction et la distance des lieux des plus belles récoltes.

Mais une fois l'an, durant quelques jours, c'est en plein soleil, sur le dos de leurs sœurs qui se sont posées en essaim sur la branche d'un arbre, que les éclaireuses exécuteront cette étrange chorégraphie.

C'est à la fin du printemps ou au début de l'été.

La colonie compte plusieurs dizaines de milliers d'ouvrières en pleine activité, les éclaireuses et les butineuses parcourent la campagne, reconstituant les réserves de pollen et de miel, les nourrices s'occupent de la reine, des œufs, des larves et des nymphes.

Alors se produit un phénomène spectaculaire.

Le début de l'exode.

L'essaim, constitué d'environ des deux tiers des ouvrières, emmenant avec elles leur reine mère, quittent le nid ou la ruche – flottant *au gré du vent,* dit Virgile, *comme une nuée sombre...*

Une nuée d'une vingtaine de mètres, qui tourbillonne et bourdonne dans le ciel – un nuage formé de plus de dix mille abeilles ouvrières avec, au milieu, invisible, leur reine mère.

Puis quelques ouvrières, suivies de la reine, se posent sur la branche d'un arbre, à quelques dizaines de mètres du nid ou de la ruche qu'elles viennent de quitter.

Et bientôt l'ensemble de l'essaim se pose sur la branche.

Dans l'ancien domicile, le tiers restant des ouvrières attend la naissance des princesses dont l'une deviendra la nouvelle reine qui, une fois qu'elle aura effectué son vol nuptial, commencera à repeupler la collectivité que l'essaim a quittée.

Sur la branche, l'essaim forme une grappe dorée sombre.

Puis plusieurs centaines d'abeilles s'envolent de la grappe.

Ce sont des éclaireuses, qui constituent environ cinq pour cent de l'essaim.

Ces éclaireuses parcourent la région, quadrillant une surface d'environ soixante-dix kilomètres carrés.

Et elles reviennent danser leurs découvertes sur le dos de l'essaim.

Leur danse frétillante n'indique pas le lieu des récoltes.

Elle chante les louanges d'un futur domicile.

La danse frétillante est devenue la danse de la grande migration, qui permettra à la colonie de choisir le meilleur site pour établir son nouveau nid ou sa nouvelle ruche.

Alors, écrit Thomas Seeley dans *La démocratie des abeilles à miel,*

alors débute ce que je crois être l'exemple le plus merveilleux de la manière dont une multitude d'abeilles travaillent ensemble et coopèrent, en l'absence de tout contrôleur central, créant une unité fonctionnelle dont les capacités transcendent les capacités de chacun de ses membres.

Un essaim d'abeilles à miel fait émerger une forme d'intelligence collective dans le choix de son domicile.

[L'essaim] reste suspendu à la branche jusqu'au retour des ouvrières qui font l'office d'éclaireurs ou de fourriers ailés et qui, dès les premières minutes de l'essaimage, se sont dispersées dans toutes les directions pour aller à la recherche d'un logis, écrivait Maurice Maeterlinck cent dix ans plus tôt, dans *La vie des abeilles.*

Une à une elles reviennent et rendent compte de leur mission, et, puisqu'il nous est impossible de pénétrer la pensée des abeilles, il faut bien que nous interprétions humainement le spectacle auquel nous assistons.

Il est donc probable qu'on écoute attentivement leurs rapports.

L'une préconise apparemment un arbre creux, une autre vante les avantages d'une fente dans un vieux mur, d'une cavité dans une grotte ou d'un terrier abandonné.

Il arrive souvent que l'assemblée hésite et délibère jusqu'au lendemain matin.

Enfin le choix se fait et l'accord s'établit.

À un moment donné, toute la grappe s'agite, fourmille, se désagrège, s'éparpille et, d'un vol impétueux et soutenu qui cette fois ne connaît plus d'obstacle, par-dessus les haies, les champs de blé, les champs de lin, les meules, les étangs, les villages et les fleuves, le nuage vibrant se dirige en droite ligne vers un but déterminé et toujours très lointain.

Il est rare que l'homme le puisse suivre dans cette seconde étape.
Il retourne à la nature, et nous perdons la trace de sa destinée.

Maeterlinck ne connaissait pas le secret de la *danse frétillante* des abeilles. Il ne connaissait pas le secret de leurs délibérations.

Une à une elles reviennent et rendent compte de leur mission,
dit-il, et, puisqu'il nous est impossible de pénétrer la pensée des
abeilles, il faut bien que nous interprétions humainement le
spectacle auquel nous assistons.
Il est donc probable qu'on écoute attentivement leurs rapports.

Ce n'est qu'en 1945 que Karl von Frisch déchiffrera le langage de la danse frétillante exécutée dans l'obscurité du nid ou de la ruche – le secret de la danse des récoltes.

Et ce n'est que six ans plus tard que l'un de ses élèves, Martin Lindauer, déchiffrera le secret de la danse frétillante dansée en plein soleil par les éclaireuses, sur le dos de l'essaim d'abeilles qui vient d'abandonner son nid ou sa ruche – le secret de la danse de la recherche du nouveau domicile.

Un après-midi de printemps, en 1949, dans les jardins de l'Institut de Zoologie de Munich où il travaille avec Karl von Frisch, Martin Lindauer a observé un essaim d'abeilles bivouaquant sur un buisson.

Il a remarqué que les danseuses ne rapportaient ni pollen ni nectar – ce n'étaient apparemment pas des butineuses revenant d'un lieu de récolte.

Elles étaient poussiéreuses.

Il les époussette avec une petite brosse et analyse les poussières au microscope.

Certaines, dira-t-il, étaient *noires de suie,* d'autres *rouges de poussière de brique,* d'autres encore d'un *blanc de farine.*

Il a soudain l'intuition qu'elles sont en train de transmettre des indications sur un nouveau domicile possible – certaines dans une cheminée, d'autres dans une anfractuosité d'un mur de brique, d'autres dans un four à pain désaffecté.

Puis l'essaim s'envole et disparaît dans la ville.

Il est rare que l'homme le puisse suivre dans cette seconde étape, disait Maeterlinck.

Il retourne à la nature, et nous perdons la trace de sa destinée.

Lindauer ne peut explorer plus avant son hypothèse – il faut reconstituer le rucher de l'Institut de Zoologie, qui a été détruit pendant la guerre. Et ce n'est que deux ans plus tard, durant l'été 1951, qu'il obtiendra de von Frisch la permission de reprendre sa recherche.

Il passe des journées entières à observer le ballet des danseuses sur plusieurs essaims. Il marque chacune des abeilles pendant qu'elle danse à l'aide de petites taches de peinture – en utilisant un système de marquage élaboré par von Frisch durant les années 1910, qui permet de marquer individuellement les abeilles en les numérotant de 1 à 599 à l'aide de combinaisons de seulement cinq couleurs.

Lindauer a décidé de lire les indications communiquées par chaque danse frétillante exécutée en plein air sur le dos d'un essaim comme s'il s'agissait d'une danse frétillante exécutée dans l'obscurité du nid ou de la ruche et indiquant le lieu d'une récolte.

Il constate que les danseuses désignent jusqu'à une vingtaine de sites, situés dans des directions et à des distances différentes. Progressivement, après plusieurs heures ou jours, le nombre de sites indiqués diminue. Puis, une majorité se dessine pour un seul endroit.

Et soudain, c'est l'unanimité.

L'essaim s'envole et disparaît.

Et Lindauer part en courant à travers les rues de Munich à la poursuite de l'essaim, dans la direction qui a fait l'unanimité.

Durant l'été 1951, puis durant l'été 1952, il répètera ses expériences avec neuf essaims différents. Et, en suivant les dernières indications données par les éclaireuses avant l'envol de l'essaim, il réussira trois fois à découvrir le nouveau nid – *la plus belle expérience de ma vie,* dira-t-il.

L'été 1952. *C'est le moment où je suis né,* dit Thomas Seeley.

Trois ans plus tard, Lindauer publie sa découverte – un article de soixante-deux pages intitulé *Essaim d'abeilles à la recherche d'un logement.*

Il y a une étonnante généalogie intellectuelle, de maître à élève, entre les principaux chercheurs qui ont été impliqués dans le déchiffrement des mystères de la danse frétillante des abeilles.

Un passage de témoin qui, par-delà l'océan Atlantique, au long de près de trois quarts de siècle, relie Thomas Seeley au pionnier Karl von Frisch.

Martin Lindauer, l'élève de von Frisch, aura à l'université de Francfort un élève, Bert Hölldobler, qui partira aux États-Unis rejoindre, à l'université Harvard, Edward Wilson – le grand chercheur qui a consacré sa vie à l'étude des insectes sociaux.

Et, parmi les élèves de Bert Hölldober, à Harvard, il y aura Thomas Seeley qui, depuis près de quarantaine d'années, continue, avec d'autres, à révéler des dimensions jusque-là inconnues de la danse frétillante des abeilles.

Les ouvrières d'un essaim, écrit Seeeley, *conduisent un processus démocratique de prise de décision pour choisir le lieu de leur nouvel habitat – un choix qui aura, l'hiver venu, des implications en termes de vie ou de mort.*
Elles identifient une série d'options distinctes, partagent leurs découvertes en exécutant des danses, conduisent un débat

concernant la meilleure option possible et parviennent à un accord à propos du nouveau domicile de l'essaim.

Le choix du nouveau domicile, qui engage l'avenir de la collectivité, ne vient pas de la reine – il résulte d'un processus émergent, il est débattu, il s'auto-organise.

Et la danse frétillante sur le dos de l'essaim est l'un des instruments essentiels de la *démocratie des abeilles.*

Une fois que les éclaireuses auront fait le choix du nouveau domicile, que leur vote aura eu lieu, que la décision aura été prise, l'essaim s'envolera vers sa nouvelle résidence dans laquelle il construira les rayons de cire aux alvéoles hexagonaux, accumulera les réserves de pollen qui permettront de nourrir les milliers d'ouvrières auxquelles la reine donnera naissance, et la vingtaine de kilos de réserves de miel qui permettra à la colonie de survivre aux rigueurs de l'hiver.

Mais si le nouveau domicile n'a pas les caractéristiques requises, la colonie disparaîtra durant l'hiver.

La qualité d'un futur domicile, qui peut être distant de plus d'une dizaine de kilomètres de l'endroit où l'essaim s'est posé, est évaluée très minutieusement par l'éclaireuse qui le découvre – elle le parcourt dans tous les sens durant dix à trente minutes.

Des études, dont celles de Thomas Seeley, indiquent qu'il y a au moins six critères qui sont évalués par l'éclaireuse, dont le volume de la cavité, qui doit être suffisant pour pouvoir contenir l'ensemble des réserves de miel indispensables à la survie en hiver, l'isolement thermique, l'isolement par rapport à la pluie et à l'humidité et la taille de l'entrée, qui ne doit pas être trop grande, pour pouvoir être protégée.

Et c'est à ses éclaireuses – aux anciennes butineuses les plus intrépides et les plus expérimentées – que la collectivité délègue le choix de ce nouveau domicile.

Il s'agit d'un processus de démocratie par délégation, l'équivalent d'une forme de démocratie représentative, d'une forme de parlement – l'assemblée des anciennes, le parlement des exploratrices

Durant plusieurs jours chaque éclaireuse qui revient se poser sur la grappe de l'essaim après avoir visité un site qu'elle a apprécié exécute sur le dos de ses sœurs sa danse frétillante.

Les éclaireuses qui n'ont pas découvert de site à leur goût reviennent sans danser, observent les danseuses, puis, lorsqu'elles sont convaincues par la danse d'une de leurs sœurs, vont à leur tour examiner le site indiqué et, si elles l'ont apprécié, reviennent exécuter elles-mêmes la danse frétillante. Progressivement, les options diminuent et se réduisent aux sites qui obtiennent le plus de suffrages – puis une majorité se dessine pour l'un des sites.

Les danses pour les sites alternatifs vont alors diminuer, puis cesser. Et, à un moment donné, cette majorité se transforme en consensus – en unanimité.

Alors, les éclaireuses commenceront à entonner le chant du départ – qui va retentir de plus en plus fort durant près d'une heure – des vibrations de plus en plus aigües, d'une durée d'environ une seconde chacune.

Les éclaireuses produisent ce chant en frottant rapidement leur abdomen contre celui d'une de leurs sœurs et en faisant effectuer des vibrations rapides aux muscles de leurs ailes. Les sons produits sont de haute fréquence, de 200 à 250 Hertz, et *ressemblent,* par leur stridence, dit Seeley, *au bruit que fait le moteur d'une voiture de formule 1 en train d'accélérer brutalement.*

Dans un registre plus poétique, ces sonorités ont été comparées à un chant de cornemuse.

Les éclaireuses ont cessé de repartir en exploration.

Le choix est fait.

Et presque toujours, dit Seeley, *la sagesse collective des abeilles choisit la meilleure option parmi toutes celles qui sont disponibles.*

L'ensemble de l'essaim, qui a assisté pendant plusieurs heures ou plusieurs jours à toutes les étapes de la délibération des éclaireuses, se met alors à vibrer de plus en plus fort – il entonne à son tour le chant du départ, il se prépare à l'envol.

C'est ainsi que s'élabore le choix collectif de l'essaim.
Ou du moins c'était ce pensaient les chercheurs.

Mais *je ne comprends toujours pas,* avait écrit Martin Lindauer, *pourquoi les éclaireuses qui ont trouvé un domicile de qualité inférieure finissent par arrêter de danser pour ce site, alors qu'elles n'ont pas encore inspecté un autre domicile possible.*

Ce n'est qu'au début de l'année 2012, soixante ans après la découverte de Lindauer, qu'une étude publiée par Thomas Seeley et ses collègues dans *Science* allait apporter une réponse.

Les chercheurs découvrent que le choix collectif ne résulte pas simplement de l'élaboration progressive d'un consensus – il implique un véritable débat contradictoire.

Le signal *stop,* le signal *n'y allez pas,* découvert en 2010 par James Nieh – ce signal qui interrompt une danse frétillante dans l'obscurité du nid ou de la ruche en signalant un danger sur un lieu de récolte – joue aussi un rôle majeur dans le choix d'un nouveau lieu d'habitation durant les quelques heures ou quelques jours qui précèdent la grande migration.

Seeley et ses collègues ont remarqué que, durant les danses frétillantes exécutées par les éclaireuses sur le dos de l'essaim, il y avait très souvent des éclaireuses qui interrompaient les danseuses en émettant le signal *stop, n'y allez pas* – en leur donnant de petits coups de tête et en émettant de brèves vibrations.

Et ils se sont posé deux questions.

La première : quelles sont les raisons pour lesquelles une éclaireuse interrompt la danse d'une autre ?
Et la seconde : quels sont les effets de ces interruptions sur le processus de choix collectif ?

Pour répondre à ces questions, ils ont proposé à plusieurs essaims un choix entre deux sites ayant exactement les mêmes qualités.

Est-ce que le choix deviendrait alors impossible, aucun consensus ne pouvant être dégagé – l'essaim restant alors bloqué indéfiniment sur sa branche ?
Ou est-ce que, comme cela se produit parfois, très rarement, l'essaim va finir par se scinder en deux – chaque moitié partant dans une direction différente, avec le risque de perdre la reine dans la cohue, ce qui conduirait, l'hiver venu, à la disparition de l'ensemble de la collectivité ?

Thomas Seeley et ses collègues ont placé, au printemps, une ruche au milieu de l'île d'Appledore, dans l'État du Maine – une île dépourvue de toute cavité naturelle ayant les qualités requises pour y établir un nid convenable.
Et dans cet environnement inhospitalier, ils ont déposé deux boîtes vides, identiques – deux futures ruches de qualité égale, situées à des extrémités opposées de l'île.

Ils ont découvert, comme ils le supposaient, que c'étaient les éclaireuses qui dansaient pour faire l'éloge de l'un des deux sites qui donnaient des coups de tête aux danseuses qui faisaient l'éloge de l'autre site, et réciproquement.

Ils en ont déduit que le choix du domicile résulte de deux mécanismes contradictoires mais complémentaires.

D'une part, l'importance de l'enthousiasme pour un site, la passion manifestée par les danseuses pour un site qu'elles trouvent particulièrement propice, recrutant par leur danse frétillante de plus en plus d'éclaireuses par un phénomène d'amplification positive, de rétroaction positive – le signal *allez-y*.

Et d'autre part, un phénomène de répression, un phénomène d'inhibition, de rétroaction négative – le signal *stop, n'y allez pas* – qui renforce le premier. Il traduit l'enthousiasme des éclaireuses pour le site qu'elles ont elles-mêmes découvert et interrompt les danses des éclaireuses désignant un autre site.

Les modélisations mathématiques élaborées par les chercheurs indiquent que ce double mécanisme exerce un effet très puissant.

À partir de différences initialement minimes – un peu plus d'éclaireuses qui apprécieront un site plutôt qu'un autre – émergera progressivement un phénomène d'amplification positive des danses pour ce site, renforcé par un phénomène d'inhibition de la danse pour les autres sites.

Une majorité commence à se dégager pour un site.

Et, à partir d'un certain seuil, se produit un phénomène de *tout ou rien* – la majorité devient de plus en plus importante, faisant basculer la collectivité des éclaireuses vers une décision.

Dans la situation extrême à laquelle les chercheurs avaient confronté les éclaireuses sur l'île d'Appledore – réaliser un choix entre deux sites de qualité égale – ce processus permettait aux abeilles non pas de choisir le meilleur site – aucun des deux n'était meilleur – mais tout simplement de faire un choix.

De ne pas demeurer indéfiniment dans l'indécision.

Ou de ne pas scinder l'essaim en deux, au risque de perdre la reine.

Parmi les petites oscillations, les petites fluctuations aléatoires dans les choix des éclaireuses qui avantageaient, à un moment donné, l'un des deux sites par rapport à l'autre, certaines fluctuations, qui seront plus accentuées que d'autres, dépasseront soudain un seuil, initiant le double phénomène d'amplification positive et négative et faisant progressivement basculer les éclaireuses vers le choix de l'un des deux sites – vers une prise de décision.

Et d'habitude – quand des chercheurs ne confrontent pas les abeilles à cette situation extrême d'avoir à choisir entre des domiciles de qualité strictement identique – le choix s'opère entre des sites de qualités différentes.

Dans ces conditions, ce processus d'amplification permet d'aboutir rapidement à un renforcement du choix pour le futur domicile qu'une majorité d'éclaireuses a jugé le meilleur. Et les études indiquent que ce processus permet presque toujours à l'essaim de s'installer dans le site le plus approprié.

Les éclaireuses d'aujourd'hui sont les descendantes de longues lignées de reines dont la survie a résulté de l'émergence et de la propagation, chez certaines de leurs filles – les éclaireuses –, d'une capacité à élaborer collectivement, génération après génération, une décision permettant à leur colonie de trouver un domicile où elles ont pu survivre aux rigueurs de l'hiver.

À partir d'un débat contradictoire, qui permet de dégager un choix majoritaire, puis de faire basculer l'ensemble de la collectivité vers ce choix majoritaire, qui devient soudain alors le choix adopté par tous.

La démocratie des abeilles à miel, écrivait, il y a trois ans, Thomas Seeley.

Notre régime politique ne prend pas pour modèle la loi des autres, écrivait il y a plus de deux mille quatre cents ans Thucydide dans *La Guerre du Péloponnèse,* en décrivant le fonctionnement de la cité d'Athènes.
Loin d'imiter les autres, nous sommes nous-mêmes un exemple. Quant au nom de notre régime, comme les choses dépendent de la majorité, cela s'appelle une démocratie.

Et ainsi, comme dans une mise en abyme qui peut donner le vertige, comme dans un étrange jeu de reflets, nous découvrons que ce que nous croyons avoir inventé, nous l'avons, sans le savoir, en partie réinventé.

Dans l'un de ses premiers articles, qu'il publie en 1837, à l'âge de vingt-huit ans, dans les *Comptes rendus de la Société de Géologie de Londres,* un an après son retour de son long voyage autour du monde, le jeune Darwin avait fait une remarque semblable à propos d'une invention beaucoup plus ancienne encore de l'humanité – le labourage.
Son article ne concernait pas les abeilles, mais de petits êtres qui vivent dans les sols – les vers de terre.
Il s'intitulait *Sur la formation de l'humus.*
Et Darwin y proposait que l'humus, qui fertilise les champs, résulte de l'activité des vers de terre.

La dernière phrase de l'article présentait une des formes de renversements de perspective que Darwin allait opérer par la suite à une tout autre échelle et avec de tout autres implications.

Je pourrais conclure, écrivait-il, *que l'agriculteur en labourant le sol suit une méthode strictement naturelle; il ne fait qu'imiter de manière grossière – sans être [contrairement aux vers] capable d'enterrer les cailloux ni de trier la terre fine de la*

terre grumeleuse – *le travail que la nature accomplit quotidiennement par l'entremise des vers de terre.*

L'agriculteur, dit Darwin, imite, sans le savoir, *de manière
grossière*, à la surface du sol, en pleine lumière, à l'aide d'outils
conçus intentionnellement à cet effet, ce que des êtres vivants
parmi les plus simples accomplissent spontanément et aveu-
glément, chaque jour, dans la pénombre des sols, depuis si
longtemps.

L'homme, croyant inventer, imite ce qu'il ne sait même pas
qu'il est en train d'imiter – les forces invisibles de la nature.

Quarante-quatre ans plus tard, en 1881, dans la conclusion
de son dernier livre, *La Formation de l'humus végétal par
l'action des vers de terre, avec observations de leur mode de vie,*
qui paraît alors qu'il lui reste moins d'un an à vivre, Darwin
reprend son ode émerveillée à l'humble ver de terre.

Les pérégrinations incessantes des vers de terre – et leur
absorption, leur digestion et leur rejet de la nourriture
contenue dans les minuscules particules de terre qu'ils sont
capables d'ingérer – sculptent, dit-il, la topographie des
campagnes, aplanissent et adoucissent les reliefs, préservent
en les enfouissant dans la terre les vestiges archéologiques et
rendent les sols fertiles. Des forces infimes opérant dans le
présent, et dont nous ne soupçonnons pas l'importance, font
émerger des réalisations sans aucune commune mesure avec
ce que nous observons à l'échelle de l'attention que nous leur
portons.

Quand nous contemplons une large étendue couverte d'humus,
écrit-il, *nous devrions nous souvenir que sa douceur, dont
dépend une si grande partie de sa beauté, est principalement
due au fait que toutes ses inégalités ont été lentement aplanies
par les vers.*

L'ode se poursuit :

Il est merveilleux de penser que l'ensemble de l'humus super-ficiel sur une telle étendue a passé, et passera encore, toutes les quelques années, à travers le corps des vers.

Puis resurgit l'homme :
Le labourage est l'une des inventions les plus anciennes et les plus valables de l'homme, mais, longtemps avant que l'homme existe, le sol était régulièrement labouré, et continue toujours à être labouré par les vers.

Longtemps avant que l'homme existe...

Près d'un demi-siècle s'est écoulé depuis la publication de son premier article sur les vers.

Il a désormais inscrit l'humanité dans la généalogie du vivant.

L'homme n'apparaît plus seulement comme un imitateur grossier de la nature.

Il apparaît aussi, désormais, comme un imitateur tardif de ce que la nature a, en d'autres, inventé, longtemps avant qu'elle l'ait fait émerger.

L'homme dans son arrogance se considère lui-même comme un grand œuvre, qui mérite d'avoir été imposé par une divinité, avait écrit le jeune Darwin dans ses carnets secrets. *Plus humble, moi, je crois vrai de le considérer comme créé à partir des animaux.*

L'homme n'a pas inventé le labourage, écrivait Darwin.

L'homme n'a pas, non plus, inventé l'agriculture, aurait-il pu écrire.

Les vestiges les plus anciens de l'invention humaine de l'agriculture dont nous ayons la trace – les vestiges les plus anciens de cultures de plantes sauvages et de plantes domestiques – datent d'il y a environ dix mille ans.

Il y a soixante à cinquante millions d'années, la tribu des fourmis *Attini*, je vous le disais plus haut, inventait en

Amérique du Sud l'agriculture dans ses fourmilières. Et, très loin de là, dans l'ancien monde, une vingtaine de millions d'années plus tard, la culture des jardins de champignons émergera, de façon indépendante, chez des termites dont les descendants vivent aujourd'hui en Afrique tropicale et en Asie du Sud-Est – les *macrotermitines*.

L'homme n'a pas, non plus, inventé la démocratie, aurait pu écrire Darwin.

Les traces les plus anciennes d'une démocratie humaine, la démocratie athénienne, ne datent que d'il y a environ deux mille six cents ans.

Mais qu'appelons-nous une démocratie ?
Littéralement, le terme signifie *le pouvoir du peuple* – δῆμος, le peuple, et κράτος, le pouvoir.
Mais qu'appelons nous le peuple ?

À Athènes, chacun avait le droit de participer aux choix collectifs – sauf les femmes, les étrangers, et les esclaves.
Et l'élaboration par l'humanité de sociétés véritablement démocratiques a été une longue et tumultueuse aventure, qui n'est toujours pas achevée dans de nombreuses régions du monde.
Dans notre pays, l'esclavage n'a été aboli qu'il y a cent soixante-cinq ans, en 1848.
Et le droit de vote n'a été accordé aux femmes qu'il y a soixante-neuf ans, en 1944.

Une véritable démocratie – ce processus émergent qui nous permet, à chacun, de participer librement à l'invention de notre avenir – se confond avec la recherche permanente de justice et d'équité, dit l'économiste Amartya Sen dans son dernier livre, *L'Idée de Justice*,
Un gouvernement par le libre débat, écrit-il, *qui repose sur la mise en œuvre d'un véritable débat collectif, et dont le but est la*

poursuite d'une justice globale et d'un accès réel de chacun à ses droits.

Et sur ce plan, malgré ses réalisations remarquables et ses nombreux aspects touchants et merveilleux, la *démocratie des abeilles à miel* est loin d'être une véritable démocratie.

Car il y a aussi, dans *l'esprit de la ruche* et *la sagesse des abeilles*, des dimensions brutales.

Chaque année, à la fin du printemps ou au début de l'été, dans l'obscurité des nids et des ruches, se déroulent des tragédies d'une grande violence.

Le combat mortel entre les princesses.

Et la mort des faux-bourdons abandonnés par leurs sœurs.

Mais, avant de plonger dans ces drames, nous allons continuer notre exploration des étonnantes capacités des petites butineuses.

Nous allons revenir à Karl von Frisch.

Et à son exploration de l'étonnante mémoire de la butineuse. Von Frisch découvrira qu'elle conserve non seulement un souvenir très précis des événements passés qui ont retenu son attention, mais qu'elle conserve aussi un souvenir très précis de la durée qui s'est écoulée depuis ces événements.

Elle possède une mémoire de l'écoulement du temps, dont elle tient compte en permanence.

III

LES BATTEMENTS DU TEMPS

À quoi servent les jours ?
Ils sont là où nous vivons.
Ils viennent, ils nous réveillent
Jour après Jour.
Ils sont ce dans quoi nous devons trouver le bonheur :
Où pouvons-nous vivre, si ce n'est dans les jours ?

Philip Larkin, *Les jours.*

Nous inventons le temps

> Nous passons notre vie à renverser les heures
> Nous inventons le temps.
>
> Paul Éluard, *Poésie ininterrompue.*

Alors que Karl von Frisch explore les capacités d'apprentissage et de mémorisation des butineuses, il découvre qu'elles se souviennent non seulement des parfums et des couleurs des fleurs, et des trajets qu'elles ont parcourus pour atteindre leurs lieux de récolte, mais qu'elles ont aussi une très bonne mémoire temporelle, une très bonne mémoire des heures de la journée où elles ont fait une découverte.

Von Frisch a placé sur une table, à distance d'une ruche, une coupelle contenant de l'eau.

De deux heures à quatre heures de l'après-midi, c'est une coupelle d'eau sucrée. Le reste de la journée, c'est une coupelle qui contient de l'eau non sucrée.

Au bout de quelques jours, les butineuses arrivent en grand nombre entre deux heures et quatre heures de l'après-midi et presque aucune ne vient le reste de la journée.

Il note que cet apprentissage et cette mémoire des heures propices, qu'il a mis en évidence par ses expériences, ne sont que l'expression d'un apprentissage et d'une mémoire que les butineuses mettent en œuvre quotidiennement dans leurs activités habituelles de récolte.

Elles se spécialisent durant un temps sur un type particulier de fleurs. Et, selon le type de fleur, l'heure de la journée où le nectar y est le plus abondant n'est pas la même.

Les petites butineuses arrivent non seulement à la bonne heure, dit von Frisch, mais aussi, toujours, un peu en avance. Sans doute parce que durant leurs voyages quotidiens à travers les campagnes et les forêts, quand elles se souviennent de l'heure où leur récolte va devenir abondante, elles savent qu'elles ne sont pas les seules à venir récolter.

Mieux vaut être un peu en avance qu'en retard, dit von Frisch.

Et il remarque que la butineuse peut apprendre à venir à la bonne heure, à des endroits différents, à plusieurs moments différents de la même journée.

Elle garde dans sa mémoire les heures des événements propices.

Et elle en conserve le souvenir pendant plusieurs jours – ce qui, pour une abeille butineuse, correspond véritablement à une mémoire à long terme si on prend en compte sa brève durée de vie, qui est en moyenne de deux mois.

Von Frisch imagine que l'abeille butineuse doit avoir une horloge interne, qui lui permet d'associer un événement particulier à un moment particulier de la journée.

L'abeille butineuse couplerait, de manière étroite, sa mémoire visuelle et sa mémoire olfactive à son horloge interne.

Et elle se référerait à son horloge interne, comme nous consultons notre montre.

Mesurer, et garder en mémoire l'écoulement des heures.
Au long d'une période de vingt-quatre heures.

C'est le mouvement de notre planète qui scande la régularité des mouvements apparents des astres dans le ciel autour de nous. Qui scande la succession des heures, des jours et des nuits, des saisons, des années.

La succession régulière du printemps, de l'été, de l'automne, de l'hiver au long de l'année – c'est la révolution de notre planète autour du Soleil qui en bat le tempo d'année en année. L'alternance des jours et des nuits sur une période de vingt-quatre heures – c'est la rotation de la Terre autour de son axe qui en bat le tempo, de jour en jour.

Mais il y a aussi le temps que le vivant fait battre en lui.

Le temps intérieur.

Les horloges biologiques, dans chaque être vivant. Dans chaque cellule.

Le temps qui bat, en silence, en permanence.

En nous, et autour de nous.

Pendant que cette planète continuait à décrire ses cycles réguliers selon la loi fixe de la gravitation, écrivait Darwin, *une infinité de formes les plus belles et les plus merveilleuses ont évolué, et continuent d'évoluer.*

Durant le long écoulement des âges, de générations en générations, d'innombrables horloges vivantes ont battu le temps dans d'innombrables êtres vivants et ont évolué durant les centaines de millions d'années, les milliards d'années du long voyage que le vivant a entrepris à travers le temps.

Et ce rythme de vingt-quatre heures qui bat en nous et au cœur de tous les animaux, de toutes les plantes, des organismes animaux et végétaux unicellulaires et au cœur de certaines bactéries, s'est synchronisé sur l'alternance du jour et de la nuit.

Sur la course apparente du Soleil dans le ciel.

Le soleil s'est couché ce soir dans les nuées, dit Hugo.
Demain viendra l'orage, et le soir, et la nuit ;
Puis l'aube, et ses clartés [...]
Puis les nuits, puis les jours, pas du temps qui s'enfuit !

Les jours s'en vont, je demeure, dira Apollinaire.

Les jours s'en vont.

Mais où pouvons-nous vivre, si ce n'est dans les jours ? demande le poète Philip Larkin.

D'innombrables horloges ont battu la régularité des rythmes du vivant, pendant que les espèces apparaissaient, se transformaient, donnant naissance à des espèces nouvelles ou disparaissant sans retour.

Ces innombrables horloges biologiques, en nous et autour de nous, que décrit le biomathématicien Albert Goldbeter dans un livre passionnant – *La vie oscillatoire. Au cœur des rythmes du vivant* – et dont Karl von Frisch pressentait l'existence chez les abeilles à miel.

L'exploration des mécanismes et des effets de ces battements du temps au cœur du vivant est devenue aujourd'hui une discipline fascinante de la biologie – la *chronobiologie.*

Mais pour comprendre sa naissance, il nous faut remonter le temps de près de trois cents ans.

Durant le XVIIIe siècle, Georges-Louis Leclerc, comte de Buffon – le grand naturaliste Buffon – s'intéresse au temps.

L'origine de la Terre, et de la vie, pense-t-il, pourrait être beaucoup plus ancienne que les cinq à six mille ans calculés par les théologiens, puis par Kepler et Newton à partir des données littérales du récit de la Bible. Les temps géologiques pourraient avoir duré des centaines de milliers d'années, des millions d'années, propose Buffon – avant d'être obligé par la Sorbonne de se rétracter publiquement.

Il s'intéresse aussi aux rythmes du vivant.

Pas seulement au rythme des naissances et des disparitions – au rythme de la succession des générations.

Mais à un rythme quotidien, qui bat dans le monde animal, et qui semble battre aussi dans le monde végétal.

Il s'intéresse aux très nombreuses plantes dont les fleurs ou les feuilles s'ouvrent au début du jour et se ferment à la tombée du soir.

Et il remarque que différentes espèces de plantes ouvrent et ferment leurs fleurs ou leurs feuilles à différents moments de la journée.

Des oscillations dont la période est de vingt-quatre heures, d'une journée, et qu'on appellera, pour cette raison, des oscillations, des rythmes *circadiens* – *circa* – autour de, au long de ou encore à peu près – et *dies* – le jour.

Mais ce rythme est-il uniquement impulsé de l'extérieur, par l'alternance de la lumière et de l'obscurité ou par l'alternance de chaleur du jour et de fraîcheur de la nuit ?

Ou ce rythme viendrait-il de l'intérieur ?

C'est un astronome français, Jean-Jacques Dortous de Mairan qui a le premier tenté d'apporter une réponse, au début du XVIIIe siècle, en réalisant une expérience scientifique.

Il s'intéresse à la *sensitive*, une plante extrêmement sensible au toucher – d'où son nom de *sensitive*, sensible – *Mimosa pudica*, la *pudique*.

Si l'on touche très légèrement l'une de ses feuilles, la feuille se referme aussitôt et s'incline vers le bas. Cette réponse la protège des intempéries et des herbivores.

En l'absence de toute intervention extérieure, la fermeture et l'orientation vers le bas de l'ensemble de ses feuilles ont lieu spontanément, chaque soir. Puis, au matin, les feuilles s'ouvrent et se dressent de nouveau vers le ciel.

De Mairan décide de réaliser une expérience.

Il place la *sensitive* dans une obscurité permanente, à l'intérieur d'une boîte, afin de déterminer si c'est la perception par la plante de l'alternance de la lumière du jour et de l'obscurité de la nuit qui est responsable de ses mouvements périodiques, ou si ces mouvements pourraient persister alors que la plante est plongée artificiellement pendant plusieurs jours dans l'obscurité.

Et il observe que ces mouvements périodiques, réguliers, d'ouverture et de fermeture des feuilles et d'inclinaison alternée vers le haut et le bas persistent au même rythme en l'absence de lumière.

Il publie ses résultats en 1729.

La sensitive, écrit-il, *sent donc le soleil sans le voir en aucune manière.*

Mais ce n'est pas une étrange capacité à *sentir* le soleil dans l'obscurité qui permet à la sensitive d'ouvrir et fermer ses feuilles à peu près au même rythme que la course apparente du Soleil à travers le ciel. C'est son horloge interne, son horloge circadienne, qui bat régulièrement, avec une période d'à peu près vingt-quatre heures. Et qui se synchronise habituellement sur la lumière du soleil, de telle façon que le début de sa période se cale, chaque jour, sur le début ou sur la fin du jour.

Et c'est cette horloge qui continuera à battre, en l'absence de toute lumière.

Cette horloge interne qui lui permet d'anticiper, et non pas seulement de répondre.

D'anticiper la nuit avant que la lumière ne s'efface.

D'anticiper l'aube avant que la lumière n'apparaisse.

Et les horloges circadiennes ne permettent pas seulement aux êtres vivants de se repérer dans le temps.

Elles peuvent aussi leur permettre de se repérer dans l'espace – de trouver leur chemin à travers l'espace.

Les papillons monarques *Damaeus Plexippus* vivent durant l'été dans les prairies et les jardins des régions de l'est de l'Amérique du Nord et au Canada.

Et chaque année, à l'automne, ils s'engagent, par millions, dans un très long voyage.

Chaque automne, des nuées de papillons monarques, de dix centimètres d'envergure, aux ailes orange veinées et bordées de noir, avec des taches blanches – des ailes translucides et colorées comme des vitraux – débutent leur voyage vers le sud qui dure des semaines, volant durant le jour, traversant jusqu'à quatre mille kilomètres pour arriver dans les forêts de conifères des montagnes du centre du Mexique, où ils séjourneront durant l'hiver.

Au printemps ils repartiront vers le nord et parcourront en sens inverse le même trajet de plusieurs milliers de kilomètres.

Comme les abeilles, mais sur des distances sans aucune commune mesure, les papillons monarques naviguent en se guidant sur la position du Soleil, à la fois en regardant directement le Soleil et en s'aidant des indications fournies par la polarisation de la lumière.

La position du Soleil dans le ciel est leur boussole.

Mais la position du Soleil dans le ciel change durant la journée, à mesure que notre planète tourne autour de son axe. Et c'est à l'aide de leur horloge circadienne interne que les monarques maintiennent en permanence, durant la journée, de l'aube au crépuscule, leur cap dans la direction sud/sud-ouest. En corrigeant constamment l'orientation de leur vol par rapport au Soleil, en fonction de l'heure – du temps écoulé depuis l'aube.

Cette horloge biologique, qui bat en eux avec une période de vingt-quatre heures, continue de battre lorsque les papillons sont plongés artificiellement dans une obscurité permanente.

Mais, dans les conditions naturelles, leur horloge interne se resynchronise chaque jour sur la lumière de l'aube, se calant sur l'alternance lumière du jour/obscurité de la nuit.

Une étude publiée au printemps 2013 dans les *Comptes rendus de l'Académie des Sciences des États-Unis* a confirmé que, contrairement à d'autres grands migrateurs – les oiseaux, les tortues de mer caouanne et les tritons verts à points rouges – les petits papillons monarques ne possèdent pas de carte mentale géomagnétique qui leur permettrait de faire le point, et qui leur indiquerait – en plus de la direction à suivre – les coordonnées de l'endroit où ils se trouvent.

Ils déterminent en permanence la direction de leur voyage, mais ils ne peuvent savoir où ils sont.

Et c'est uniquement à l'aide de leur boussole et de leur horloge internes qu'ils réalisent leur extraordinaire migration.

Il y a deux ans, à la fin de l'année 2011, le séquençage de l'ADN du papillon monarque – la première analyse complète du génome d'un papillon – a été réalisé et publié dans *Cell*, et a permis d'identifier certains des composants de leur boussole solaire et l'ensemble des composants de leurs horloges biologiques.

L'horloge interne principale des papillons monarques est située, comme chez nous, dans le cerveau.

Mais d'autres horloges battent ailleurs dans leur corps.

Une étude publiée en 2010 dans *Science* avait indiqué que l'horloge interne qui permet aux papillons monarques de corriger leur boussole solaire en mesurant le passage du temps est localisée dans les cellules de leurs antennes.

Leurs yeux suivent le lent mouvement apparent du Soleil à travers le ciel.

Leurs antennes perçoivent l'écoulement du temps, l'heure de la journée.

Un voyage à travers l'espace.
Et à travers le temps.

Comme le pressentait Karl von Frisch, les abeilles ont aussi une horloge interne.

Ce sont les battements de son horloge interne qui permettent à la butineuse d'associer le souvenir du moment précis de la journée où s'est produit un événement particulier au souvenir d'un lieu où cet événement s'est produit. Et elle y associera le souvenir de la direction à suivre et de la distance à parcourir pour parvenir le lendemain à cet endroit au même moment précis de la journée.

Par exemple, elle se souviendra qu'il y a de l'eau sucrée déposée sur un carré de papier bleu sur une table à l'orée d'une forêt entre dix et onze heures du matin, à une distance donné du nid ou de la ruche, dans une direction qui fait, à cette heure-là de la journée, un angle de trente degrés à droite par rapport à la position du Soleil dans le ciel...

Quelques repères visuels l'aideront éventuellement à retrouver son chemin. Avant d'arriver au carré de papier bleu, elle se souviendra, par exemple, que, à mi-chemin, il y avait une route sur la gauche et puis, un peu plus loin, une forêt qu'elle a contournée par la droite.

Et c'est leur horloge interne qui permet aux butineuses, lors de leur danse frétillante, dans l'obscurité du nid ou de la ruche, de faire à leurs sœurs le récit détaillé de leurs découvertes, en leur indiquant la direction précise du lieu de leur récolte.

L'angle que fait avec la verticale la direction de la montée frétillante de la danseuse vers le haut du rayon de cire indique à ses sœurs l'angle de la direction à suivre par rapport à la position du Soleil dans le ciel.

Mais la Terre tourne sur elle-même, modifiant la position apparente du Soleil dans le ciel, en moyenne d'un angle d'environ quinze degrés chaque heure.

Et la danseuse tient compte de ce changement par rapport au temps écoulé depuis le moment où elle a fait sa découverte.

Comme les papillons monarques, les abeilles à miel se servent de leur horloge pour corriger leur boussole solaire.

Mais, contrairement aux papillons monarques, elles ne font pas que prendre en compte les mouvements apparents du Soleil – elles les gardent en mémoire et en tiennent compte dans leur récit.

Martin Lindauer, l'élève le plus brillant de von Frisch, avait remarqué durant les années 1950 que, lorsque — ce qui est très rare — une abeille continuait sa danse frétillante pendant des heures dans l'obscurité, elle modifiait progressivement l'angle de sa montée par rapport à la verticale, en fonction du trajet apparent du Soleil dans le ciel, alors qu'elle ne le voit pas dans l'obscurité de la ruche.

Nous pouvons nous-mêmes, en regardant la position du Soleil dans le ciel, déduire deux types de renseignements.

Si nous disposons d'une information de nature spatiale – si nous avons une boussole qui nous donne le nord et que nous en déduisons la direction de l'est, de l'ouest et du sud, mais que nous ne savons pas quelle heure il est – nous pouvons déduire de la seule position du Soleil dans le ciel l'heure approximative de la journée.

Si le Soleil est à l'est, c'est le matin, s'il est au plus haut dans le ciel, il est midi, s'il est vers l'ouest, c'est l'après-midi, et, plus bas à l'ouest, le soir.

Et les cadrans solaires ont été l'un des premiers instruments permettant de raffiner cette utilisation de la position du Soleil pour identifier les heures de la journée.

Inversement, si nous disposons d'une information de nature temporelle – si nous savons que c'est le matin, ou l'après-midi ou le soir, mais que nous n'avons pas de boussole – nous pouvons déduire à partir de la position du Soleil, en fonction de l'heure, la direction des points cardinaux.

Si notre montre indique que c'est le matin, alors la position du Soleil dans le ciel nous indique la direction de l'est et nous en déduisons l'ouest, le nord, le sud.

C'est ainsi, semble-t-il, que les abeilles à miel utilisent la position du Soleil dans le ciel.

Elles l'utilisent comme une boussole, comme un repère spatial. Mais comme ce repère est mobile et suit un trajet apparent régulier dans le ciel durant toute la journée, leur horloge interne leur permet de tenir compte en permanence de ce déplacement.

Mais comment celles que von Frisch appelle *les petites astro-nomes* peuvent-elles connaître les contingences géogra-phiques et saisonnières du trajet apparent de leur Soleil, dans leur ciel ?

Les petites butineuses sortent pour la première fois de leur ruche soit au printemps, soit en été, soit en automne.

Or la course apparente du Soleil à travers le ciel n'est pas la même suivant les saisons.

Et les petites butineuses vivent aussi bien dans des régions de l'hémisphère nord que dans l'hémisphère sud.

Or la course apparente du Soleil à travers le ciel n'est pas la même dans les hémisphères nord et sud.

Dans l'hémisphère nord, le mouvement apparent du Soleil dans le ciel d'est en ouest s'effectue dans la moitié sud du ciel. Dans l'hémisphère sud, il s'effectue dans la moitié nord du ciel.

Et lorsque la future butineuse sort pour la première fois de l'obscurité du nid ou de la ruche – habituellement à l'âge de trois semaines à un mois – c'est au cours de ses premiers vols d'orientation, au cours de ses premières journées d'exploration et de repérage des environs proches de son domicile, qu'elle inscrira dans sa mémoire les déplacements précis du trajet apparent du Soleil, qui sont caractéristiques de la région où elle est née et de la saison, printemps, été ou début de l'automne où elle a fait sa première sortie en plein air.

Et la butineuse apprendra à associer la dynamique particulière du trajet apparent de *son* Soleil dans *son* ciel aux heures que bat *son* horloge interne – à sa mémoire du temps qui passe.

Au bout de quelques jours, une fois qu'elle a achevé son apprentissage, la petite butineuse voyagera de plus en plus loin de la ruche, allant récolter les fleurs aux endroits que lui indiquent les danses frétillantes de ses sœurs éclaireuses ou butineuses.

Si elle a été enthousiasmée par les récoltes qu'elle a faites sur ces lieux, elle reviendra exécuter elle-même la danse frétillante dans l'obscurité de son nid ou de sa ruche.

Et c'est son horloge interne qui lui permettra d'indiquer la direction du trésor, en indiquant l'angle que fait cette direction par rapport à celle du Soleil, et de corriger cet angle en fonction du temps qui s'est écoulé depuis sa récolte.

Garder en mémoire, non seulement les événements passés, mais la durée qui s'est écoulée depuis ces événements.

Et être capable d'en faire le récit.

Il n'y a jamais de récit au présent, dit Pascal Quignard.

De même que le rêve hallucine le disparu, l'absent, de même le récit n'est jamais à l'indicatif (n'est jamais contemporain de l'action qu'il rapporte) et ne prend jamais sa source dans la langue qui le narre.

Il n'y a jamais de récit au présent.
Toute narration impose une grammaire du passé (est un retour,
qui ne peut dire l'aller que parce que le re-tour a eu lieu).
Re-tour comme le regard d'Orphée sur Eurydice.
Comme l'abeille à la ruche dit en dansant devant la ruchée la
corolle et la fleur, et le buisson, et la direction et la distance et le
chemin.

Une chance, qui s'est déjà produite

> Une chance, qui s'est déjà produite, s'approche de nouveau de nous en silence.
>
> Pascal Quignard, *Les ombres errantes.*

Mesurer l'écoulement du temps.

Garder en mémoire, non seulement les événements passés, mais les lieux et les moments de la journée où ils se sont produits.

Pouvoir revenir dans ces mêmes lieux au bon moment, les jours suivants.

Et pouvoir en faire le récit.

Le temps lui-même n'existe pas en tant que tel, dit Lucrèce il y a deux mille ans dans *De rerum natura – De la nature des choses.*

Ce sont les choses et leur écoulement qui rendent sensibles le passé, le présent, l'avenir.

C'est quand nous percevons et distinguons un changement que nous disons que le temps s'est écoulé, disait auparavant encore Aristote.

Il n'y a pas de temps sans mouvement – sans changement.

Mais les horloges biologiques qui battent dans le monde vivant évoquent une dimension particulière de cet écoulement des choses, de ces *changements* – leur régularité, leur caractère rythmique, périodique.

Un éternel recommencement.

Une continuelle renaissance.

Jour après jour.

Une chance, qui s'est déjà produite, s'approche de nouveau de nous en silence, dit Pascal Quignard. *Il faut en accueillir [...] le halo d'ardeur tremblant et invisible.*

Sans cet éternel retour, sans cette régularité, comment se repérer, comment s'y retrouver ? Comment raconter les expériences vécues dans un récit qui leur donne sens ?

Sans cette régularité d'horloge, à quoi ressemblerait le monde ?

Peut-être à celui des hallucinations de nos rêves.

À cet univers étrange que le mathématicien et logicien anglais Charles Dogson inventera au milieu du XIXe siècle sous le nom de Lewis Carroll – ce monde à la logique bizarre qui se déploie *au pays des merveilles* et *de l'autre côté du miroir.*

Ce monde où le temps se modifie en permanence, où le temps est un autre temps.

Où la causalité échappe à la causalité de nos états de veille, où la logique est une autre logique.

Un monde où les jours et les nuits ne se succèdent pas mais surviennent ensemble, se surimposent, où *parfois, en hiver,* dit la Reine Rouge à Alice, *nous avons jusqu'à cinq nuits qui viennent ensemble, pour avoir plus chaud, vous comprenez.*

Un monde où, dit encore la Reine Rouge à Alice, *il faut courir de toute la vitesse de ses jambes pour simplement demeurer là où l'on est.*

Pour ne pas reculer, dans ce monde qui se déplace à toute vitesse, autour de nous et sous nos pieds, comme un tapis roulant.

Un monde où, comme le dit la Reine Blanche à Alice, la mémoire fonctionne dans les deux sens – dans le passé mais aussi dans le futur.

Un monde dans lequel on se souvient de ce qui n'est pas encore survenu – de ce qui adviendra demain.

Un monde où il n'y a pas d'explication à ce qui nous arrive, mais où nous cherchons pourtant une explication.

Ou alors il y a plusieurs explications possibles entre lesquelles on ne peut pas trancher.

Comme quand Alice tombe sans fin et s'étonne.

Soit c'était le puits qui était très profond, pensa Alice, *soit c'était elle qui tombait très lentement dans un puits peu profond, parce qu'elle disposait de beaucoup de temps pour regarder ce qu'il y avait autour d'elle durant sa chute.*

Un monde où le temps parfois s'arrête.

Où The Mad Hatter, Le Chapelier Fou, explique à Alice – à la table où ils prennent le thé avec Le Lièvre de Mars – que, depuis qu'il a tué le temps, *il est toujours six heures de l'après-midi, il est toujours l'heure du thé, et nous n'avons pas le temps de laver la vaisselle entre deux heures du thé qui se succèdent.*

Un monde où le Chat du Cheshire s'efface lentement, en commençant par la queue, puis disparaît, alors que son sourire demeure quelques instants, flottant dans les airs. Et Alice, surprise, dit *j'ai souvent vu un chat sans sourire, mais un sourire sans chat...*

À partir de nombreuses natures possibles du temps, imaginées en autant de nuits, il y en a une qui semble irréfutable.

C'est un conte, une très belle fiction du physicien Alan Lightman, *Einstein's Dreams – Quand Einstein rêvait.*

Lightman imagine les rêves qu'aurait pu faire Albert Einstein durant l'année 1905.

L'année où, alors qu'il travaille dans une agence de brevets à Berne, en Suisse, il élabore la première de ses grandes théories concernant le temps – la théorie de la relativité restreinte.

Dans le roman d'Alan Lightman, Einstein rêve du temps, des différentes natures possibles du temps.

Dans ses rêves, le monde change, les vies changent à mesure que le temps se métamorphose. Mais le lieu est presque toujours le même, la ville de Berne, la rivière Aar. Avec, au loin, les cimes des Alpes.

Le livre commence ainsi :
Une horloge distante vient de sonner six heures.
Einstein est dans son bureau, l'agence est encore vide.
Il tient à la main *vingt pages froissées, chiffonnées, sa nouvelle théorie du temps, qu'il va envoyer aujourd'hui au* Journal Allemand de Physique.

Depuis plusieurs mois, depuis la mi-avril, écrit Lightman, *il a fait de nombreux rêves à propos du temps.*
Ses rêves se sont emparés de sa recherche.
Ses rêves l'ont usé, l'ont épuisé au point que parfois il ne peut dire s'il est éveillé ou en train de dormir.

Mais les rêves se sont achevés.

À partir de nombreuses natures possibles du temps, imaginées en autant de nuits, il y en a une qui semble irréfutable.
Non que les autres soient impossibles.
Les autres existent. Mais dans d'autres mondes.

Et les rêves surgissent, un à un, dans le livre.

Imaginez, dit Lightman, *un lieu où il n'y a pas de temps, juste des images.*
Une femme debout à son balcon à l'aube, les cheveux sur les épaules ; une aigrette dans le ciel, ses ailes ouvertes, les rayons de soleil passant à travers les plumes ; des traces de pas dans la

150

neige ; un bateau sur l'eau dans la nuit, sa lumière faible au loin comme une petite étoile rouge dans le ciel noir ; un enfant sur un vélo dans la rue, souriant ; la brume qui monte d'un lac au petit matin ; l'odeur du basilic dans l'air ; des planètes prises dans l'espace ; un océan ; le silence ; une goutte d'eau sur la vitre de la fenêtre.

Imaginez un monde sans mémoire.

Sans mémoire, chaque nuit est la première nuit ; chaque matin est le premier matin ; chaque baiser est le premier. Un monde sans mémoire est un monde du présent. Le passé n'existe que dans les livres, dans les documents. Afin de se connaître elle-même, chaque personne possède son propre Livre de Vie qui est empli de l'histoire de sa vie.

Dans ce monde-ci, le temps s'écoule à l'envers, chacun attend avec ferveur l'arrivée du passé.

Ce monde-là est un monde sans futur.

Dans ce monde, le temps est une ligne qui se termine au présent aussi bien dans la réalité que dans l'esprit. Imaginer le futur n'est pas plus possible que de voir des couleurs au-delà du violet dans l'ultraviolet.

Imaginez que le temps n'est pas une quantité mais une qualité, comme la lueur de la nuit au-dessus des arbres au moment où une lune monte. Le temps existe, mais ne peut être mesuré.

Un homme et une femme ont rendez-vous. Depuis combien de temps se connaissent-ils ? Ont-ils été ensemble durant toute une vie ou seulement un moment ? Qui peut le dire ?

Dans un monde dans lequel le temps ne peut être mesuré, il n'y a pas d'horloge, pas de calendrier, pas de rendez-vous certain. Les événements sont causés par d'autres événements, pas par le temps. On commence à bâtir une maison quand les pierres et la charpente arrivent au lieu de construction. Dans un monde dans lequel le temps est une qualité, les événements sont enregistrés en fonction de la couleur du ciel, du ton de l'appel du batelier sur la rivière Aar, du sentiment de joie ou de peur quand une personne entre dans une pièce.

Il y a un lieu, dit Alan Lightman, où le temps se tient immobile ; les chiens lèvent leur museau dans un aboiement silencieux ; les piétons sont gelés dans des rues poussiéreuses ; les arômes des dattes, des mangues, de la coriandre, du cumin, sont suspendus dans l'espace.
À mesure qu'un voyageur approche de ce lieu à partir de n'importe quelle direction, il se déplace de plus en plus lentement. Les battements de son cœur sont de plus en plus espacés, sa respiration devient de plus en plus relâchée, sa température chute, ses pensées se raréfient jusqu'à ce qu'il atteigne le centre et s'arrête.
Car ceci est le centre du temps.
À partir de cet endroit, le temps voyage vers l'extérieur en cercles concentriques, au repos au centre, prenant lentement de la vitesse à mesure qu'il s'éloigne du centre.
Qui ferait un pèlerinage vers le centre du temps ? Les parents avec leurs enfants, et les amants.
Et ainsi, à l'endroit où le temps se tient immobile, on peut voir des parents serrant leurs enfants dans leurs bras dans une étreinte gelée qui ne s'interrompra jamais ; et, à l'endroit où le temps se tient immobile, on peut voir des amants s'embrassant à l'ombre des immeubles dans une étreinte gelée qui ne se relâchera jamais. L'amante et l'amant ne s'éloigneront jamais, ne perdront jamais la passion de cet instant. Ceux qui ne sont pas au centre bougent mais, à l'allure des glaciers, un baiser peut prendre mille ans. Pendant qu'un enfant est serré dans les bras d'un parent, des ponts surgissent. Pendant un au-revoir prononcé, des villes s'écroulent et sombrent dans l'oubli.

Mais, dans notre monde, ce que nous appelons le temps, nous en percevons le battement régulier, toujours recommencé.

Une fois encore, dit François Jacob, *les jours vont s'allonger.*

Pour aller à l'Institut Pasteur le matin, je traverse le jardin du Luxembourg. Chaque année, un jour de printemps, en pénétrant dans le jardin, je ressens le même choc, la même stupéfaction. Chaque année, c'est le même émerveillement devant les bourgeons qui éclatent et commencent à éclore ; devant ces débuts de feuilles, cette dentelle verte qui décore les branches et tremble sous la brise [...].

Une fois encore, les jours vont s'allonger, la lumière et la chaleur revenir. Les feuilles se former, puis les fleurs et les graines. Animaux et végétaux vont exploser de vie et de croissance. [...]

Indifférente aux affaires des hommes, la grande machine de l'univers continue de tourner, inexorable [...]. Plus que l'océan et ses tempêtes, plus que la montagne et ses glaciers, que la voûte céleste et ses galaxies, le retour de ce petit frisson vert qui parcourt les arbres et vous surprend un matin de printemps me donne, avec la force de l'évidence, l'impression d'assister au spectacle grandiose qui, depuis quelque douze milliards d'années, agite la grande scène de l'univers.

L'aurore est au jour ce que le printemps est à l'année, dit Quignard.

Le retour de la lumière.

Mais *À quel appel répond le printemps ?* demande Quignard.

À quel appel répondent les bourgeons et les graines ? À quel appel répondent les arbres et les fleurs ?

À quel appel répond la splendeur de l'explosion de couleurs et de senteurs, de la floraison et de la feuillaison du monde végétal ?

Les horloges biologiques des plantes battent le rythme des jours, le rythme circadien, d'une période de vingt-quatre heures, le rythme le plus universel, le plus partagé, dans l'univers vivant.

Et c'est cette horloge circadienne qui permet aux plantes de répondre à la venue du printemps. De commencer à ouvrir leurs bourgeons, de commencer leur floraison et leur feuillaison.

C'est le battement régulier, jour après jour, de leur horloge interne au long de vingt-quatre heures, qui leur indique que les jours rallongent ou raccourcissent.

Et la renaissance annuelle du monde végétal émerge du croisement – invisible à nos yeux – entre le temps battu par leur horloge interne, au rythme des jours, et le temps battu, au rythme des saisons, par la course de notre planète autour du Soleil.

Les horloges célestes qui égrènent nos heures, nos jours, nos saisons, nos années – ce qui les anime, ce sont les mouvements de rotations de la Terre. Sur elle-même, autour de son axe. Et autour du Soleil.

Ces cycles réguliers, toujours recommencés, c'est la force d'attraction universelle découverte par Newton qui en est le moteur.

Mais quels sont les mécanismes qui permettent aux horloges biologiques circadiennes d'osciller régulièrement avec une période de vingt-quatre heures ?

Quelles autres lois de la nature quelles autres forces, quelles autres relations de causalité que la force d'attraction universelle pourraient faire naître dans les êtres vivants des oscillations régulières, toujours recommencées ?

Il y a eu plusieurs façons d'explorer cette question.

L'une a consisté à plonger au cœur même des cellules vivantes, pour tenter de découvrir directement de quoi étaient composées les horloges biologiques.

Décrypter les composants moléculaires de ces horloges.

Explorer leurs interactions.

Tenter de comprendre comment ces interactions pouvaient faire naître des oscillations régulières, qui battaient comme les balanciers de nos anciennes horloges.

Cette grande aventure a débuté il y a exactement quarante-deux ans.

Mais une autre approche avait débuté plus tôt encore.

Elle consistait à poser une question beaucoup plus générale.

Comment peuvent spontanément émerger, dans la nature, des phénomènes de régularité ?

Comment un système complexe, ordonné, régulier, peut-il naître à partir d'interactions entre des éléments dans lesquels cette régularité n'est nulle part préfigurée ?

L'une des premières approches de cette question a consisté à explorer un phénomène particulier d'émergence spontanée de régularités à travers l'espace – comment, dans un paysage initialement uniforme, monotone, le vent peut faire naître un paysage structuré, composé d'une alternance régulière, répétée, de motifs semblables.

Cette aventure a débuté durant les années 1910-1920.

Avec les explorateurs des déserts qui parcourent les *mers de sable* et se demandent comment naissent les formes des dunes de sable dans les déserts.

Il y a un splendide roman de l'écrivain canadien d'origine sri-lankaise, Michael Ondaatje, qui évoque cette aventure – *Le Patient Anglais*.

Celui qu'on appelle le patient anglais, au corps brûlé, est allongé sur un lit dans une villa en ruine, en Toscane, en 1944, au milieu des combats, à la fin de la Seconde Guerre mondiale.

Et voici que, des mois plus tard, dans la villa Girolamo, il repose, tel le gisant du chevalier mort à Ravenne, dans la pièce décorée d'une tonnelle qui est sa chambre. Il parle par bribes de villes-oasis, des derniers Médicis, du style de Kipling [...] Son journal, son exemplaire des Histoires d'Hérodote *édité en 1927, renferme d'autres bribes : cartes, notes personnelles, documents en diverses langues, passages découpés dans d'autres livres. Il ne manque qu'une chose, son nom. Toujours pas la moindre indication sur sa véritable identité, pas de nom [...]. Toutes les références de son journal remontent à l'avant-guerre, aux déserts d'Égypte et de Libye dans les années 30. Elles sont entrecoupées d'allusions à l'art rupestre, de notes intimes rédigées de sa petite écriture. [...]*

Nous étions des Européens du désert, dit le patient anglais. *John Bell avait repéré le plateau de Gilf el-Kebir en 1917. Puis Kemal el Din. Puis Bagnold, qui trouva le chemin vers le sud à travers La Mer de Sable. [...]*
Nous étions allemand, anglais, hongrois, africain [...] Peu à peu, nous devînmes sans nation. [...]

Dans le vide des déserts, on côtoie constamment l'histoire perdue. Les tribus Tebu et Senussi avaient sillonné ces contrées. Elles possédaient des puits gardés dans le plus grand secret. On parlait de terres fertiles blotties à l'intérieur du désert. Les écrivains arabes du XIIIᵉ siècle parlaient de Zerzura. « L'oasis des petits oiseaux. » « La cité des Acacias. » Si l'on en croit le Livre des trésors cachés, *le* Kitab al Kanuz, *Zerzura est une ville blanche, « blanche comme la colombe ». [...]*
Il fut un temps où les cartographes donnaient aux lieux qu'ils traversaient les noms de leurs amantes, plutôt que leur propre nom. Le nom d'une femme vue se baignant dans une caravane du désert. [...] Le nom de la femme d'un poète arabe, dont les

épaules d'une blancheur de colombe lui firent décrire une oasis de son nom.

L'outre de cuir verse l'eau sur elle, elle s'entoure de sa robe, et le vieux scribe se détourne – et décrit l'oasis de Zerzura. [...]

Regardez une carte du désert de Libye et vous y verrez des noms. Kemal el-Din qui, en 1925, mena à bien, et presque en solitaire, la première grande expédition moderne. Bagnold, 1930-1932. Almásy-Madox, 1931-1937. Juste au nord du tropique du Cancer.

[...] Nous nous retrouvions à Dakhla et à Koufra comme s'il s'agissait de bars ou de cafés. Bagnold appelait cela une société d'oasis. Nous connaissions la vie intime de chacun, nos talents et nos points faibles mutuels. Nous pardonnions tout à Bagnold pour ce qu'il écrivait des dunes. « Les sillons et les rides du sable rappellent le creux du palais de la gueule d'un chien. » C'était ça, le vrai Bagnold, un homme qui aurait plongé une main investigatrice entre les mâchoires d'un chien.

Bagnold. Et Almásy.

Ralph Bagnold. Et le comte László Almásy.

Parfois l'imagination d'un auteur s'empare de personnages réels, historiques.

Et les fait vivre dans un roman.

Ralph Bagnold était Ingénieur royal de l'armée anglaise.

Il a exploré, durant les années 1920, les *Mers de sable* des déserts d'Égypte et de Lybie, et s'est joint au comte László Almásy, dans une expédition à la recherche de la cité légendaire de Zerzura, à l'ouest du Nil.

Almásy, qui découvrira les magnifiques fresques de la Grotte des nageurs dans le désert de Gilf el-Kebir – et dont Michael Ondaatje s'est inspiré pour créer le personnage du patient anglais.

Bagnold était fasciné par les déserts, et par la formation des dunes – les vagues des Mers de Sable.

L'observateur, écrit Bagnold, *ne manque jamais d'être surpris par la simplicité de forme, l'exactitude de répétition, et l'ordre géométrique des dunes de sable dans les déserts.*

En 1941, il publie *La physique du sable soufflé par le vent et des dunes du désert* – l'un des premiers grands traités qui exploreront le mystère de l'émergence de la régularité, de la structuration de l'espace à partir d'un état d'uniformité initiale.

La force qui structure les dunes dans l'espace, la force qui se déploie dans le temps et structure l'espace, la force qui fait avancer la mer de sable – c'est le vent du désert.

Mais combien de vents différents balaient les déserts ?

Combien de vents font naître les différentes formes des dunes – les vagues de sable dans le désert ?

Les *seif* – les dunes géantes ondulantes qui peuvent atteindre 300 mètres de hauteur, sur des distances qui peuvent s'étendre sur 300 kilomètres.

Ou les *barkan* – les dunes en forme de croissant, dont le versant exposé au vent a une forme bombée, convexe, et dont le versant opposé a une forme concave.

Elle prend le carnet posé sur la petite table à côté de son lit, écrit Michael Ondaatje, dans *Le Patient Anglais* :

Le livre avec lequel il a bravé les flammes. Un exemplaire des Histoires *d'Hérodote dans lequel il a collé des pages provenant d'autres ouvrages, ou rédigé des observations personnelles, insérant le tout à l'intérieur du texte d'Hérodote.*

Elle se met à lire sa petite écriture noueuse.

Il y a, dans le sud du Maroc, un vent qui souffle en tourbillons, l'Aajei. Les fellahin s'en défendent avec des couteaux. Il y a aussi l'Africo, il a déjà poussé des pointes jusqu'à Rome. L'Alm, un vent d'arrière-saison, originaire de Yougoslavie, l'Arifi, *également connu sous le nom d'*Aref *ou* Rifi, *il vous brûle de ses innombrables langues. Ce sont des vents permanents. Des vents qui vivent au temps présent.*

Il y a d'autres vents, des vents moins constants qui changent de direction, qui jetteront à bas cheval et cavalier avant de repartir dans la direction opposée. Cent soixante-dix jours par an, le Bist Roz *s'en prend à l'Afghanistan, il ensevelit des villages entiers. Le* Ghibli, *vent tunisien, sec et chaud, roule et gronde, il provoque des troubles nerveux. Le* Haboub, *tempête de poussière venue du Soudan, se dresse en murailles jaune vif de mille mètres de haut, il est suivi de pluie. L'*Harmattan *souffle sur l'Atlantique où, le cas échéant, il ira se noyer.* [...]

Certains vents se contentent de soupirer vers le ciel, certaines tempêtes de poussière nocturnes arrivent avec le froid. Le Khamsin, *un vent de poussière, émigre d'Égypte entre le mois de mars et le mois de mai, son nom vient du mot arabe qui veut dire « cinquante », il souffle pendant cinquante jour. La neuvième plaie d'Égypte. Le* Datou, *en provenance de Gibraltar, un vent odoriférant.*

Il y a aussi le ———— *le vent secret du désert. Son nom fut à jamais effacé par un roi à qui il avait pris un fils.*

Et le Nafhat, *une rafale originaire d'Arabie. Le* Mezzar-Ifoulousan, *un vent violent, glacial, venu du sud-ouest, les Berbères l'appellent « Celui-qui-plume-les-poules ». Le* Beshabar, *vent noir et sec du nord-est, arrive du Caucase, c'est le « vent noir ». Le* Samiel, *« poison et vent », est d'origine turque. On a souvent su le mettre à profit dans les batailles. Autant que les vents « empoisonnés », comme le* Simoun *d'Afrique du Nord ou le* Solano, *qui arrachent au passage des pétales rares, provoquant ainsi des étourdissements.*

Et d'autres vents locaux.

Qui voyagent en rasant le sol comme une marée. Qui écaillent la peinture et renversent les poteaux télégraphiques. Qui charrient pierres et tête de statues. L'Harmattan souffle à travers le Sahara c'est un vent épais de poussière rouge, une poussière comme le feu, comme la farine, qui va encrasser les culasses de fusils. Ce vent rouge, les marins l'appelaient la mer sombre. On a retrouvé des brumes de sable rouge du Sahara aussi loin au nord qu'en Cornouailles ou dans le Devon. Elles ont provoqué de telles averses de boue qu'on les a prises pour du sang.

Il y a des millions de tonnes de poussière dans l'air [...].

Hérodote mentionne la fin de nombreuses années englouties par le Simoun. Une nation fut « à ce point enragée par ce vent de malheur qu'ils lui déclarèrent la guerre et s'en furent l'affronter en ordre de bataille, mais ils se retrouvèrent vite et bien ensevelis. » Trois formes de tempêtes de poussière. Le tourbillon. La colonne. Le drap. Dans la première, l'horizon est perdu. Dans la deuxième, vous vous trouvez entouré de « Djinns qui valsent ». La troisième, le drap, « a des reflets cuivrés, la nature paraît en feu ».

Elle relève la tête du livre, voit son regard posé sur elle. Il se met à parler dans l'obscurité. [...]

[Il y a des tribus] qui opposaient leur paumes ouvertes au vent naissant. Correctement exécuté, ce geste était censé détourner la tempête vers le territoire voisin d'une tribu hostile.

Dans son ouvrage, *La physique du sable soufflé par le vent et des dunes du désert*, Bagnold entreprend d'expliquer comment les grains de sable, emportés par le vent, font émerger des structures régulières, qui peuvent varier d'ondulations de la largeur d'un doigt en ondulations qui couvrent plusieurs kilomètres.

Il y a trois ans, en 2010, dans *Nature* dont il a longtemps dirigé la rédaction, le physicien Philip Ball parle du livre de Bagnold.

Au-delà d'un traité classique sur la formation des dunes, son travail représente une étape majeure dans une entreprise beaucoup plus vaste : l'exploration des systèmes complexes émergents, dans lesquels l'ordre et la régularité de l'ensemble émergent spontanément des interactions entre les éléments qui le composent.

Comment peut naître une structure régulière, alternée, répétitive ?

Bagnold aborda cette question par une approche aérodynamique, réalisant à son retour en Grande-Bretagne, au milieu des années 1930, des études dans des souffleries.

La réponse à la question du transport du sable par le vent est que les grains de sable rebondissent quand ils touchent le sol du désert et sont transportés par une série de petits sauts, qui déterminent la longueur des ondulations de sable.

Mais l'intuition principale de Bagnold fut, selon ses propres mots, de penser que « le sujet des mouvements du sable concerne beaucoup plus le royaume de la physique que celui des formes géologiques ».

Comment le sable transporté par le vent produit-il des crêtes régulières ?

Bagnold montra que la cause en était un phénomène d'alternance régulière, à travers l'espace, de phénomènes de croissance des dunes, puis d'empêchement de formation de dunes, puis de naissance de nouvelles dunes.

Une activation, puis une inhibition suivie d'une nouvelle activation et d'une nouvelle inhibition, sculptant la régularité sans fin des mers de sable.

En 1938, Bagnold poursuit ses études de ce phénomène dans le désert en Lybie.

Et il déduit les différentes conditions dans lesquelles différents vents font émerger différentes formes de dunes – des études qui ont été récemment confirmées par modélisation informatique.

Son livre est publié trois ans plus tard, alors qu'il combat dans l'armée britannique en Afrique du Nord.

Durant la même période, loin de là, à Londres, Alan Turing, un mathématicien anglais qui travaille pour le service de contre-espionnage, déchiffre le code secret *Enigma* de la Marine de guerre allemande.

Il sera l'un des inventeurs de l'ordinateur.

Et en 1952, il publie un article scientifique dont le titre est *La base chimique de la genèse des formes*.

Vingt ans plus tard, au début des années 1970, deux chercheurs montreront que les équations que Turing présentait dans cet article confortaient, complétaient et expliquaient, en langage mathématique, les intuitions de Bagnold sur la formation des Mers de sable.

Mais ce qui intéressait Turing, ce n'était pas de déchiffrer le mystère de la formation des dunes dans les paysages de sable des déserts.

C'était de comprendre le mystère de l'émergence des formes dans le monde vivant.

Au tout début de l'existence.

Quand un être vivant commence à se construire.

Un sixième sens

J'ai profondément regretté de ne pas avoir été assez loin pour au moins comprendre un petit peu des grands principes fondamentaux des mathématiques : car les hommes qui les ont acquis semblent avoir un sens supplémentaire – un sixième sens.

Darwin, *Autobiographie*.

Comment naissent les formes dans le monde vivant ?
Comment ont émergé, l'une après l'autre, génération après génération, depuis la nuit des temps, et continuent d'émerger aujourd'hui, *l'infinité des formes les plus belles et les plus merveilleuses* ?

Là est la question *la plus intéressante de l'histoire naturelle*, écrit Darwin dans *De l'origine des espèces*.
Là est, dit-il, *la véritable âme* de l'histoire naturelle.

À la recherche des régularités, des mécanismes et des relations de causalité qui rendent compte des formes et des comportements du monde vivant, la formalisation mathématique jouera un rôle de plus en plus important en biologie.
Dans le dialogue fécond entre l'observation, l'exploration empirique du monde et sa formalisation abstraite – dans le dialogue de plus en plus étroit entre la physique, la chimie, la biologie, et les mathématiques – une représentation de plus en plus riche du vivant émergera progressivement.

Aussitôt que nous nous aventurons sur le chemin des physiciens, nous apprenons à peser et à mesurer, à prendre en compte l'espace et le temps et nous découvrons progressivement que notre connaissance et nos besoins sont satisfaits par l'intermédiaire du concept de nombre, comme dans les rêves et les visions de Platon et de Pythagore. La chimie moderne aurait réjoui le cœur de ces grands rêveurs de la philosophie, écrit en 1917, trente-cinq ans après la mort de Darwin, le biologiste et mathématicien écossais D'Arcy Thompson dans un très beau livre de plus de sept cents pages, illustré de très nombreuses figures géométriques – *On growth and form* – Forme et croissance.

Les problèmes de forme sont avant tout des problèmes mathématiques, et les problèmes de croissance sont essentiellement des problèmes de physique.
Mais, ajoute D'Arcy Thompson, *[les chercheurs des sciences du vivant] ont été pour certains impatients et pour d'autres lents à invoquer l'aide des sciences physique et mathématique.*

Dans son *Autobiographie* – qu'il écrit alors qu'il a plus de soixante ans à la seule intention de sa famille, et qui ne sera publiée qu'après sa mort – Darwin revient sur sa vie et sur l'élaboration de sa théorie dont il pense qu'elle causera *une révolution considérable dans l'histoire naturelle.*
Il exprime le regret de n'avoir pas pu maîtriser les mathématiques et de ne pas avoir pu y avoir recours pour explorer les implications des lois de la nature qu'il avait découvertes.

J'ai profondément regretté, dit-il, *de ne pas avoir été assez loin pour au moins comprendre quelque chose des grands principes fondamentaux des mathématiques.*
Il évoque la période où il a interrompu ses études de médecine à l'université d'Édimbourg – parce qu'il ne supportait pas la vue des dissections et des opérations sans anesthésie.

Il a dix-neuf ans et il vient d'arriver au Collège du Christ, à l'université de Cambridge, pour commencer ses études de théologie.

Durant les trois années que j'ai passées à Cambridge, j'ai perdu mon temps, autant qu'à l'Université d'Édimbourg, autant qu'à l'école – du moins en ce qui concerne mes études académiques.

J'ai essayé d'apprendre les mathématiques, et j'ai même étudié pendant l'été 1828 avec un professeur particulier (un homme très terne), mais j'avançais très lentement.

Le travail me répugnait, tout d'abord parce que je n'arrivais pas à trouver un sens quel qu'il soit dans les premiers principes de l'algèbre. Cette impatience était stupide et, des années plus tard, j'ai profondément regretté de ne pas avoir été assez loin pour au moins comprendre un petit peu des grands principes fondamentaux des mathématiques : car les hommes qui les ont acquis semblent avoir un sens supplémentaire – un sixième sens.

Mais je pense que je n'aurais jamais réussi au-delà d'un niveau très faible.

Soixante-dix ans après la mort de Darwin, ce qui intéresse Alan Turing, c'est d'expliquer l'un des phénomènes essentiels et les plus mystérieux du développement des embryons, que Darwin appelait *un domaine curieux* – l'émergence régulière, chez les embryons, à partir d'une uniformité initiale, de *parties répétées plusieurs fois*, initialement identiques.

Ces parties répétées qui donnent naissance aux membres antérieurs et postérieurs et aux différentes vertèbres chez un embryon d'animal vertébré ; aux pattes, aux ailes et aux antennes chez un insecte en train de se développer ; à une disposition régulièrement espacée des bourgeons de plumes dans la peau d'un embryon d'oiseau et à des follicules des poils dans la peau d'un embryon de mammifère ; aux taches de couleur sombre sur le futur pelage d'un léopard, aux rayures noires sur le futur pelage des zèbres ; à des dessins géométriques colorés sur les écailles d'un poisson exotique et à la surface d'un coquillage...

Comment, dans le corps de l'embryon en train de se construire, peuvent émerger ces premières *parties répétées plusieurs fois,* initialement identiques, auxquelles Darwin attachait tant d'importance ?
Comment l'uniformité première peut-elle se briser ?
Comment de la simplicité initiale peut naître la complexité ?

Faut-il que tous les détails de l'ensemble à venir soient déjà préfigurés, quelque part – dans les gènes ? Ou ces détails pourraient-ils émerger de la mise en jeu de processus élémentaires, dans lesquels ils ne seraient pas préfigurés en tant que tels ?

En 1952, Turing propose une réponse dans un article intitulé *La base chimique de la genèse des formes*, publié dans *Les Comptes Rendus de la Société Royale de Londres*.
Il présente un modèle mathématique fondé sur des équations qu'il appelle des équations de *réaction-diffusion*.

Il est suggéré ici, écrit-il, *qu'un système de deux substances chimiques réagissant ensemble, et diffusant à travers les tissus, peut rendre compte de la plupart des phénomènes de genèse des formes.*

Le modèle mathématique de Turing postule qu'il suffit – pour faire émerger des formes nouvelles, qui se répètent dans le corps d'un l'embryon – de deux molécules aux effets antagonistes.
Seulement deux molécules.
Et il suffit, pour commencer, que des cellules initialement identiques, fabriquent et libèrent autour d'elles la première seulement de ces deux molécules.

Schématiquement, le modèle de Turing, tel qu'il a été raffiné au début des années 1970 par les travaux des biomathématiciens allemands Hans Meinhardt et Alfred Gierer, peut se résumer de la manière suivante.

La première molécule se comporte comme un activateur.
Elle fait émerger un motif particulier – par exemple une tache noire sur la peau d'un embryon de léopard.
Cet activateur a pour effet d'induire la stimulation de sa propre production – un effet d'auto-amplification.
Et le motif nouveau – la tache noire qui est en train d'émerger – grandit de plus en plus.

Dans le même temps, l'activateur induit la production d'une deuxième molécule qui se comporte comme un antagoniste, un répresseur, un inhibiteur de l'activateur.
Et cet inhibiteur diffuse plus rapidement que l'activateur. Il diffuse plus vite, il s'étend plus loin.
Et ainsi, autour de la tache noire qui vient d'apparaître grâce à l'action de l'activateur, l'inhibiteur empêche peu à peu les cellules environnantes de produire l'activateur.
Mais, un peu plus loin, il n'y a pas encore d'inhibiteur. Les cellules, à cet endroit, produisent l'activateur et une nouvelle tache noire apparaît. Dans le même temps, ces cellules se mettent à produire aussi l'inhibiteur, qui diffuse à distance. Et ainsi de suite ...

Un activateur, qui produit une auto-amplification à courte distance, faisant naître en même temps une inhibition à plus grande distance.
Inhibition qui aboutit, plus loin dans l'espace, à la suppression de l'activation, et donc à la suppression d'une nouvelle production de l'inhibiteur, permettant ainsi à l'activateur de renaître plus loin.

Le système oscille régulièrement à mesure qu'il se déploie dans l'espace, passant par un maximum d'activation, puis par un minimum, puis de nouveau par un maximum, et ainsi de suite, de manière périodique.

Et ainsi, à travers une partie du corps en train de se construire, un même motif va apparaître, puis plus rien – et il réapparaît à distance, à intervalles réguliers, de manière répétée – structurant l'espace initialement uniforme et monotone en faisant émerger des formes nouvelles.

Puis le phénomène s'interrompra. Et ce sera alors l'accroissement des surfaces et des volumes, à mesure que l'embryon se développe et grandit, qui continuera à faire évoluer ces motifs, les éloignant progressivement les uns des autres et modifiant leurs formes.

Le modèle de Turing – d'une très grande élégance et d'une très grande simplicité – est fondé sur la production et les interactions mutuelles de seulement deux molécules aux effets antagonistes.

Le paradoxe, dit Pascal Quignard, *est la coïncidence entre des opposés.*
Et ce qu'on admire toujours dans le paradoxe (para-doxon), c'est l'inattendu.

L'inattendu – de mêmes lois, de mêmes relations de causalité, formalisables dans un même langage mathématique – pourrait être à l'origine de l'émergence régulière de formes extrêmement diverses au cours du développement d'êtres vivants appartenant à d'innombrables espèces.

Les équations mathématiques sont des généralisations. Elles ne prennent pas en compte la singularité et la diversité des phénomènes complexes qu'elles visent à expliquer. Les équations peuvent nous sembler très éloignées du monde réel, particulièrement quand il s'agit de rendre compte de lois qui sculpteraient l'extraordinaire diversité du monde vivant.

Mais elles présentent l'énorme avantage de mettre en évidence des relations de causalité d'ordre général, que notre seule intuition ne nous permet pas, le plus souvent, de percevoir.

C'est ce qu'a réalisé Newton avec son équation qui décrit les effets de la force d'attraction universelle. Elle rend compte des mouvements d'objets célestes et terrestres indépendamment de leur singularité et de l'infinie diversité de leur nature, de leur vitesse, de leur direction et de leurs positions respectives. Et c'était, à un tout autre niveau, cette même ambition de simplicité et d'universalité qui animait Turing dans sa recherche d'une loi.

Ses équations de réaction-diffusion prédisaient que les *parties répétées* qui émergent dans l'embryon pourraient donner naissance à des motifs extrêmement variés – motifs en îlots espacés, taches hexagonales, rayures, zigzags, formes de cibles comme des ronds dans l'eau qui s'éloignent d'un centre, spirales, vagues successives,...

Mais ses équations rendaient-elles réellement compte de la réalité ?

Turing ne le saura jamais.

Il meurt moins de deux ans après avoir publié son article.

Et ce n'est qu'en 1998, trente-six ans après la publication de *La base chimique de la genèse des formes,* que sera apportée la première preuve expérimentale de la validité de son modèle. Ses équations permettaient de rendre compte de l'émergence, au cours du développement de l'embryon de poulet, de l'espacement régulier des bourgeons de plumes sur sa peau.

Encore huit ans et, en 2006, des preuves expérimentales de même nature seront publiées sur l'émergence de l'espacement régulier des follicules de poils sur la peau des embryons de souris.

Entre temps, d'autres résultats expérimentaux avaient été obtenus. Ses équations expliquaient notamment l'espacement régulier des taches de couleur sombre sur le pelage des léopards, et les multiples motifs de rayures de différentes couleurs qui décorent de nombreuses espèces de poissons exotiques.

Durant les années 1970, Meinhardt avait montré que le modèle mathématique de Turing pourrait aussi expliquer l'émergence des nombreux et très beaux motifs géométriques colorés à la surface de nombreux coquillages.

À une tout autre échelle, que Turing ne soupçonnait pas – celle d'un écosystème entier – ses équations rendaient compte de l'émergence de régularités périodiques qui structurent un paysage – telles que l'espacement des bouquets d'arbres dans la savane.

Et, de manière plus surprenante encore, ses équations permettaient aussi d'expliquer des phénomènes de rupture d'uniformité et d'émergence de régularités périodiques dans le monde non vivant – elles rendaient compte de la formation et de l'espacement des dunes qu'avait explorées Ralph Bagnold dans les *Mers de sable des déserts. La physique du sable soufflé par le vent et des dunes du désert.*

Un activateur – le vent – déplace le sable à travers le désert. À un endroit donné s'est déposé un peu plus de sable – une toute petite dune. Et cette dune retient le sable apporté par le vent. Et plus la dune augmente de taille, plus elle retient le sable apporté par le vent.

Mais la dune, que le vent a fait naître, agit aussi contre le vent, comme un inhibiteur parce qu'elle retient le sable apporté par le vent. Elle appauvrit le vent en sable, créant ainsi en aval un espace sans dunes qui s'étendra tant que le vent ne se sera pas suffisamment enrichi en grains de sable avant de faire naître la dune suivante.

De mêmes lois, de mêmes relations de causalité, de mêmes forces, de mêmes contraintes invariantes, et formalisables dans un langage mathématique se révélaient être à l'œuvre dans l'émergence périodique de régularités.

Un activateur et un inhibiteur, de natures extrêmement différentes suivant les cas, faisant émerger une oscillation régulière, un phénomène périodique, qui se régénère spontanément et se déploie à travers l'espace en le structurant.

Dans des contextes et à des échelles radicalement différents.

Dans d'innombrables êtres vivants en train de se construire.

Dans les écosystèmes des savanes.

Et les mers de sable des déserts.

Turing n'est pas le premier à avoir réalisé une modélisation mathématique de certaines des oscillations autour d'un état d'équilibre qui jouent un rôle essentiel dans le monde vivant.

L'une des toutes premières modélisations mathématiques d'un tout autre phénomène d'oscillations avait été publiée un quart de siècle plus tôt, en 1926, dans *Nature* par le mathématicien et physicien italien Vito Volterra.

Il ne s'agissait pas pour Volterra d'expliquer *la genèse des formes* au cours du développement des êtres vivants.

Il s'agissait de rendre compte des relations entre des populations de prédateurs et des populations de leurs proies dans un même écosystème.

Le gendre de Volterra, Umberto d'Ancona est zoologue.

Il a étudié les statistiques de la pêche en mer Adriatique, dans trois ports italiens – Trieste, Fiume et Venise – entre 1905 et 1923.

Les pêcheurs de l'Adriatique prennent dans leurs filets, de manière indistincte, des poissons appartenant à des espèces prédatrices, et d'autres qui en sont les proies.

Umberto d'Ancona s'intéresse aux sélaciens, une famille de poissons prédateurs qui comprend notamment les raies et les requins.

Il est intéressé par l'importance des variations, des fluctuations, des oscillations selon les années, du pourcentage de poissons prédateurs pêchés par les pêcheurs de l'Adriatique, qui semblent refléter les variations importantes de leur nombre, d'une année à l'autre.

Mais d'Ancona a surtout été frappé par le fait que – durant la période de 1915 à 1920, pendant la Première Guerre mondiale, alors que la pêche avait été beaucoup moins intense – il avait noté une augmentation considérable du pourcentage de poissons prédateurs pêchés par rapport aux autres poissons.

Comme si, lorsque l'activité humaine de pêche diminuait, la population des prédateurs augmentait davantage que celle des proies.

Il s'interroge. La pêche humaine aurait-elle un effet négatif sur la population des poissons prédateurs ?

Il demande à son beau-père, Vito Volterra, s'il pourrait tirer, à partir de ces données étranges, un modèle mathématique, une relation de causalité.

Et Volterra se met au travail.

Volterra établit ses équations à partir d'une modélisation simple de la situation.

Pour simplifier le modèle, il considère qu'il n'y a que deux espèces qui interagissent – la population de prédateurs, les sélaciens, et une population de proies dont se nourriraient exclusivement les prédateurs.

Il postule que ces populations de prédateurs et de proies coha-
bitent dans le même environnement de manière homogène –
le nombre des rencontres entre les prédateurs et leurs proies
serait donc directement proportionnel au nombre des individus de ces deux populations.

À partir de ces données qu'il a simplifiées, Volterra établit une
modélisation mathématique qui prédit des oscillations périodiques de ces deux populations autour d'un état équilibre.
Une augmentation de la population des proies favorise l'augmentation de la population des prédateurs, qui fait diminuer
la population des proies, entraînant à son tour une diminution de la population des prédateurs, qui permet à nouveau
à la population des proies d'augmenter. Et ainsi de suite.
Les deux populations passent par des maxima, des minima,
oscillant en permanence autour d'un état d'équilibre.
Et les oscillations de la population des sélaciens que lui a
communiquées son gendre se trouvent expliquées par le
modèle que Volterra a établi – et qu'on appellera *le modèle*
prédateurs/proies.

Puis Volterra explore l'autre question que lui a posée son
gendre – dans le cas d'une augmentation ou d'une diminution de la pêche, quelle prédiction peut faire son modèle ?
Et il constate que ses équations prédisent que, en pêchant
indistinctement proies et prédateurs, on favorise l'augmentation des poissons proies aux dépens de la population des
prédateurs.
Au contraire, en pêchant moins – ce qui s'est passé pendant
les années de la Première Guerre mondiale – on favorise
l'augmentation de la population des poissons prédateurs.

Les équations de Volterra prédisent aussi que ces oscillations
pourraient, au-dessous de certains seuils, conduire à des effon-
drements de populations, voire à des extinctions d'espèces.

Et ainsi Volterra a réalisé, il y a plus de quatre-vingt-cinq ans, la première modélisation des interactions écologiques entre différentes espèces dans un même environnement, qui a révélé les perturbations et les déséquilibres que les activités humaines pouvaient provoquer.

Des oscillations autour d'un état d'équilibre.

Remplaçons les éléments « prédateurs » et « proies » par deux composés, aux effets antagonistes.

Remplaçons le terme de « proie » par celui d'« activateur ».

Et le terme de « prédateur » par celui d'« inhibiteur ».

Et nous avons un modèle qui ressemble étrangement au modèle de Turing.

Un phénomène commence, s'accélère, atteint un maximum, puis diminue, lentement d'abord, puis de plus en plus vite, puis s'éteint et recommence...

Un quart de siècle avant Turing, Volterra proposait un modèle d'oscillations qui permettait de rendre compte d'une dimension essentielle du monde vivant.

Deux grandes étapes dans la découverte d'un même mécanisme fondamental, à l'œuvre dans la nature, à des niveaux et des échelles de grandeur et de complexité différentes – les équations *prédateurs/proies* de Volterra, qui modélisent les interactions écologiques entre des animaux, et les équations de *réaction/diffusion* de Turing, qui modélisent des interactions chimiques.

Mais ce croisement entre chimie et écologie avait déjà commencé du temps de Volterra.

Au début des années 1920, le mathématicien américain Alfred Lotka avait utilisé le même système d'équations que Volterra pour modéliser certaines des réactions chimiques entre des composés qui conduisent à des oscillations.

Puis, en 1925, Lotka utilise ces équations pour modéliser des interactions entre proies et prédateurs dans un modèle différent de celui de Volterra – les proies sont des plantes et leurs prédateurs sont des animaux herbivores.

De manière indépendante, mais presque en même temps, Volterra et Lotka avaient développé le même modèle, qu'on appelle aujourd'hui le *modèle de Lotka-Volterra.*

La particularité de Volterra, c'est d'avoir développé et testé son modèle à partir de données réelles, précises, recueillies sur la pêche des poissons, sur une période de près de vingt ans.

Alan Turing n'est pas biologiste et il ne semble pas qu'il ait eu connaissance des travaux de Lotka et de Volterra.

Et les équations de *réaction/diffusion* ne sont pas les mêmes que les équations *prédateurs/proies*. Contrairement au modèle de Turing, le modèle de Lotka/Volterra prédit, dans la plupart des situations, des oscillations irrégulières, non périodiques, d'amplitude variable, autour d'un équilibre instable.

Étrangement, il existe un autre point commun qui lie Turing et Volterra.

Ils ont tous deux, pour des raisons très différentes, fait l'objet de persécutions par les autorités de leur pays.

Volterra sera persécuté en raison de son refus du totalitarisme et des atteintes à la liberté à l'avènement du fascisme.

Professeur de physique théorique, Volterra a fondé, en 1923, le Centre national de la recherche scientifique italien, qu'il préside.

À partir de 1930, quand il refuse de prêter serment d'allégeance au régime fasciste de Mussolini, il est démis de toutes ses fonctions universitaires.

Il mourra avant la fin du régime fasciste, en 1940.

Turing est arrêté en 1952. La police a découvert qu'il a un amant. Et à cette époque, en Grande-Bretagne, comme

aujourd'hui encore dans de nombreuses régions du monde, une relation homosexuelle est un délit pénal. Il est condamné à la prison. Le seul moyen d'échapper à la prison est de subir un « traitement » à base d'hormones féminines. Il accepte.
Il est profondément abattu. Brisé. On l'a privé de ses accréditations officielles qui lui permettent de poursuivre ses travaux. Il meurt deux ans plus tard, en 1954, à l'âge de quarante-deux ans. Il s'est empoisonné au cyanure.

Ce n'est que plus d'un demi-siècle plus tard, en 2009, alors que se prépare, à l'occasion du centième anniversaire de sa naissance, la célébration de son œuvre scientifique, que le Premier Ministre de Grande-Bretagne, Gordon Brown, a prononcé des excuses publiques au nom du gouvernement de son pays.

Mais revenons à l'année 1952, au moment où il publie *De la genèse des formes.*

De mêmes lois, de mêmes relations de causalité, de mêmes forces, de mêmes contraintes invariantes, qu'il avait formalisées dans un langage mathématique, allaient se révéler être à l'œuvre dans l'émergence périodique de régularités.

Tant qu'ils durent, ces phénomènes périodiques ne structurent pas seulement l'espace à travers lequel ils se déplacent, mais aussi le temps.
Ils battent avec la régularité d'une horloge.
Mais ils naissent et meurent, ou se propagent au loin.

Les horloges qu'ils font naître sont des horloges éphémères.
Elles ne continuent pas à battre régulièrement le temps au même endroit, en permanence.

Et pourtant.
Et pourtant d'autres relations étranges avec le temps dormaient à l'intérieur des équations de Turing.

Il allait se révéler que son modèle permettait de lever le voile non seulement sur une partie du mystère de l'émergence des formes dans le monde vivant et dans les mers de sable des déserts, mais aussi sur une partie du mystère des oscillations régulières, du *tempo* que font naître en nous, et dans les êtres vivants qui nous entourent, ces horloges biologiques internes qui battent continuellement le temps au rythme de vingt-quatre heures.

Revenant continuellement à leur point de départ.

Prenant sans cesse leur point d'arrivée comme nouveau point de départ.

Et recommençant sans cesse leur voyage.

Dans mon début est ma fin, dit TS Eliot
Je suis ici ou là, ou ailleurs. Dans mon début.
Ce que nous appelons le début est souvent la fin.
La fin est l'endroit d'où nous partons.

Les équations de Turing étaient riches de mondes inconnus. En fonction des conditions initiales – les quantités respectives d'activateur et d'inhibiteur, leurs modalités particulières d'interactions, leurs vitesses respectives de diffusion à travers l'espace... –, ses équations faisaient naître différents phénomènes de réaction-diffusion qui convergent autour de six états d'équilibre possibles.

Le phénomène dont Turing dit qu'il est *le plus intéressant,* qu'il a le plus de pouvoir explicatif en biologie – cette succession régulière d'apparitions de motifs réguliers qui parcourt l'espace en le structurant et permet la *genèse des formes* – correspond au quatrième des six états d'équilibre possibles que prédit son modèle.

Mais le second des états d'équilibre possibles qu'il décrit est très différent.

Dans ce cas, écrit Turing, *le départ de l'équilibre ne consiste pas en une dérive dans une même direction, mais en des oscillations.* Des oscillations périodiques, localisées dans un même espace clos, où le processus de réaction-diffusion revient périodiquement à son point de départ, alternant, dans un même lieu, entre deux états.

Alan Turing n'est pas biologiste.

Et concernant cet état particulier, il écrit dans son article :

Il y a probablement de nombreux exemples biologiques de ce type d'oscillation, mais l'auteur n'en connaît aucun qui soit réellement satisfaisant.

Et pourtant,

Et pourtant, *ce type d'oscillation* correspond précisément à une horloge biologique, qui revient, périodiquement, à son point de départ, et dont le processus de réaction-diffusion est le moteur.

Un activateur qui s'auto-amplifie, augmentant de manière progressivement explosive, tout en favorisant la production d'un inhibiteur, qui fait chuter l'activateur, puis chute lui-même, libérant l'activateur qui recommence à s'auto-amplifier.

Imaginons ce type d'oscillation, survenant dans un même endroit, dans un même espace clos.

Nous pouvons presque l'entendre battre :

Activation – Inhibition.

Puis, à nouveau :

Activation – Inhibition

Tic – Tac – Tic – Tac –

Ce n'est plus l'espace qui se structure, de proche en proche, *en une dérive dans une même direction.*

C'est le temps, dans un même lieu, qui se structure.

Ainsi, il y a un peu plus de soixante ans, Turing révélait, sans le savoir, que des interactions répétitives et pour partie antagonistes entre deux substances suffisaient, théoriquement, à faire émerger le mécanisme de base des horloges biologiques circadiennes qui battent dans chacune de nos cellules.

Un rythme régulier, un *tempo*, les battements périodiques du temps interne du vivant.

Et probablement parce que Turing n'avait pas vu lui-même les relations entre ses équations et les horloges biologiques, les modèles mathématiques développés depuis une vingtaine d'années pour rendre compte du fonctionnement des horloges biologiques n'ont, dans la quasi-totalité des cas, pas fait appel à ses équations.

Mais il y a de nombreuses autres façons, tout aussi performantes, de modéliser dans le langage des mathématiques le fonctionnement possible des horloges internes du vivant.

Les activateurs et les inhibiteurs qui interagissent dans nos cellules et font naître les oscillations régulières de nos horloges ne sont pas des entités abstraites, des nombres oscillant régulièrement dans l'univers des équations mathématiques.

Ces activateurs et ces inhibiteurs émergent à partir de la substance dont nous sommes faits. À partir des molécules, des protéines qui nous composent, et de nos gènes, qui permettent à nos cellules de les fabriquer.

Le temps est la substance dont je suis fait, disait Jorge Luis Borges.

Et la nature concrète de ces horloges vivantes, c'est une autre grande aventure qui allait la révéler – une plongée au cœur des cellules, à la recherche des composants biologiques de nos horloges internes.

Une aventure qui a commencé il y a un peu plus de quarante ans, en 1971, avec la publication, dans les *Comptes rendus de l'Académie des Sciences des États-Unis,* d'un article de deux chercheurs américains, Ron Konopka et Seymour Benzer.

Un fleuve qui m'emporte

Le temps est la substance dont je suis fait. Le temps est un fleuve qui m'entraîne, mais je suis le temps ; c'est un tigre qui me déchire, mais je suis le tigre : c'est un feu qui me consume, mais je suis le feu.

Jorge Luis Borges, *Nouvelle réfutation du temps.*

Seymour Benzer était l'un des géants de la biologie du XXᵉ siècle, écrira la revue scientifique *Nature* lors de sa disparition en 2007.
Un personnage exceptionnel, qui a apporté des contributions essentielles à la physique, à la biologie moléculaire et à la génétique des comportements.

Comme d'autres chercheurs qui ont fait faire des avancées considérables à la biologie durant les années 1950 – comme Francis Crick, le codécouvreur de la structure en double hélice de l'ADN, ou Max Delbrück, qui avait fondé le groupe des phages, le groupe de chercheurs qui explorait les mystères de l'hérédité en étudiant les bactériophages, les virus qui infectent les bactéries – Seymour Benzer est d'abord un physicien.
Ses découvertes permettront l'invention du transistor. Puis il se lancera dans la biologie, rejoindra le « Groupe phage » de Max Delbrück et apportera des contributions majeures à l'étude des gènes.

La préférence que je portais à la génétique sur la biochimie, écrivait François Jacob, *était encore accentuée par la présence de certains chercheurs américains, venus passer au laboratoire une année sabbatique. Notamment ceux issus du « Groupe phage », comme Seymour Benzer [...].*

Tous physiciens ou physico-chimistes attirés par Max Delbrück vers la biologie du phage.

Tous, comme Max Delbrück, ignorant la biochimie. Tous, comme Max Delbrück, intéressés à la génétique, en quoi ils voyaient le seul domaine de la biologie qui, par sa structure logique, permettait des spéculations un peu semblables à celles de la physique. De ces collègues américains, j'appris beaucoup. Pas seulement de la chimie physique, de la thermodynamique ou de la cinétique des réactions. Aussi et surtout une certaine manière de raisonner, de traiter les problèmes, venue de la physique. Une rigueur dans la conception comme dans l'exécution des expériences. Une méthode dans l'analyse des résultats poussée jusqu'à la limite.

Toute l'année 1951-1952, Seymour Benzer partagea mon laboratoire.

Pendant les dernières semaines de son séjour à Paris, nous fîmes ensemble, Seymour et moi, une série d'expériences. [...] Et c'était à la fois un enrichissement et un plaisir de voir de près fonctionner un esprit aussi fin et méticuleux.

Quinze ans plus tard, à la fin des années 1960 :

Je m'étais trouvé, pour un colloque, à New York avec Seymour Benzer et Sydney Brenner, écrit François Jacob.

[Un soir, pendant le dîner,] commença une solide discussion. Seymour et Sydney avaient déjà sauté le pas. Tous deux avaient, depuis plusieurs mois, abandonné phages et bactéries. Tous deux avaient pour projet d'étudier le câblage du système nerveux à l'aide de mutants [génétiques] habilement sélectionnés, Seymour

chez la drosophile, [la mouche du vinaigre], Sydney chez un petit nématode, [un petit ver transparent,] Caenorhabditis elegans. *Chacun vantait* son *matériel, évidemment très supérieur à celui de l'autre.*

François Jacob, lui, choisira la souris.

Au moment où a lieu cette discussion Seymour Benzer s'est déjà lancé dans la troisième grande aventure de sa vie de chercheur – l'exploration, chez la petite mouche du vinaigre, des relations entre gènes et comportements.

En 1967, il a publié son premier article dans ce domaine. Il a identifié des mouches du vinaigre chez qui des mutations, dans un seul gène, ont pour effet une modification de l'activité des mouches en réponse à la lumière.

Puis il découvre d'autres mutations, dans d'autres gènes, impliquées dans les modalités d'apprentissage et de mémorisation, dans la manière dont les petites mouches mâles font la cour aux petites mouches femelles.

Les recherches de Seymour Benzer et de son équipe ont non seulement commencé à révéler que des modifications de nombreux comportements de la mouche du vinaigre peuvent être causées par des mutations dans un seul gène, mais aussi que les comportements de la petite mouche du vinaigre sont beaucoup plus complexes qu'on ne le pensait jusqu'alors – elles peuvent apprendre, se souvenir, communiquer, souffrir d'insomnie, avoir des rituels sophistiqués de cour avec leur partenaire sexuel.

Et, au mois de septembre 1971, il publie avec l'un de ses étudiants, Ron Konopka, l'article fondateur qui identifie pour la première fois l'un des gènes – et la molécule qu'il permet aux cellules de produire – qui participe à la fabrication d'une horloge biologique chez un être vivant.

L'article est intitulé *Des mutants génétiques de l'horloge chez Drosophila melanogaster.*

Les petites mouches du vinaigre ont un rythme de vie bien réglé au long d'une période de vingt-quatre heures.

Elles se réveillent à l'aube, se mettent à voler, à marcher et à se nourrir.

Puis elles font une sieste durant l'après-midi.

Puis elles reprennent leurs activités fébriles jusqu'au soir et s'interrompent à la tombée de la nuit pour dormir jusqu'au lever du jour suivant.

Ces rythmes d'activité sont synchronisés sur l'alternance lumière/obscurité du jour et de la nuit.

Mais ils persistent, chez la mouche du vinaigre – avec la même période d'environ vingt-quatre heures – en l'absence de toute lumière, lorsque la mouche est plongée dans une obscurité permanente.

Et des travaux réalisés vingt ans plus tard, au début des années 1990, montreront que ces rythmes d'activité peuvent persister dans l'obscurité chez des mouches du vinaigre nées de plusieurs générations d'ancêtres qui ont toutes été maintenues, durant toute leur existence, dans une obscurité totale.

L'article de Konopka et Benzer commence ainsi :

Trois mutants ont été isolés, chez lesquels le rythme normal de vingt-quatre heures de l'activité locomotrice des mouches est radicalement modifié.

L'un des mutants n'a pas de rythme régulier, il est arythmique.

Un autre a un rythme d'une période de dix-neuf heures.

Un troisième a un rythme d'une période de vingt-huit heures.

Toutes ces mutations semblent concerner le même gène, situé sur le chromosome X.

Dans l'obscurité, les mutants dont l'horloge a une période de dix-neuf heures vivent à un rythme quotidien de dix-neuf heures.

Leur temps intérieur bat plus rapidement.

Les mutants dont l'horloge a une période de vingt-huit heures vivent au rythme quotidien de vingt-huit heures. Le temps bat plus lentement en eux.

Et pour les mutants arythmiques, le temps bat continuellement de manière irrégulière.

La conclusion de l'article de Konopka et Benzer est que la modification d'un seul gène suffit à modifier l'une des caractéristiques essentielles de l'horloge biologique interne des mouches du vinaigre – la période de ses oscillations.

Et, pour cette raison, ils nommeront ce gène *per* – pour *période*.

Mais *per* demeurait une entité abstraite – la nature moléculaire du gène n'était pas identifiée ni la nature de la molécule, de la protéine qu'il permettait aux cellules de fabriquer.

Treize ans passeront, et la séquence du gène *per* est décryptée. Encore trois ans, et c'est la séquence de la protéine Per qui est à son tour décryptée.

Encore trois ans, et, en 1990, le premier modèle moléculaire de fonctionnement d'une horloge biologique circadienne est proposé dans un article publié dans *Nature*.

C'est un modèle étonnamment simple.

L'horloge bat à l'intérieur d'une cellule. Une même horloge dans chaque cellule.

Le modèle peut être schématisé de la manière suivante.

Un activateur, non identifié, induit une production de plus en plus importante de la protéine Per, qui atteindra un pic au bout de douze heures.

La protéine Per se comporte comme un inhibiteur.

Au-delà d'une certaine quantité, elle empêche l'activateur d'induire la fabrication de la protéine Per.

Et donc, après son pic, la quantité de protéine Per va diminuer progressivement durant les douze heures suivantes, passant par un minimum et perdant son pouvoir inhibiteur.

L'activateur peut alors réexercer son effet et recommencer à induire l'utilisation du gène *per* par la cellule, et donc la production de la protéine Per.

Douze heures de production de la protéine Per, jusqu'à un maximum.

Puis douze heures de diminution de la protéine Per, jusqu'à un minimum, atteint vingt-quatre heures après le début du cycle.

Puis le cycle recommence.

Un activateur et un inhibiteur, qui font naître, dans l'espace clos d'une cellule, une oscillation régulière, de période de vingt-quatre heures, autour d'un maximum et d'un minimum – la quantité maximale et la quantité minimale de la protéine Per.

Nous pouvons presque l'entendre battre dans les cellules de la petite mouche du vinaigre :

Activation – Inhibition.

Puis, à nouveau :

Activation – Inhibition

Tic – Tac – Tic – Tac –

Un écho au modèle de *réaction-diffusion* de Turing.

Six ans passeront, et un autre gène est identifié, qui permet aux cellules de fabriquer une autre protéine, Timeless, qui s'associe à la protéine Per et renforce ses effets inhibiteurs.

Puis, les deux principaux activateurs seront identifiés – les protéines Clock et Cycle.

Et les horloges circadiennes révèleront peu à peu leurs secrets.

Pas seulement dans les cellules de la mouche du vinaigre.

Mais aussi dans les cellules des mammifères – dans nos cellules, où deux activateurs principaux – Bmal1 et Clock – induisent la production de quatre inhibiteurs principaux – Per1, Per2, Cryptochrome 1 et Cryptochrome 2 – qui inhibent les activateurs.

Une boucle de régulation additionnelle est initiée en parallèle par l'activateur Bmal1 – aboutissant à la production d'une protéine qui va rétroagir positivement sur Bmal1 en augmentant sa production, et à la production d'une autre protéine qui, au contraire, va rétroagir négativement sur Bmal1 en l'inhibant.

Et d'autres protéines interviennent encore, faisant osciller à leur tour au cours de vingt-quatre heures la production et l'activité de centaines d'autres constituants et d'activités de la cellule.

D'autres horloges circadiennes, fonctionnant sur le même principe de base, seront identifiées dans les cellules des oiseaux, des poissons, de tous les animaux.

Dans les cellules des plantes.

Et dans des organismes animaux et végétaux unicellulaires.

Et dans certaines bactéries – dont les cyanobactéries.

Des travaux suggèreront que ces horloges sont apparues au moins quatre fois, de manière indépendante, au cours de l'évolution, dans des branches très distantes du buisson du vivant.

Et après l'impression initiale de surprenante simplicité qu'avaient fait naître les premières grandes intuitions et les premières grandes découvertes, ce qui apparaîtra, à partir du début du XXIe siècle, ce sont les contours fascinants d'une nouvelle complexité.

D'innombrables horloges circadiennes, chez d'innombrables êtres vivants, constituées de composants différents, fabriquées à partir de gènes différents mais qui partagent toutes une architecture semblable, un même mécanisme, un même moteur interne qui leur permet d'osciller de manière autonome, avec une période de vingt-quatre heures.

Y compris lorsque l'organisme est plongé dans une obscurité permanente.

Depuis près d'un siècle, des études indiquaient que dans diverses espèces animales, certains comportements étaient réglés par d'autres rythmes que le rythme de vingt-quatre heures. Était-ce dû à la présence d'autres horloges, ou à l'un des nombreux effets de leurs horloges circadiennes ?

Il y a un mois, en octobre 2013, deux études publiées dans *Cell Reports* et dans *Current Biology*, montrent pour la première fois qu'il existe bien, chez certains animaux, en plus de leur horloge circadienne, d'autres horloges internes qui battent à un autre rythme et sont composées de molécules différentes. Chez les crustacés marins *Eurydice pulchra*, une horloge supplémentaire dont la période est de 12,4 heures – la période des marées – leur permet de synchroniser leur nage avec les mouvements de la mer. Et chez les vers marins *Platyneris dumerilii*, une horloge dont la période est de vingt huit jours – la période du cycle lunaire – leur permet de synchroniser leur danse nuptiale et leur union durant la pleine lune.

Mais indépendamment de cette diversité, ce qui est universel dans le monde vivant, c'est la présence des horloges circadiennes, qui battent au rythme de vingt-quatre heures.

Comment ces horloges ont-elle pu apparaître et se propager au long de l'évolution du vivant ?

Il y a, dans l'extraordinaire aventure de la découverte des horloges biologiques, comme un lointain écho aux débats qui ont accompagné l'émergence même de la théorie darwinienne de l'évolution du vivant.

Darwin – l'ancien étudiant en théologie – avait écrit :

Je ne pense pas que j'aie jamais admiré un livre davantage que la Théologie naturelle *de Paley – je pouvais autrefois presque le réciter par cœur.*

La Théologie naturelle, Évidences de l'existence et des attributs de la Divinité, collectées à partir des apparences de la Nature, le livre que William Paley avait publié sept ans avant la naissance de *Darwin.*

Le livre commence ainsi :

Supposons que j'aie découvert une montre sur le sol.

La conclusion évidente, dit Paley, est *que la montre doit avoir été fabriquée par un horloger.*

Qu'il a dû exister à un moment donné – à un endroit donné – un artisan qui l'a fabriquée dans le but que nous lui voyons maintenant remplir, qui a compris comment la construire, et qui a conçu son usage.

Toutes les manifestations d'un projet qui sont présentes dans la montre sont aussi présentes dans les œuvres de la nature.

Le mécanisme des *horloges* était, pour Paley, à la fois la métaphore du vivant et la preuve évidente de l'existence d'un projet, d'un dessein, d'une intention et d'un Créateur à l'œuvre dans la nature.

Qu'aurait pensé Paley s'il avait pu découvrir les horloges biologiques qui battent les jours au cœur même du monde vivant ?

Il aurait probablement pensé ce qu'il pensait déjà, et avait déjà écrit à propos d'une autre merveille de la nature – l'œil :

La preuve que l'œil a été créé pour voir est exactement de même nature que la preuve qui permet de démontrer que le télescope a été créé pour aider l'œil à voir.

Un demi-siècle plus tard, dans *L'Origine des espèces*, Darwin répondra à Paley :

« *Que l'œil – avec tous ses raffinements permettant l'ajustement de la focalisation de la vision à différentes distances, permettant l'entrée de différentes quantités de lumière, et la correction des aberrations sphériques et chromatiques – ait pu être formé par la sélection naturelle, semble, je le confesse librement, absurde au plus haut degré.*

Mais la raison me dit que s'il peut être montré qu'il existe de nombreuses gradations qui peuvent faire émerger, à partir d'un œil simple et imparfait, un œil complexe – chaque degré d'évolution étant utile à l'être vivant qui le possède, ce qui est certainement le cas ;

Si de plus, il arrive que l'œil varie et que les variations soient héritées, ce qui est vraisemblablement le cas, et si de telles variations s'avèrent utiles à un quelconque animal durant les conditions changeantes de sa vie, dans des environnements changeants ;

Alors la difficulté de croire qu'un œil parfait et complexe puisse être formé par la sélection naturelle – bien qu'insupportable à notre imagination – ne devrait pas être considéré comme incompatible avec ma théorie.

Remplaçons, dans ce raisonnement de Darwin, le mot œil par le mot *horloge* – *horloge interne, horloge biologique* :

« *S'il existe des mécanismes permettant de faire émerger, à partir d'une* horloge *rudimentaire, une* horloge *complexe*

*S'il arrive que l'*horloge *varie, que les variations soient héréditaires et si de telles variations s'avèrent utiles à un être vivant*

Alors la difficulté de croire qu'une horloge *interne complexe ait pu émerger au cours de l'évolution ne devrait pas être considérée comme incompatible avec ma théorie.*

L'aventure des sciences modernes n'a évidemment jamais fait la preuve – et la question d'une telle preuve sortirait de son champ, le champ des hypothèses testables – d'une absence de tout projet, de toute finalité, de toute intentionnalité à l'œuvre dans l'univers.

Elle a simplement fait la preuve de l'extraordinaire efficacité et de l'extraordinaire fécondité – en termes de compréhension et de manipulation de ce que nous appelons la réalité – d'une démarche théorique et expérimentale qui a volontairement exclu de son champ toute explication de l'univers fondée sur les notions de projet, d'intentionnalité et de finalité.

Une démarche qui a laissé à la métaphysique la question : *Pourquoi ?* – *pour* quoi ? Dans quel but ?

Et qui s'est consacrée à une question beaucoup plus modeste : *Comment ?*

Il y a quelque chose d'apparemment étrange dans les mouvements des horloges biologiques circadiennes – cette capacité qu'elles ont à revenir sans cesse à leur point de départ, cette capacité de recommencement permanent.

Comme un écho au vieux rêve du mouvement perpétuel.

Pourtant il ne s'agit là que d'une manifestation particulière d'une caractéristique très générale ancrée au cœur du vivant.

Un être vivant est toujours en mouvement, tout au long de son existence.

Un être vivant émerge à partir d'autres êtres vivants, se transforme, s'engage dans une succession de métamorphoses sans retour et, souvent, avant de disparaître, contribuera à la naissance de nouveaux êtres vivants qui recommenceront, sous une autre forme, ce voyage

Ce qui caractérise les êtres vivants, c'est d'être des systèmes ouverts, qui échangent en permanence avec leur environnement, y puisant et y dissipant en permanence de l'énergie.
Renouvelant continuellement la substance dont ils sont faits.
Réalisant ce que le Prix Nobel de chimie Ilya Prigogine a appelé des structures dissipatives.
Instables, émergentes, capables de s'auto-organiser et de se structurer dans l'espace et le temps
Des systèmes dont l'état stationnaire n'est jamais tout à fait au repos, dit le biologiste Stuart Kauffman.

Et, dans des conditions particulières, ces états stationnaires instables, dynamiques, peuvent prendre la forme d'oscillations de période constante, qui s'éloignent de part et d'autre d'un état d'équilibre, sans jamais s'y arrêter, revenant régulièrement à leur point de départ pour s'en écarter à nouveau – la forme des horloges biologiques qui battent les jours.

Reprenons, une fois encore.
Un composé, fabriqué par un cellule, appelons-le l'activateur, a la capacité d'exercer une action sur lui-même – de s'auto-amplifier. S'envolant de plus en plus vite vers un maximum.
Mais l'activateur induit aussi la production d'un inhibiteur, qui s'envole lui aussi de plus en plus vite – poursuivant l'activateur comme une ombre – et passant, lui aussi, un peu plus tard, par un maximum. Comme une ombre qui suit la lumière. Et qui l'efface.
Faisant chuter de plus en plus vite l'activateur, qui atteint alors un minimum.
Mais cette chute de l'activateur entraîne aussi, avec elle la, chute de l'inhibiteur, qui passe, à son tour, par un minimum.
L'ombre qui a effacé la lumière disparaît à son tour. Et une fois que l'ombre – l'inhibiteur – a disparu, la lumière – l'activateur – va pouvoir se déployer à nouveau.

Et ainsi, vingt-quatre heures après le début du cycle, l'activateur recommence à s'envoler, débutant un nouveau cycle de vingt-quatre heures.

C'est l'un des états possibles prédits par les équations du modèle de Turing.

C'est le modèle minimal d'une horloge biologique, qui permet de produire des oscillations spontanées, qui se maintiennent, avec une périodicité constante.

Mais ces modalités apparemment étranges de fonctionnement des horloges biologiques circadiennes ne sont, là encore, qu'une manifestation très particulière d'un mode très général de fonctionnement du vivant.

Qui est fondé sur des mécanismes qu'on a appelés des *boucles de rétroaction*.

Des composés capables d'exercer des effets sur eux-mêmes, d'agir sur eux-mêmes – de rétroagir sur eux-mêmes.

Faisant émerger un système complexe, dans lequel chaque composant est, comme le disait Pascal, *à la fois une chose causante et une chose causée.*

Un système qui peut s'éloigner spontanément de l'état d'équilibre, et osciller autour de cet état, de manière stable.

Trois *boucles de rétroaction* sont le moteur des horloges biologiques.

Une première *boucle de rétroaction positive* – le composé activateur exerce un effet positif sur lui-même – amplifiant sa propre activation de manière de plus en plus explosive.

Et deux boucles indirectes de *rétroaction négative.*

La première – l'activateur exerce un effet négatif sur lui-même, en induisant un inhibiteur qui a pour effet de le réprimer, de l'effacer, de le faire disparaître.

Et la seconde *boucle de rétroaction négative* – l'inhibiteur exerce un effet négatif sur lui-même, en effaçant l'activateur qui lui a donné naissance.

L'intrication entre ces trois boucles constitue – indépendamment de la nature variable de leurs composantes – le mécanisme universel de fonctionnement de base de toutes les horloges biologiques circadiennes autonomes identifiées à ce jour dans les êtres vivants.

Et ainsi, les horloges biologiques circadiennes, qui battent en nous le rythme des jours, sont à la fois une invention remarquable, à première vue exceptionnelle, de l'évolution du vivant – et l'une seulement des innombrables variations que le vivant a réalisées sur un thème ancestral.

Il y a une autre caractéristique apparemment étrange des horloges biologiques circadiennes.

Aucun des composants de l'horloge n'a, à lui seul, la capacité de faire battre régulièrement le temps. C'est à partir des interactions entre les différents composants qu'émerge cette propriété des horloges circadiennes : faire battre régulièrement un temps interne au rythme de vingt-quatre heures.

C'est une propriété globale du système.

Une propriété émergente.

Une propriété d'auto-organisation.

Parmi toutes les horloges circadiennes qui ont été identifiées à ce jour, la plus simple a été découverte chez les *cyanobactéries* – des bactéries qui, comme les plantes, produisent leur énergie en réalisant la photosynthèse.

Contrairement aux horloges circadiennes plus complexes qui battent les jours dans nos cellules et dans les cellules des animaux et des plantes, l'horloge de la cyanobactérie repose sur les interactions entre seulement trois molécules, trois protéines – qui ont été appelées *KaiA, KaiB,* et *KaiC* – fabriquées à partir de trois gènes seulement de la cyanobactérie.

En 2005, ces trois protéines ont été isolées et placées dans un tube à essai.

Et là, en présence d'une source d'énergie biologique, ces trois protéines peuvent continuer à interagir et à battre le temps, jour après jour, au rythme de vingt-quatre heures, même lorsque le tube est placé dans l'obscurité complète.

L'horloge fonctionne, oscillant régulièrement en dehors de la cellule qui l'a fait naître.

Mais ce n'est, là encore, qu'une manifestation particulière d'un phénomène très général au cœur du fonctionnement du vivant. Aucun des constituants qui composent une cellule vivante n'est vivant en lui-même. Ce sont les interactions entre ces composants qui font émerger ce que nous appelons la vie.

La nature des composants et les conditions particulières de leurs interactions, qui permettent aux horloges biologiques de battre continuellement dans chaque cellule, avec une période de vingt-quatre heures, ont émergé et se sont propagées au cours de l'évolution dans les différentes branches de l'univers vivant.

Comme si la capacité à battre un temps intérieur à un rythme régulier de vingt-quatre heures avait constitué un avantage adaptatif essentiel pour tous les êtres vivants.

LE SOLEIL MET LA TERRE AU MONDE

> Le soleil qui court sur le monde
> J'en suis certain comme de toi
> Le soleil met la terre au monde
>
> Paul Éluard, *Aube.*

Comment s'est propagé ce rythme quasi universel de vingt-quatre heures des horloges internes qui battent le temps dans le monde vivant ?

Les travaux fondateurs publiés il y a plus de quarante ans par Ron Konopka et Seymour Benzer avaient révélé qu'une mutation spontanée d'un seul gène suffisait à modifier de manière radicale l'une des caractéristiques essentielles de l'horloge circadienne interne – la période de vingt-quatre heures de ses oscillations.
Et ces mutations se transmettent de manière héréditaire à la descendance.

Alors que des mutations génétiques ont pu, tout au long de l'évolution, faire émerger des horloges de périodes diffé-rentes de la période habituelle de vingt-quatre heures dans d'innombrables êtres appartenant à toutes les branches du vivant, comment se fait-il que les animaux, les plantes et les organismes unicellulaires qui possèdent de telles horloges mutantes soient si rares ?

Les questionnements de la chronobiologie, l'étude des rythmes, des horloges, du *tempo* du vivant, croisaient là des questionnements qui concernaient, sur des étendues de temps sans aucune commune mesure – les mécanismes et le rythme, le *tempo* de l'évolution du vivant.

En dehors du caractère quasiment constant de leur période d'environ vingt-quatre heures, les horloges biologiques circadiennes partagent, dans l'ensemble du monde vivant, deux autres propriétés universelles.

L'une de ces propriétés est leur capacité à compenser les variations de température.

La plupart des réactions biologiques qui ont lieu à l'intérieur des cellules et des corps s'accélèrent quand la température augmente et se ralentissent quand la température diminue.

Les horloges biologiques circadiennes sont une exception.

Elles n'accélèrent pas le rythme de leurs oscillations quand la température interne des cellules et du corps augmente, et ne diminuent pas ce rythme quand la température interne diminue.

Cette propriété est l'une des causes de la robustesse de ces horloges – de la résistance de leur période de vingt-quatre heures aux fluctuations permanentes de leur environnement. Mais résistance aux changements de l'environnement ne signifie pas déconnexion de l'environnement.

En effet, une autre propriété universelle de ces horloges circadiennes est leur capacité de se mettre en phase – de synchroniser leur cycle interne de vingt-quatre heures – avec une composante de l'environnement extérieur qui suit le cycle d'alternance des journées et des nuits. Le plus souvent, il s'agit de la lumière. Parfois de la température. Ces horloges se règlent à l'heure de l'horloge céleste.

C'est de cette manière que les êtres vivants peuvent entrer en résonnance avec les variations régulières de leur environnement, au long du jour et de la nuit, et s'y adapter.

C'est ce que nous faisons quand nos voyages en avion nous font brusquement changer de fuseau horaire. Nous synchronisons, nous réglons notre montre sur l'heure locale.

Mais le décalage horaire que nous ressentons dans notre corps, c'est le temps qu'il faut à l'ensemble des différentes horloges biologiques de notre corps pour se mettre en phase avec l'alternance locale de lumière et d'obscurité, qui détermine en nous, au long de vingt-quatre heures, l'alternance des périodes de veille et de sommeil, d'activité et de repos, de prises de repas...

Ce temps de mise en phase de nos horloges internes sur l'alternance jour/nuit du lieu où nous arrivons est en moyenne d'un jour pour un décalage horaire d'une heure – d'environ une semaine pour un décalage horaire de six heures.

Si les décalages horaires soudains et importants – provoqués, par exemple, par le changement de fuseau horaire au cours de nos voyages, ou par des changements d'horaires de travail au cours de notre vie professionnelle – provoquent des perturbations dans le fonctionnement de nos horloges biologiques, qui peuvent retentir sur notre santé, il y a le plus souvent, suivant le lieu où nous vivons, une succession de tout petits décalages qui se produisent, jour après jour, dans la remise à l'heure de nos horloges biologiques.

À l'équateur, la durée des jours et des nuits est la même durant toute l'année.

Mais plus nous sommes éloignés de l'équateur, dans l'hémisphère nord ou dans l'hémisphère sud, et plus la durée respective des jours et des nuits se modifie au cours des saisons, tout au long de l'année. Et nous ne cessons, comme tous les organismes vivants qui nous entourent, de recaler, petit à petit, nos horloges biologiques sur les modifications de l'alternance jour/nuit. La période de nos horloges biologiques est toujours de vingt-quatre heures, mais le début du cycle des oscillations de vingt-quatre heures a lieu un peu plus tôt, ou un peu plus tard. C'est une succession quotidienne de tout petits décalages, de remise à l'heure de nos horloges biologiques, qui nous adapte de manière étroite durant toute l'année aux variations jour/nuit à l'endroit où nous vivons.

Ou plutôt, tel était le cas avant que l'utilisation de plus en plus générale de l'électricité et de l'éclairage artificiel n'envahisse nos nuits – nous empêchant de voir les étoiles dans le ciel nocturne de nos villes, et nous éloignant de plus en plus de cette adaptation ancienne aux cycles des saisons.

Mais revenons aux relations entre la chronobiologie et l'évolution du vivant.

Chez des êtres vivants dont les horloges internes ont une période autre que de vingt-quatre heures – par exemple vingt heures ou vingt-huit heures – les horloges internes et l'horloge céleste ne sont presque jamais en phase.

Si elles se resynchronisent chaque jour à la lumière du jour, les décalages sont sans cesse importants. Les organismes sont en permanence en déséquilibre, en avance ou en retard, par rapport à l'alternance jour/nuit du lieu où ils vivent, quel que soit le lieu où ils vivent.

Ils ne cessent de remettre leur horloge à l'heure, et elles ne sont jamais à l'heure.

Est-ce que chez des êtres vivants chez qui sont apparues, un jour, par hasard, et continuent d'apparaître, des mutations génétiques qui font battre leurs horloges internes à un rythme autre que celui de vingt-quatre heures, ce coût a pu représenter, au long de l'évolution, un inconvénient majeur qui aurait eu pour conséquence de réduire leur croissance, leur survie et leur capacité de donner naissance à des descendants ?

L'intuition nous suggère que la réponse devrait être positive. Mais peut-on aborder expérimentalement une telle question ? Et si oui, comment ?

Il rêva d'une longue partie d'échecs, écrit Borges.
Elle n'était pas disputée par deux personnes, mais par deux familles.
La partie avait été commencée depuis des siècles.
Nul n'était capable d'en nommer l'enjeu, mais on murmurait qu'il était énorme.

Une telle partie s'était-elle jouée depuis des millions d'années, des centaines de millions d'années, et se joue-elle encore, aujourd'hui, au long des générations, dans chaque espèce vivante, entre les organismes qui naissent avec des horloges circadiennes qui battent avec une période de vingt-quatre heures et les organismes qui naissent avec des horloges qui battent à un autre rythme ?

L'une des réponses à cette question a été apportée en 2006, par une étude publiée dans *Science*.
Les chercheurs avaient fait disputer une partie de ce type à des plantes.

Une trentaine d'années après la découverte par Seymour Benzer des effets des mutations dans le gène *per* sur l'horloge biologique de la petite mouche du vinaigre, des mutations dans d'autres gènes, qui dérèglent son horloge biologique, sont identifiées dans une plante – *Arabidopsis Thaliana*, *L'Arabette des dames*. C'est une petite plante à fleurs blanches, de trente à quarante centimètres de haut, qui fait partie de la famille des choux, des radis, de la moutarde, du colza, et qui est aujourd'hui la plante la plus étudiée par les botanistes – une plante modèle.
Certaines des mutations observées ont des effets étrangement semblables à celles des mutations du gène *per* chez la mouche

du vinaigre – les petites plantes mutantes ont soit une horloge interne qui bat avec une période de vingt heures, soit une horloge interne qui bat avec une période de vingt-huit heures, soit une horloge complètement arythmique, qui bat sans aucune régularité.

Et, à part l'horloge arythmique, ces horloges mutantes conservent les caractéristiques essentielles des horloges habituelles – leur période ne se modifie pas en réponse aux changements de température, et les horloges se synchronisent à la lumière.

La seule différence avec les horloges habituelles est la durée de leur période – elles ne battent pas un rythme de vingt-quatre heures.

La première question que les chercheurs ont posée a été la suivante.

Si l'on soumet chacune de ces plantes – la plante qui possède une horloge habituelle de période de vingt-quatre heures et les plantes mutantes dont l'horloge a une période de vingt heures ou de vingt-huit heures – à un cycle artificiel lumière/obscurité dont la période correspond à la période de son horloge interne, la plante sera-t-elle dans un état de fonctionnement optimal ?

Et subira-t-elle, au contraire, des inconvénients si on la soumet à un cycle artificiel lumière/obscurité dont la période diffère de la période de son horloge interne ?

Les plantes ont été cultivées – chacune, en monoculture – durant un mois.

Elles étaient soumises, chacune, à un cycle artificiel d'alternance lumière/obscurité, avec une durée égale des phases de lumière et d'obscurité – l'équivalent de ce qui survient, dans les hémisphères nord ou sud, aux équinoxes, au printemps ou en automne.

Et ce cycle consistait soit en une alternance de douze heures de lumière suivies de douze heures d'obscurité – correspondant à une période de vingt-quatre heures, celle de l'horloge habituelle ; soit à une alternance de dix heures de lumière suivies de dix heures d'obscurité – correspondant à une période de vingt heures, celle de l'horloge mutante à période courte ; soit à une alternance de quatorze heures de lumière suivies de quatorze heures d'obscurité – correspondant à une période de vingt-huit heures, celle de l'horloge mutante à période longue.

En d'autres termes, chaque plante poussait dans un environnement d'alternance de lumière et d'obscurité qui était soit en résonnance permanente avec la période de son horloge interne, soit en décalage permanent avec son horloge interne, nécessitant continuellement de sa part une resynchronisation à la lumière.

Et durant un mois, dans chacune de ces conditions, chaque plante avait reçu, au total, la même quantité de lumière – lumière qui joue un rôle essentiel dans la vie des plantes, parce qu'elles en tirent une partie essentielle de leur énergie par leur activité de photosynthèse.

Durant ce mois les chercheurs ont mesuré la croissance de la plante, son poids, la taille de ses feuilles, la quantité de chlorophylle produite par ses feuilles et l'intensité de son activité de photosynthèse, c'est-à-dire sa production d'énergie en présence de lumière.

Les résultats ont indiqué que, quelle que soit la plante, le fait d'être plongée dans un environnement dont la période lumière/obscurité n'était pas la même que celle de son horloge interne avait pour effet de réduire de moitié sa croissance.

Et dans toutes ces différentes conditions, les plantes porteuses de la mutation arythmique, qui battent sans aucune régularité, étaient celles qui avaient poussé moins bien encore que toutes les autres.

Ainsi, ces expériences indiquaient que, lorsqu'il y a résonnance entre la périodicité de l'horloge interne et la périodicité d'une horloge artificielle mimant l'horloge céleste, l'avantage adaptatif était un doublement de la croissance des plantes.
C'est un avantage adaptatif considérable – dont on peut imaginer l'effet cumulatif si on le projette à l'échelle de la succession des générations, à l'échelle de l'évolution du vivant.

Mais les plantes ne vivent pas seules dans leur environnement. Et des plantes dont l'horloge a un jour acquis, au hasard des variations génétiques, des périodes différentes ont dû coexister, dans de mêmes lieux, avec des plantes dont l'horloge avait acquis une période de vingt-quatre heures.

Pour cette raison, la seconde question qu'ont posée ces chercheurs a consisté à se demander si la coexistence, à un même endroit, de plantes dont l'horloge avait la même période que l'alternance artificielle lumière/obscurité et de plantes dont l'horloge n'avait pas la même période que l'alternance artificielle lumière/obscurité pourrait révéler des effets additionnels.

Le résultat a été le suivant.
En plus du désavantage important en termes de croissance et de production d'énergie déjà observé en monoculture, un inconvénient additionnel majeur apparaissait, en termes, cette fois, de survie.
Une partie des plantes dont l'horloge n'était pas en résonnance avec le cycle artificiel lumière/obscurité auquel les avaient soumises les chercheurs mouraient quand ces plantes étaient cultivées avec des plantes dont l'horloge interne avait la même période que ce cycle artificiel lumière/obscurité.

Est-ce dû à des phénomènes de compétition pour les mêmes ressources de l'environnement ? Ou à un défaut de coopération entre ces différentes plantes, lié à l'absence de résonnance entre leurs périodes ?

On ne le sait pas.

Mais ce que ces recherches suggèrent, c'est que l'existence d'une résonnance entre la période de l'horloge interne d'une plante et la période de l'horloge céleste a pu avoir un effet important, au long des générations, à la fois en termes de croissance, de production d'énergie et de survie.

Le soleil qui court sur le monde
J'en suis certain comme de toi
Le soleil met la terre au monde, disait Éluard.

Et le soleil favorise la survie des plantes dont le rythme interne est le même que celui de sa course apparente dans le ciel.

Ces recherches avaient exploré la survie des plantes et leur capacité à utiliser de manière optimale l'énergie que leur fournit la lumière. Mais elles n'avaient pas exploré l'une des dimensions qui jouent un rôle essentiel dans l'évolution du vivant – la capacité à avoir des descendants.

Cette question avait été posée, sept ans plus tôt, en 1999, par des chercheurs qui exploraient d'autres êtres vivants qui réalisent la photosynthèse et dont l'origine est beaucoup plus ancienne que celle des plantes – les cyanobactéries.

Les plantes en possèdent de lointains descendants, qu'une symbiose ancestrale a intégrés dans leurs cellules – les chloroplastes, qui permettent aux plantes de réaliser la photosynthèse.

Les chercheurs avaient réalisé avec des cyanobactéries des expériences semblables à celles qui seraient réalisées sept ans plus tard avec *l'Arabette des dames.*

Les cyanobactéries avaient soit une horloge interne habituelle, de période de vingt-quatre heures, soit une horloge mutante, de période plus courte ou plus longue.

Lorsque les chercheurs les cultivaient en monoculture en les soumettant à un cycle artificiel d'alternance de lumière et d'obscurité dont la période correspondait à celle de leur horloge interne, les cyanobactéries se reproduisaient de manière optimale.

Ce qui n'était pas le cas lorsque le cycle artificiel d'alternance de lumière et d'obscurité n'avait pas la même période que leur horloge interne.

Puis les chercheurs ont cultivé ensemble les cyanobactéries dont l'horloge interne avait une période de vingt-quatre heures, et celles dont l'horloge interne avait une période soit plus courte soit plus longue, en les soumettant soit à un cycle artificiel d'alternance lumière/obscurité de période de vingt-quatre heures soit à un cycle artificiel d'alternance lumière/obscurité de période plus courte ou plus longue.

Et, au bout d'une vingtaine de générations, seules survivaient les cyanobactéries dont la période de l'horloge était la même que celle du cycle artificiel lumière/obscurité de leur environnement.

Les autres cyanobactéries avaient disparu.

S'agit-il d'un phénomène de compétition, de conflit, ou d'un défaut de coopération ?

Là encore, on ne le sait pas.

Mais ces deux séries de travaux suggèrent que – pour ces deux êtres vivants très différents, une bactérie et une plante, qui partagent tous deux la propriété de tirer leur énergie de la lumière – l'émergence, et la transmission aux descendants, au long des générations, d'une horloge interne qui est en résonnance avec la période de l'alternance jour/nuit de leur environnement constitue un avantage adaptatif majeur.

Je levais les yeux, dit Pascal Quignard.

Contempler le ciel, qui n'est pas vivant, pour tout ce qui est vivant, c'est contempler le seul aïeul.

Nous sommes nés du ciel – de la poussière des étoiles.

Mais il y a plus, dans les relations du monde vivant avec le ciel, que cette origine commune.

L'univers vivant a aussi progressivement calé, depuis des temps immémoriaux, le rythme des battements de son temps intérieur sur le rythme des horloges célestes.

Et il est probable que, parmi toutes les variations de période qui ont émergé au long de l'évolution dans les horloges internes des êtres vivants, la sélection naturelle a favorisé la propagation de celles dont le rythme était en résonnance avec le rythme de la course apparente du Soleil dans le ciel.

Mais à mesure qu'émergeaient et se propageaient dans les différentes branches de l'univers vivant ces horloges circadiennes internes qui battaient avec une période de vingt-quatre heures – à mesure que de plus en plus d'êtres vivants avaient un rythme calé sur ce rythme de l'horloges céleste – être en résonnance avec ce rythme céleste signifiait aussi être en résonnance avec les rythmes des autres êtres vivants de la même espèce, et des autres espèces.

Durant la longue course de la Reine Rouge – *où il faut,* dit la Reine Rouge à Alice, *de l'Autre côté du miroir, courir de toute la vitesse de ses jambes pour simplement demeurer là où l'on est* – dans cette longue course sans fin de la coévolution des innombrables organismes vivants dont les interactions tissent les réseaux des écosystèmes, se caler sur le rythme des autres a probablement constitué un avantage adaptatif aussi considérable que l'avait été, initialement, le fait de se caler sur le rythme de la rotation de la Terre autour de son axe.

Et il en est des abeilles comme de tous les autres êtres vivants. Les petites butineuses synchronisent les battements de leur horloge interne sur la course apparente de *leur* Soleil dans *leur* ciel, dans la région du monde où elles sont nées et durant la saison où elles sont pour la première fois sorties de leur ruche – où elles ont débuté leur carrière de butineuses.

Ce sont les battements réguliers de leur horloge interne qui leur permettent de se caler sur le rythme de vie des fleurs qu'elles récoltent.

Et de s'orienter par rapport au Soleil.

Et de communiquer à leurs sœurs, durant leurs danses frétillantes, la direction et la distance des lieux où elles ont découvert des trésors.

Leur horloge biologique ne les met pas seulement en résonnance avec le monde qui les entoure.

Il est au cœur de cette vie sociale complexe – de cette intelligence collective – qui sous-tend les réalisations spectaculaires des abeilles à miel.

Il règle non seulement leurs veilles, mais aussi leur sommeil, qui semble jouer un rôle important dans la fidélité de l'extraordinaire mémoire de celles que Victor Hugo appelait les *filles de la lumière*.

IV

LES FILLES DE LA LUMIÈRE

Ô ! vous dont le travail est joie,
Vous qui n'avez pas d'autre proie
Que les parfums, souffles du ciel,
Vous qui fuyez quand vient décembre,
Vous qui dérobez aux fleurs l'ambre
Pour donner aux hommes le miel,

Chastes buveuses de rosée, [...]
Ô sœurs des corolles vermeilles,
Filles de la lumière, abeilles...

Victor Hugo, *Le manteau impérial.*

Le sommeil et les heures

Nous avons vécu l'expérience mais nous
n'avons pas saisi la signification.

T. S. Eliot, *Four Quartets*.

L'alternance régulière de périodes d'activités et de repos –
de veille et de sommeil – scande la vie, du début à la fin de
l'existence, dans la plupart, si ce n'est la totalité, des espèces
animales.

Et les effets négatifs de la privation de sommeil sur la
mémoire et sur le fonctionnement du corps – ainsi que le
besoin croissant de dormir en cas de privation de sommeil
et l'allongement de la durée du sommeil quand il peut enfin
avoir lieu – sont des phénomènes qui semblent avoir été
conservés au cours de l'évolution.

Non seulement chez nous et chez nos proches parents les
mammifères, mais aussi chez les oiseaux, les poissons, les
petites mouches du vinaigre.

Et les abeilles à miel.

Les abeilles dorment durant la nuit. Une abeille ouvrière
plongée dans le sommeil est immobile, les antennes repliées
vers le bas. Et elle demeure immobile, même si ses sœurs la
bousculent.

Le besoin de dormir – ce besoin de se retirer du monde, de
couper ses relations avec le monde – semble lié à des effets
réparateurs essentiels du sommeil.

Chez la mouche du vinaigre, des recherches réalisées au cours des deux dernières années ont révélé que, dans de nombreuses régions de leur cerveau, l'état de veille augmente le nombre et l'intensité des connexions qui se forment entre les cellules nerveuses.

Lorsque la veille se prolonge, les capacités de mémorisation des petites mouches diminuent.

Et le sommeil a l'effet inverse – il diminue le nombre et l'intensité des connexions entre les cellules nerveuses de leur cerveau et restaure la capacité des petites mouches à inscrire dans leur mémoire des souvenirs nouveaux.

Chez les abeilles à miel, la mémoire joue un rôle essentiel dans la vie de la collectivité, permettant aux éclaireuses et aux butineuses de danser le récit de leurs découvertes, et aux butineuses qui suivent les danseuses de partir à la recherche des trésors qui leur ont été révélés.

Il y a la danse frétillante des récoltes par laquelle une éclaireuse ou une butineuse, de retour à son nid ou à sa ruche, informe ses sœurs en dansant sur les gâteaux de cire : elle leur indique la qualité de la source de nectar ou de pollen qu'elle vient de découvrir, la direction à suivre et la distance à parcourir pour parvenir au lieu de la récolte.

Et, sur le dos de l'essaim, une fois par an, à la fin du printemps ou au début de l'été, la danse frétillante des éclaireuses à la recherche d'un nouveau nid ou d'une nouvelle ruche, lorsque la reine et la plus grande partie de la colonie ont quitté leur domicile.

Le sommeil joue-t-il un rôle dans la précision de ce mode de communication sophistiqué des abeilles à miel ?

Et si tel est le cas, quel pourrait être l'effet d'un manque de sommeil ?

À la fin de l'année 2010, une étude était publiée dans les *Comptes rendus de l'Académie des Sciences des États-Unis d'Amérique* par un groupe de chercheurs animé par Thomas Seeley.

Les chercheurs avaient exploré l'effet d'une perturbation du sommeil des abeilles éclaireuses et butineuses, durant une nuit, sur leur capacité, le jour suivant, à communiquer à leurs sœurs la direction et la distance qui les sépare des fleurs dont elles ont apprécié le nectar et le pollen.

Les abeilles dont le sommeil avait été perturbé par les chercheurs durant la nuit dormaient plus longtemps la nuit suivante – elles avaient une période de sommeil compensateur. Mais, durant la journée qui avait suivi leur nuit agitée, leur danse frétillante avait manqué de précision.

La distance entre la ruche et la source de nourriture qu'indiquait leur danse était exacte.

Mais la direction de la source de nectar et de pollen, l'angle de leur parcours par rapport à la verticale, par rapport à la direction du Soleil, était devenue inexacte.

Elles envoyaient leurs sœurs dans une mauvaise direction.

Et, plus les fleurs dont elles vantaient les qualités étaient distantes, plus cette direction inexacte écartait leurs sœurs de la source de pollen et de nectar qu'elles leur avaient indiquée.

Le manque de sommeil avait-il altéré la capacité des éclaireuses et des butineuses à inscrire et à conserver dans leur mémoire la direction de leur lieu de récolte? Ou avait-il altéré leur capacité à la restituer dans leur danse?

Ou encore – puisque l'erreur concernait la direction du lieu de la récolte par rapport à la position du Soleil dans le ciel au moment de leur danse – était-ce leur décompte du temps qui s'était écoulé depuis leur découverte qui avait été altéré?

L'étude ne permettait pas de répondre.

Deux ans passeront. Et, durant l'été 2012, Randolf Menzel et son équipe de l'Institut de Biologie de l'Université de Berlin publient dans le *Journal of Experimental Biology* une étude qui révèle un autre effet du sommeil sur les capacités de mémorisation des éclaireuses et des butineuses.

Les chercheurs avaient collé sur le dos de chacune des petites éclaireuses et butineuses un émetteur radio miniature qui permet de suivre par radar tous leurs déplacements individuels. Et ils enregistraient par vidéo, à l'intérieur de la ruche, la durée de leur sommeil durant la nuit.

Avant d'explorer les relations entre leur sommeil et leurs capacités d'apprentissage et de mémorisation, les chercheurs avaient réalisé une étude préliminaire.
Ils avaient capturé des éclaireuses et des butineuses sur leur lieu habituel de récolte et les avaient rapidement transportées, en les maintenant dans l'obscurité, en un autre endroit situé dans un rayon de trois cents à six cents mètres autour de la ruche. Puis ils les avaient relâchées.

Dans une telle situation, les petites abeilles repartent immédiatement, d'un vol rapide et rectiligne, dans la même direction que celle qu'elles empruntent d'habitude pour regagner leur ruche à partir de leur lieu de récolte.
Les repères terrestres ne peuvent plus les guider – ils ont disparu, puisqu'elles ont été transportées ailleurs.
Ce qui les guide, c'est le souvenir qu'elles conservent de la direction de la ruche par rapport à la position du Soleil dans le ciel.
Elles repartent donc dans la direction qu'elles croient être celle de la ruche puis, un peu plus tard, ne trouvant pas la ruche, elle recherchent des repères terrestres et, après des

détours, finissent pour une majorité d'entre elles – environ soixante pour cent – par regagner leur ruche.

Après cette épreuve, les abeilles sont reparties de leur ruche et ont continué à butiner le reste de la journée sur leur lieu habituel de récolte.

Puis, la nuit venue, elles ont dormi plus longtemps que leurs sœurs qui n'avaient pas subi de capture et de déplacement durant la journée. L'épreuve de la recherche du chemin du retour avait entraîné le besoin d'un surcroît de sommeil.

Le lendemain, lorsque les chercheurs répètent la même expérience de capture et de déplacement avec les abeilles qui l'avaient subie la veille – en les relâchant après les avoir transportées, maintenues dans l'obscurité, de leur lieu habituel de récolte au même endroit que la veille – ce ne sont plus soixante pour cent des abeilles qui réussissent à regagner leur ruche, mais quatre-vingt-dix pour cent.

Les abeilles semblent avoir bien mémorisé le nouveau chemin qu'elles avaient découvert la veille.

Est-ce que leur sommeil prolongé avait joué un rôle dans l'inscription dans leur mémoire du trajet qu'elles avaient effectué pour la première fois avant de s'endormir ?

Pour répondre à cette question, les chercheurs ont fait une nouvelle série d'expériences.

Le soir, ils ont séparé les éclaireuses et les butineuses en deux groupes.

Le premier groupe dormait la nuit, comme à son habitude, à volonté, dans la ruche.

Et ils ont empêché le deuxième groupe de dormir, en plaçant les abeilles dans un récipient qui bougeait en permanence durant toute la nuit.

Le matin, ils ont capturé les deux groupes d'abeilles sur leur lieu habituel de récolte, les ont déplacés à un autre endroit en les maintenant dans l'obscurité, puis les ont relâchés.

Les deux groupes d'abeilles se sont comportés de la même façon – environ soixante pour cent des abeilles ont trouvé le chemin de la ruche.

La conclusion était donc qu'un manque de sommeil ne modifie pas la capacité de découvrir un chemin inconnu vers la ruche.

Les chercheurs ont alors décidé de refaire la même expérience avec d'autres abeilles, mais en perturbant leur sommeil non pas la nuit qui précède leur recherche d'un nouveau chemin, mais la nuit suivante, après leur découverte d'un nouveau chemin de retour à la ruche.

L'expérience était la suivante.

Les butineuses ont été capturées sur leur lieu de récolte, ont été transportées ailleurs, puis relâchées. Comme dans les études précédentes, environ soixante pour cent des butineuses ont trouvé le chemin de leur ruche. Puis elles sont reparties de leur ruche et ont continué à butiner le reste de la journée sur leur lieu habituel de récolte.

La nuit, les chercheurs ont laissé un groupe de butineuses dormir à volonté dans la ruche et ils ont empêché l'autre groupe de dormir.

Et, le lendemain, les chercheurs ont à nouveau capturé les deux groupes d'abeilles sur leur lieu habituel de récolte et les ont déplacés, en les maintenant dans l'obscurité, au même endroit que la veille. Puis ils les ont relâchés.

Quatre-vingt-dix pour cent des abeilles qui faisaient partie du groupe qui avait pu dormir la nuit précédente ont retrouvé le chemin de la ruche.

Mais moins de soixante pour cent seulement de celles que les chercheurs avaient forcées à veiller ont réussi à regagner leur domicile.

Et ainsi, ce que suggère cette étude, c'est que le sommeil joue, chez les abeilles, un rôle important dans l'inscription durable dans la mémoire des expériences nouvelles vécues la veille.

Qu'il joue, comme chez nous, un rôle important dans la consolidation des souvenirs.

Jusqu'à quel point le sommeil des abeilles pourrait-il ressembler au nôtre ?

Notre sommeil se compose d'une succession de phases différentes qui se répètent durant la nuit. Les périodes de sommeil plus ou moins profond alternent avec des périodes de sommeil dit *paradoxal* – durant lesquelles il semble que surgissent nos rêves les plus intenses et les plus étranges. Notre cerveau est alors parcouru de vagues d'activation de fréquence rapide qui ressemblent à celles de l'état de veille. Notre corps est immobile, mais nos yeux sont animés de mouvements spontanés rapides.

Randolf Menzel et ses collègues ont remarqué que le sommeil profond des petites butineuses – durant lequel elles demeurent immobiles, les antennes repliées vers le bas – est entrecoupé de périodes où, alors que leur corps est toujours immobile, elles se mettent à bouger leurs antennes dans tous les sens.

Les abeilles ont-elles des phases de sommeil paradoxal ?
Rêvent-elles ?

Leurs souvenirs se rejouent-ils en elles sous la forme des hallucinations d'un songe ?

Nous avons vécu l'expérience, dit le poète T. S. Eliot, *mais nous n'avons pas saisi la signification.*

Et l'approche de la signification nous restitue l'expérience
Sous une forme différente.

Et c'est peut-être cela qu'apporte le sommeil aux abeilles, comme à nous.

Une restitution obscure, inconsciente, durant la nuit, de la signification des expériences nouvelles vécues à l'état de veille, dans la lumière du jour.
Et leur réinscription sous une autre forme, plus précise, plus claire, plus durable, au réveil.

Durant le sommeil, dans la pénombre de la nuit, comme durant les états de veille, les horloges biologiques internes continuent de battre le temps.
Un homme qui dort tient en cercle autour de lui le fil des heures, l'ordre des années et des mondes, dit Marcel Proust dans *À la recherche du temps perdu.*
Il les consulte d'instinct en s'éveillant et y lit en une seconde le point de la Terre qu'il occupe, le temps qui s'est écoulé jusqu'à son réveil.

Mais il y a un état de sommeil artificiel qui semble effacer la notion du temps qui s'est écoulé entre l'endormissement et le réveil.

Découverte au milieu du XIXe siècle, l'anesthésie générale a révolutionné la chirurgie, permettant pour la première fois de supprimer la douleur en effaçant temporairement la conscience, et permettant de réaliser des interventions chirurgicales jusque-là impossibles parce que, sans anesthésie, les douleurs, insupportables, entraînaient la mort.
Une série de travaux suggère que l'anesthésie générale agit en induisant artificiellement des modifications du fonctionnement du cerveau pour partie semblables à celles qu'induit le sommeil physiologique.

Mais il y a des différences.

Et, notamment, souvent, au réveil, une désorientation temporelle – *quel jour sommes-nous ? quelle heure est-il ?* – et, souvent aussi, contrairement à ce qui se produit après une nuit de sommeil physiologique, une sensation que le réveil survient juste après la perte de conscience.

Une absence de notion de la durée qui s'est écoulée entre l'endormissement et le réveil.

En avril 2012, une étude était publiée dans les *Comptes Rendus de l'Académie des Sciences des États-Unis* par un groupe international de chercheurs de Nouvelle-Zélande, d'Israël et d'Allemagne.

La question qu'ils avaient posée était la suivante – jusqu'à quel point une anesthésie générale perturbe-t-elle véritablement le souvenir du temps qui passe ?

Et, pour tenter d'y répondre, ils avaient choisi de prendre pour modèle les petites abeilles à miel.

Les médicaments qui provoquent chez nous une anesthésie générale ont un effet semblable dans l'ensemble du monde animal, traduisant la remarquable conservation, au cours de l'évolution, des mécanismes impliqués dans le contrôle des états de veille et de sommeil.

Les médicaments qui nous endorment et nous coupent du monde extérieur endorment aussi les souris, les oiseaux, les mouches du vinaigre.

Et les abeilles à miel.

Et c'est en raison de l'importance que revêtent, dans les activités quotidiennes des abeilles à miel, leur mesure et leur souvenir du temps qui passe que les chercheurs ont décidé de les prendre comme modèles d'étude.

Les chercheurs ont choisi le produit qui est le plus utilisé dans le monde pour l'anesthésie générale par inhalation lors des interventions chirurgicales – *l'isoflurane*.

Pour étudier l'effet d'une anesthésie générale sur les comportements des butineuses, ils ont réalisé une série d'expériences semblables à celle dont je viens de vous parler – les expériences effectuées par Randolf Menzel et ses collègues pour explorer les effets de sommeil sur la mémoire des butineuses.

Mais, contrairement à Randolf Menzel et ses collègues – qui avaient relâché les butineuses immédiatement après les avoir capturées sur leur lieu de récolte puis déplacées –, les chercheurs ont maintenu durant plusieurs heures dans l'obscurité les éclaireuses et les butineuses qu'ils avaient capturées sur leur lieu de récolte habituel puis déplacées.

Lorsqu'on relâche des butineuses après plusieurs heures de capture – alors qu'elles ont consommé le nectar qu'elles avaient récolté et stocké dans leur jabot – elles repartiront dans la direction qu'elles croient être celle du lieu habituel de leur récolte, pour refaire leur provision de nectar.
Mais si on leur donne un peu de nectar ou d'eau sucrée juste avant de les relâcher, elles repartiront apporter leur trésor à leurs sœurs. Elles s'envoleront alors dans la direction qu'elles croient être celle de leur ruche – c'est-à-dire l'angle que forme ce qu'elles croient être la direction de leur ruche par rapport à la direction du Soleil.

Mais le point important qui intéressait les chercheurs est que les butineuses tiennent compte, à partir des indications fournies par leur horloge biologique, du temps qui s'est écoulé depuis qu'elles ont été capturées et maintenues dans l'obscurité. Et elles recalculent, en tenant compte du déplacement apparent du Soleil dans le ciel depuis leur capture, la direction supposée de leur ruche par rapport à la position du Soleil au moment où elles sont relâchées.

Les chercheurs ont fait subir à une partie des butineuses qu'ils avaient capturées, maintenues dans l'obscurité, et déplacées, une anesthésie générale d'une durée de six heures. À d'autres, une anesthésie d'une demi-heure.
Et d'autres encore n'ont subi aucune anesthésie.

Puis, au bout de six heures, les chercheurs ont relâché ces trois groupes de butineuses.

Ils ont réalisé cette expérience dans l'hémisphère nord et dans l'hémisphère sud, afin de prendre en compte la différence du trajet apparent du Soleil dans le ciel*. Aussi bien dans un hémisphère que dans l'autre, les butineuses qui avaient été anesthésiées pendant six heures avant d'être relâchées se sont envolées dans une direction qui était décalée – d'un angle compris entre 60° et 90° – par rapport à la direction qu'ont prise les autres butineuses, qui n'avaient pas été anesthésiées ou qui n'avaient subi qu'une anesthésie d'une demi-heure.
Un décalage d'un angle de 60° à 90° correspond, par rapport au trajet apparent du Soleil, à un décalage horaire de quatre à six heures.
Comme si les abeilles qui avaient été anesthésiées durant six heures n'avaient pas réalisé que le temps s'était écoulé durant leur anesthésie.
Comme si les battements de leur temps intérieur avaient été suspendus.

---

* Dans l'hémisphère nord, le soleil se déplace dans la moitié sud du ciel. Quand on est face à son parcours apparent à travers le ciel, on le voit se déplacer de gauche à droite durant toute la journée.
Dans l'hémisphère sud, le soleil se déplace dans la moitié nord du ciel. Quand on est face à son parcours apparent à travers le ciel, on le voit se déplacer de droite à gauche durant toute la journée.

La deuxième expérience que les chercheurs ont réalisée ne concernait pas la direction que les abeilles adoptaient par rapport à la position du Soleil – une mesure indirecte de leur notion du temps écoulé.

L'expérience consistait en une mesure directe de leur capacité à se souvenir du passage des heures.

Comme Karl von Frisch longtemps auparavant, les chercheurs ont appris à des butineuses de deux ruches différentes que de l'eau sucrée était présente entre neuf heures et dix heures du matin à un endroit précis.

Ils ont capturé les butineuses qui avaient appris à se rendre sur ce lieu et leur ont collé sur le dos un émetteur radio miniature pour pouvoir suivre tous leurs déplacements.

Puis ils ont fait subir à toutes les ouvrières d'une des ruches une anesthésie générale d'une durée de six heures, et à toutes les ouvrières de l'autre ruche une anesthésie générale d'une durée de trente minutes seulement.

Les butineuses qui avaient subi une anesthésie de trente minutes venaient, comme d'habitude, boire l'eau sucrée à l'heure exacte.

En revanche, les butineuses de l'autre ruche qui avaient subi une anesthésie de six heures venaient avec plus de trois heures de retard sur le lieu où avait été déposée l'eau sucrée.

Et ce n'est qu'au bout de trois jours qu'elles récupéraient leur notion du temps et arrivaient à la bonne heure.

Des expériences additionnelles ont indiqué que des abeilles ouvrières qui ont subi une anesthésie générale d'une durée de six heures débutent leurs différentes tâches avec un retard de plus de quatre heures.

Et ainsi, une anesthésie générale d'une durée de six heures semble suspendre chez les abeilles la perception du temps qui passe pendant une durée qui varie entre quatre et six heures.

L'anesthésie générale a-t-elle interrompu le fonctionnement de l'horloge biologique des abeilles ?

Ou a-t-elle fait perdre aux abeilles la capacité de lire et de mémoriser l'écoulement du temps indiqué par son horloge – ou encore d'accorder son comportement à la mesure du temps qui s'est écoulé ?

En d'autres termes, le temps s'est-il arrêté de battre aux horloges internes de l'abeille ?

Ou le temps continue-t-il à battre, mais l'abeille est-elle devenue incapable d'en tenir compte ?

Pour répondre à cette question, les chercheurs ont exploré directement le fonctionnement des horloges internes des abeilles.

Et ils ont découvert qu'une anesthésie générale de six heures figeait, pendant quatre à cinq heures, la fabrication par les cellules de leur cerveau de deux des composants de leur horloge interne. L'horloge interne s'est arrêtée de battre. Et, quand elle se remettra en marche, elle accusera un retard de quatre à cinq heures.

Et ainsi, c'est en interrompant les battements de leur horloge interne qu'une anesthésie générale de six heures suspend, chez les abeilles à miel, la notion du temps qui s'est écoulé durant l'anesthésie.

En est-il de même pour nous ?
On ne le sait pas encore.

Mais notre regard sur les abeilles s'est progressivement transformé.

Pendant longtemps la plupart de nos comportements et la quasi-totalité de nos capacités mentales ont été considérés comme un *propre de l'homme* – l'idée qu'ils pourraient être présents chez d'autres êtres vivants apparaissait étrange ou absurde.

Puis cette certitude s'est transformée en question – jusqu'à quel point d'autres animaux, y compris les petites abeilles à miel, pourraient-ils partager, pour partie au moins, certaines des caractéristiques qui avaient jusque-là été considérées comme exclusivement humaines ?

L'antique parenté entre tous les êtres vivants – qu'ont révélée Darwin et Wallace il y a plus de cent cinquante ans – nous a fait progressivement redécouvrir que la petite abeille à miel, comme chacun des êtres vivants qui nous entourent, est à la fois singulière, à nul autre pareille et, par certains aspects, très proche de nous.

Dans le premier chapitre de son livre *The descent of man [La généalogie de l'homme]* – intitulé *Une comparaison entre les capacités mentales de l'homme et des animaux inférieurs* – Darwin abordait, en une succession de sous-chapitres distincts, la question de l'existence possible, dans diverses espèces animales, des émotions *simples* – le plaisir, la douleur, la joie, la détresse, la terreur, l'affection maternelle, le courage, la fureur.

Puis il abordait la question de l'existence possible des émotions *complexes* – l'amour, l'émerveillement et la curiosité, l'imitation, la mémoire, l'imagination et le rêve, la capacité de raisonner, l'utilisation d'outils, l'abstraction, la conscience de soi, le langage, le sens de la beauté...

Il reconnaissait que la difficulté principale était liée à *l'impossibilité [pour nous] de déterminer ce qui se produit à l'intérieur de l'esprit d'un animal.*

Mais, de manière saisissante, après avoir commencé la plupart de ces sous-chapitres en écrivant

Cette faculté a été, à juste titre, considérée comme l'une des principales distinctions entre l'homme et les autres animaux, Darwin explique en quoi cette idée de ce qu'on a appelé un *propre de l'homme* correspond à une illusion.

Et, à chaque fois, il conclut que la différence entre nous et les autres animaux est *une différence de degré, et non pas de nature.*

Une différence qui, même quand elle est majeure, ne peut être véritablement comprise que si nous la réinscrivons dans une continuité.

UNE DIFFÉRENCE DE DEGRÉ,
ET NON PAS DE NATURE

Inévitablement, *l'animal doué de langage*, comme les Grecs anciens définissaient l'homme, habite les immensités limitées par les frontières des mots et de la grammaire.
Il est possible que la pensée soit en exil.
Mais si c'est le cas, nous ne savons pas ou, plus précisément, nous ne pouvons dire de quoi elle est exilée.

Georges Steiner, *La poésie de la pensée.*

Pouvons-nous revenir à des intuitions antérieures au langage ? demande George Steiner.
Nous ne savons pas si une telle chose existe, s'il peut exister une pensée avant le langage.

Est-ce que les mots, les symboles et les images de différentes sortes sont les instruments premiers de la pensée ? demande le neurologue Oliver Sacks.
Ou existe-t-il des formes de pensée qui précèdent tout cela, des formes de pensées sans caractéristiques particulières qui permettraient de les décrire ?

Et Sacks cite Einstein, qui disait :
Les entités psychiques qu'il me semble que j'utilise comme éléments de pensée dans les problèmes que j'essaie de résoudre m'apparaissent sous la forme de certains signes et sous la forme d'images plus ou moins claires, qui peuvent être reproduites et combinées par l'effet de la volonté.

Certaines de ces images sont de nature visuelle, et d'autres images, dit Einstein de manière étrange, *sont de nature musculaire.*

Les mots et les autres signes, il me faut, après seulement, dans une deuxième étape, les chercher laborieusement.

Le grand psychologue russe Lev Vygotsky, poursuit Sacks, parlait de *ces pensées qui prennent la forme d'une pure signification,* avant même les images et les mots, sans rien qui permette de les décrire.

Un monde d'avant les mots.

Que nous ne finissons pas de redécouvrir.

En nous.

Et dans les animaux qui nous entourent.

Le langage a été, à juste titre, considéré comme l'une des principales différences entre l'homme et les animaux, dit Darwin dans le chapitre qu'il consacre aux *Facultés mentales des hommes et des animaux* dans *La généalogie de l'homme.*

Mais il faut admettre, ajoute Darwin, que le langage n'est pas indispensable à l'exercice d'une pensée rationnelle, car *nous avons vu que les animaux sont capables de raisonner jusqu'à un certain point, manifestement sans l'aide d'un langage.*

Et encore faut-il s'entendre sur ce qu'on appelle un langage...

Car *l'homme,* poursuit Darwin, *n'est ni le seul animal capable d'utiliser un langage pour exprimer ce qui est en train de se produire dans son esprit, [ni le seul animal] capable de comprendre plus ou moins ce qui est exprimé par un autre au moyen d'un langage.*

Et il note que même les fourmis – des animaux extrêmement différents de nous – ont des capacités considérables de communication par l'intermédiaire de leurs antennes et que ces modes de communication constituent une forme de langage silencieux.

Le langage, cette invention la plus humaine, peut permettre ce qui, en principe, ne devrait pas être possible, écrit Oliver Sacks dans *L'œil de l'esprit.*
Il peut nous permettre à tous [...] de voir par l'intermédiaire des yeux d'une autre personne.

Et pourtant.
Et pourtant, c'est ce que font les abeilles butineuses en suivant, dans l'obscurité d'un nid ou d'une ruche, l'une de leurs sœurs en train d'exécuter sa *danse frétillante.*
Elles *voient* – ou plutôt elles entendent – ce qu'ont vu *les yeux* de leur sœur – la direction, la distance et la qualité des fleurs qu'elle vient de visiter.

Quelle est l'étendue des capacités mentales des petites abeilles à miel ?
Jusqu'à quel point ce que nous considérons comme des capacités *abstraites*, qui nous seraient propres, pourraient-elles être partagées par nos lointaines cousines ?
Sont-elles capables de découvrir des relations abstraites entre certains objets ou certains événements, indépendamment de la nature particulière de ces objets ou de ces événements ?
Sont-elles capables de les ranger, de les classer à l'intérieur de catégories d'ordre général ?
Sont-elles capables d'élaborer et de manipuler des symboles, des concepts ?
Notre capacité à élaborer et à manipuler des symboles et des concepts est-elle un *propre de l'homme,* ou a-t-elle, comme le pensait *Darwin,* des racines beaucoup plus anciennes ?

Commençons par explorer les talents de nos cousins les plus proches, les primates non humains.

Il y a quinze ans, en 1998, une étude qui explorait cette question était publiée dans *Science* par deux chercheurs de l'université Columbia à New-York, Elisabeth Brannon et Herbert Terrace.

Les sujets de l'expérience, écrivent les chercheurs, *étaient deux singes rhésus macaques, Rosencrantz et Macduff.*

Les noms qu'ils leur avaient donnés sont ceux de personnages de pièces de Shakespeare.

Rosencrantz apparaît dans *Hamlet.* Mcduff dans *Macbeth.*

Les chercheurs avaient appris à Rosencrantz et Macduff à toucher sur un écran d'ordinateur, par ordre croissant, des images d'ensembles composés de 1, 2, 3 ou 4 éléments.

Les éléments étaient à chaque fois de taille, de forme et de couleur différentes.

Par exemple quatre grands cylindres rouges, ou trois petits cercles verts, ou quatre petits carrés jaunes, ou trois petites silhouettes de chevaux noirs...

L'expérience était conçue de telle manière que le seul point commun entre ces images était le nombre – identique ou différent – des éléments qui constituaient ces ensembles.

Rosencrantz et Macduff sont récompensés à chaque fois qu'ils touchent sur l'écran les ensembles dans l'ordre croissant du nombre d'éléments qui les composent.

Et ils deviennent des experts.

Mais leurs performances reflètent-elle simplement leur apprentissage, pour lequel ils ont été récompensés – extraire ces quatre nombres invariants, et faire la différence entre 1, 2, 3, et 4 ?

Ou traduisent-elles la mise en jeu, durant cet apprentissage, d'une représentation abstraite de portée plus générale – la notion générale d'une suite numérique ascendante ?

Pour tenter de répondre à cette question, les chercheurs ont exposé Rosencrantz et Macduff à des ensembles qui ne leur avaient jamais été présentés durant leur période d'apprentissage – des ensembles composés de cinq à neuf éléments, de forme, de taille et de couleur différentes.

Et les deux singes ont spontanément classé ces ensembles dans l'ordre croissant des éléments qui les composent.

Ainsi, ils avaient bien déduit une règle générale, abstraite, à partir de leur apprentissage particulier.

Et ils étaient devenus capables de classer, par ordre numérique croissant, les trente-six combinaisons possibles qu'on peut réaliser à partir de deux ensembles composés chacun de un à neuf éléments.

Comme nous, ils classent d'autant plus vite – et se trompent d'autant moins – que les nombres d'éléments qui composent ces ensembles sont plus distants : il est plus facile de constater la différence entre neuf éléments et cinq éléments, qu'entre neuf et huit.

Le titre de l'article était : *Ordonnancement des nombres de 1 à 9 par des singes.*

Mais d'autres animaux partagent-ils cette capacité avec nos proches parents primates non humains ?

Treize ans passeront.

Et, à la fin de l'année 2011, une publication dans *Science* provoque une grande surprise.

Un groupe de chercheurs de Nouvelle Zélande révèle que les capacités des singes rhésus macaques Rosencrantz et Macduff sont partagées par des animaux qui en sont des cousins très lointains.

Le titre de l'article était : *Les pigeons à égalité avec les primates dans le domaine des compétences numériques.*

Les chercheurs avaient entraîné trois pigeons à classer, par ordre croissant, des ensembles composés de 1, de 2 ou de 3 éléments.

Là encore, les éléments sont à chaque fois de taille, de forme et de couleur différentes.

Et les pigeons apprennent à indiquer l'ordre croissant du nombre d'éléments qui composent ces ensembles en pointant du bec l'écran de l'ordinateur.

Une fois que les pigeons sont devenus des experts, ils sont capables, comme Rosencrantz et Macduff, de classer par ordre croissant des ensembles auxquels ils n'avaient jamais été exposés, composés de quatre à neuf éléments.

Ils sont devenus capables de classer par ordre croissant n'importe quel groupe d'ensembles composés de 1 à 9 éléments.

Comme les singes rhésus, les pigeons avaient déduit, à partir de leur apprentissage, une règle numérique abstraite qu'ils appliquaient à des nombres qui ne leur avaient pas encore été présentés.

La seule différence entre les singes rhésus et les pigeons était la durée de l'apprentissage qui leur était nécessaire.

Quelques semaines pour les singes.

Plus de neuf mois pour les pigeons.

L'organisation anatomique du cerveau des oiseaux est différente de celle des primates.

Les derniers ancêtres communs partagés par les pigeons et les primates – les derniers ancêtres communs aux oiseaux et aux mammifères – vivaient il y a environ trois cents millions d'années.

Leurs capacités numériques partagées sont-elles dérivées de capacités déjà présentes, ou en germe, chez nos ancêtres communs ?

Ou s'agit-il de ce qu'on appelle un processus d'évolution convergente, c'est-à-dire d'une émergence parallèle, indépendante, chez les oiseaux et les mammifères, de capacités semblables ?

On ne le sait pas.

Mais notre capacité à appréhender les nombres – et à dégager des régularités numériques à partir du monde qui nous entoure – semble avoir des racines anciennes et être, pour partie au moins, partagée par de nombreuses espèces animales.

Nous avons deux façons très différentes d'apprécier et de comparer des valeurs numériques.

L'une est très précise, résulte d'un apprentissage et fait appel au langage et à des symboles – les nombres.

L'autre est approximative, ne nécessite pas d'apprentissage, et est préverbale – elle est présente chez les petits enfants avant leur acquisition du langage.

Depuis 1999, plusieurs études publiées parallèlement par Stanislas Dehaene et ses collègues et, de manière indépendante, par d'autres chercheurs ont confirmé que nous partagions cette capacité non verbale d'apprécier et de comparer approximativement les valeurs numériques – sans compter, sans avoir à utiliser des nombres – avec nos cousins primates non humains et notamment les singes rhésus macaques.

Et cette capacité implique, chez eux comme chez nous, une activation sélective de plusieurs régions de la surface de notre cerveau, et en particulier deux régions, le cortex pariétal et le cortex préfrontal.

En 2007, Jessica Cantlon et Elisabeth Brannon – la chercheuse qui avait neuf ans plus tôt décrit les talents *d'ordonnancement des nombres de 1 à 9 des singes* Rosencrantz et

Macduff – publient dans *PLOS Biology* une étude qui révèle un nouveau talent méconnu des singes rhésus macaques.

Ils sont capables de réaliser des additions.

Les chercheuses leur ont présenté, sur un écran, deux images successives contenant chacune un nombre de points – la somme des points présents sur les deux images étant égale à 2, 4, 8, 12, ou 16.

Puis deux nouvelles images sont présentées en même temps sur l'écran – l'une contient le nombre de points qui correspond exactement à la *somme* des points contenus dans les deux précédentes images, et l'autre contient un nombre de points qui ne correspond pas à cette somme, ce nombre étant soit plus grand, soit plus petit que la somme.

Par exemple, 5 points sur la première image, 7 points sur l'image suivante, puis un choix entre 12 (la somme exacte) et 9, ou entre 12 et 15.

Pour une même somme – par exemple 12 – les chercheuses leur proposent toutes les combinaisons d'addition qui peuvent être réalisées : 1 + 11 ; 2 + 10 ; 3 + 9 ; 8 + 4; 7 + 5 ; etc.

Et les singes sont récompensés à chaque fois qu'ils touchent, sur l'écran, l'image qui représente le résultat exact de l'addition.

Après leur phase d'apprentissage – une fois qu'ils ont appris à découvrir le résultat des additions de deux nombres de points dont la somme est 2, 4, 8, 12, ou 16 – les singes sont devenus capables, sans apprentissage supplémentaire, de découvrir le résultat des additions de deux nombres de points dont la somme est 3, 7, 11 et 17, c'est à dire des additions qu'ils n'ont encore jamais appris à réaliser.

Les singes réussissent d'autant mieux que les images qui leur proposent un résultat inexact de l'addition contiennent un nombre de points éloigné du résultat exact : il est plus facile de faire la différence entre 15 points et 10 points (une différence de 5) qu'entre 15 et 14 (une différence de 1).

Mais il y a aussi une autre contrainte.

Pour une même différence entre le résultat exact et le résultat inexact – par exemple, une différence de 2 points – les singes réussissent mieux lorsque les nombres sont petits que lorsqu'ils sont grands.

Ils font plus facilement la différence entre 7 et 5 qu'entre 14 et 12.

Il s'agit d'une contrainte de nature très générale dans le domaine de la perception sensorielle, qui a reçu le nom de *loi de Weber.*

Je vous en ai déjà parlé dans un autre livre – *Sur les épaules de Darwin. Les Battements du temps.* Elle entre en jeu en particulier dans la séduction – dans la cour que les oiseaux font aux oiselles, par exemple.

La question était :

Est-ce que *toujours plus* de ce qui est considéré comme séduisant par les oiselles – des couleurs encore plus vives, des plumes chatoyantes encore plus longues, un nombre encore plus importants de trilles dans un chant – est-ce que toujours plus de ce qui est beau, toujours plus de ce qui émeut, a toujours obligatoirement pour effet d'être perçu par les oiselles comme étant plus séduisant, plus beau, plus émouvant ?

L'une des *contraintes* qui pourraient freiner, pendant de longues périodes, l'évolution de certains attributs de séduction vers *toujours plus* de splendeur pourrait être le fait qu'au-delà d'un certain seuil leur capacité de séduction s'appauvrit parce que la capacité des oiselles à distinguer entre *plus* beau et *encore plus* beau s'atténue.

Jusqu'à ce que l'émergence, un jour par hasard, chez des oiselles, de nouvelles capacités de perception rende leurs descendantes sensibles à ces nuances.

En d'autres termes, les capacités de perception des oiselles pourraient être à la fois le moteur et le frein qui contrôle pour un temps, au long des générations, l'évolution, chez les prétendants qui leur font la cour, des attributs qui les séduisent.

Si la différence d'intensité entre deux signaux n'est pas perçue par les oiselles, leur réponse à ces deux signaux sera identique, ou se fera au hasard.

La loi de Weber postule que la capacité de distinction sensorielle entre l'intensité de deux signaux dépend du *rapport* entre leurs intensités et non pas de la *différence* entre leurs intensités.

En d'autres termes, les capacités de distinction sensorielle dépendraient d'une opération de *division* et non pas d'une opération de *soustraction*.

Imaginons une oiselle qui compare deux chants dont l'un contient *un trille* de plus que l'autre.

Deux trilles dans un chant, *un trille* dans l'autre.
Trois trilles par rapport à *deux*.
Six trilles par rapport à *cinq*.

La *différence* entre le nombre de trilles, dans ces couples de chants, est constante, toujours la même – toujours *un trille*.
Mais le *rapport* entre le nombre de *trilles* dans ces différents couples de chants varie...

2 trilles par rapport à 1 trille, c'est-à-dire 2 divisé par 1, donne un rapport égal à 2 ;
3 trilles par rapport à 2 trilles, c'est-à-dire 3 divisé par 2, donne un rapport égal à 1,5.

6 trilles par rapport à 5, c'est-à-dire 6 divisé par 5, donne 1,2 ;
Et si nous continuons... 20 trilles par rapport à 19 donne
1,05.

Plus le nombre de trilles est important dans le chant d'un
prétendant auquel un concurrent n'ajoute qu'un trille – plus
le rapport entre le nombre de trilles de ces deux chanteurs
tend vers 1 – et moins les oiselles sont capables de distinguer
une différence dans le nombre de trilles dans les deux chants.

La loi de Weber postule que plus le nombre de trilles dans un
chant augmente, et plus il devient difficile pour une oiselle
de distinguer le chant qui contient quelques trilles de plus.

Et la loi de Weber ne s'applique pas seulement aux *signaux
auditifs*.
Elle s'applique aussi *aux signaux visuels* – comme le nombre
de points sur deux images que comparent les singes rhésus
macaques dans l'étude réalisée par Jessica Cantlon et
Elisabeth Brannon.

Pour une même différence entre deux nombres de points,
plus ces deux nombres sont grands – plus le rapport entre ces
deux nombres tend vers 1 – et moins le singe qui les perçoit
est capable de les distinguer et de les départager.

Les chercheuses ont ensuite décidé de faire passer à des étudiants les mêmes tests d'opérations mentales rapides d'addition qu'elles avaient fait passer aux singes.

L'étude indique que, comme celles des singes, les performances des humains sont contraintes par la loi de Weber.
Et le délai moyen de réponse des humains est le même que
celui des singes – environ une seconde.

La seule différence entre les étudiants humains et les étudiants singes est leur taux de réussite au test d'addition :
94 % de réussite pour les humains ;

76 % de réussite pour les singes.

Et ainsi une partie de notre répertoire de représentation approximative, spontanée, non verbale des valeurs numériques – et une partie de notre répertoire d'opérations arithmétiques simples, approximatives, non verbales, comme les additions et aussi, comme le montreront d'autres études, les soustractions – consiste en des formes d'opérations mentales abstraites que nous partageons avec nos cousins primates non humains.

Parce que cette capacité est distincte de la capacité à *compter* en utilisant les nombres et qu'elle préexiste, chez l'enfant, à l'acquisition du langage et des symboles numériques, cette capacité rapide, globale et approximative à apprécier les valeurs numériques a été comparée à un *sens*, au même titre que nos *cinq sens* – la vue, l'audition, l'odorat, le goût, le toucher.

Un *sixième sens* – un *sens des nombres* – dont les racines seraient très anciennes et qui jouerait un rôle important dans la vie quotidienne de la plupart des animaux.

Il y a deux mois, au début septembre 2013, une étude publiée dans *Science* confirmait l'existence, a priori étrange, de certaines similarités entre notre *sens des nombres* et certains de nos autres *sens*.

Un groupe de chercheurs de l'Université d'Utrecht, aux Pays-Bas, avait exploré par imagerie cérébrale, chez huit personnes, la façon dont la représentation non verbale des valeurs numériques est traitée dans notre cerveau.

Et leur étude identifiait, dans le cortex pariétal postérieur droit, une région d'une surface de plusieurs centimètres carrés dans laquelle différentes sous-régions réagissaient sélectivement, en fonction de leur localisation, aux différents nombres de points noirs présentés sur une image

– indépendamment de la taille et de la répartition topographique de ces points sur l'image.

Chacune des images était présentée très brièvement – pendant une durée de trois dixièmes de seconde – pour éviter que les personnes aient le temps de *compter* le nombre de points.

Les sous-régions du cerveau qui répondent à la vue d'une image comportant un petit nombre de points sont plus étendues – et comportent donc davantage de cellules nerveuses – que les sous-régions qui répondent à des images qui comportent un nombre plus important de points.

Et cette caractéristique pourrait contribuer, avec la loi de Weber, à la diminution de la précision avec laquelle nous-mêmes et nos cousins singes sommes capables d'apprécier le nombre des objets perçus, à mesure que ce nombre augmente.

Ce mode d'organisation topographique dans notre cerveau des différents groupes de cellules nerveuses qui répondent à la vue de différentes valeurs numériques est semblable à l'organisation topographique qui est présente dans les régions sensorielles de notre cortex cérébral qui sont impliquées dans la vue et l'audition, notamment.

Il semble bien que nous ayons une forme de *sens des valeurs numériques*, comme nous avons un sens de la vue, un sens de l'audition, un sens de l'odorat, un sens du goût, un sens du toucher – sans oublier notre sens de l'équilibre.

Et ainsi, certaines formes d'intuitions, que nous appelons abstraites, sont profondément ancrées en nous dès notre naissance – et, à une tout autre échelle, elles sont ancrées dans l'évolution des animaux qui nous ont donné naissance.

Et ces formes d'intuitions, que nous appelons abstraites, constituent probablement l'une des bases sur lesquelles se sont développées nos nombreuses capacités d'abstraction de nature beaucoup plus complexes.

En 2012, une étude publiée dans *Science* indiquait que des babouins étaient devenus capables, après apprentissage, de déterminer si un mot composé de quatre lettres qu'on ne leur avait encore jamais présenté était un mot appartenant ou non à la langue anglaise, en fonction de son orthographe, de la suite et de l'association des lettres qu'il contenait.
Ils semblaient avoir déduit certaines des règles d'orthographe de la langue anglaise, tout du moins pour des mots composés de quatre lettres.

Mais nos lointaines cousines, les abeilles à miel, quelle est l'étendue de leurs capacités mentales ?
Peuvent-elles élaborer des concepts ?
Peuvent-elles se former des représentations abstraites de leur environnement ?

Les abeilles aussi savent compter.
Mais leurs talents numériques semblent plus limités que ceux des primates non humains et des pigeons.
Trois études publiées entre 1995 et 2009 par trois groupes de chercheurs différents ont indiqué que les abeilles à miel peuvent distinguer des dessins les uns les autres en fonction du nombre de motifs qu'ils contiennent, indépendamment des formes et des couleurs de ces motifs.
Dans ces études, les butineuses distinguent bien 1, 2, 3 et 4 éléments, mais elles semblent ne pas être capables de compter jusqu'à 5.

Encore faut-il s'entendre sur ce que signifie compter, et décider comment l'apprécier.
En effet, si ces études suggèrent que, dans les conditions où ces expériences ont été réalisées, les abeilles ne savent

compter que jusqu'à 4, d'autres études indiquent qu'elles sont capables de mémoriser au moins 6 repères visuels placés sur leur chemin, entre leur point de départ et l'endroit où elles ont appris que se trouvait la récompense.

Comptent-elles jusqu'à 6, ou mémorisent-elles la succession des repères sans les « compter » ?

Et, alors qu'elles sont capable de le communiquer à leurs sœurs dans leurs danses, comment les abeilles apprécient-elles l'écoulement du temps ?

Ont-elles conscience du nombre d'heures qui s'écoulent ?

Ce comptage s'effectue-t-il de manière consciente, mais sans avoir besoin d'avoir recours à une quelconque notion de nombre ?

Ou s'effectue-t-il de manière totalement inconsciente ?

Une même question concerne leur capacité à mesurer des distances.

Comment les abeilles apprécient-elles la distance qui sépare leur nid ou leur ruche de leur lieu de récolte – cette distance qu'elles communiqueront avec une grande précision à leurs sœurs dans leurs danses frétillantes ?

Comme les fourmis des déserts qui vont chercher leur nourriture en solitaire et retrouvent, seules, le chemin de leur domicile – les fourmis *Cataglyphis fortis* du Sahara, *Ocymyrmex robustior* des déserts de Namibie, et *Melophorus bagoti* des déserts d'Australie – les abeilles à miel possèdent un odomètre, un moyen de mesurer la longueur du chemin parcouru.

Les fourmis des déserts s'éloignent de leur domicile en marchant au long d'une distance de quelques dizaines de mètres à plusieurs centaines de mètres, et je vous disais que des études indiquent que cette distance est déduite du nombre de pas que fait la fourmi durant son trajet. Mais les abeilles éclaireuses et les butineuses n'explorent pas les environs de leur domicile en marchant – elles volent à tire-d'aile au long de distances qui peuvent atteindre plus d'une dizaine de kilomètres.

Que mesure l'odomètre des abeilles éclaireuses et des butineuses ?

Karl von Frisch avait proposé qu'il mesurait la dépense d'énergie qu'avait provoquée le vol. D'autres, ensuite, ont proposé qu'il comptait le temps écoulé en vol.

L'inconvénient potentiel de telles formes de mesure indirecte de la distance parcourue est que des modifications atmosphériques – comme le vent qui freine soudain le vol – peuvent modifier à la fois la quantité d'énergie dépensée et la durée du parcours.

Et, depuis plus de quinze ans, plusieurs études indiquent que les butineuses mesurent la distance qu'elles parcourent en appréciant le flux d'images contrastées qui défilent devant leurs yeux pendant leur vol.

En d'autres termes, elles mémorisent le nombre total d'images contrastées du paysage qui a défilé sur leurs rétines pendant leur vol.

Les abeilles n'ont pas une bonne acuité visuelle – elle est cent fois plus faible que la nôtre. Mais les cinq mille cinq cents facettes que constituent les *ommatidies* de chacun de leurs yeux leur permettent de suivre très précisément une image bien visible en mouvement. L'image en mouvement est perçue successivement par chacune de leurs ommatidies.

Nous fusionnons des images qui défilent devant nos yeux à une vitesse de vingt-quatre images par seconde – c'est le principe qu'utilise le cinéma.

Mais les abeilles ne fusionnent pas les images tant qu'elles défilent à une vitesse inférieure à trois cents images par seconde.

Ainsi, ce n'est pas véritablement une distance que mesureraient les éclaireuses et les butineuses durant leur vol, mais la somme des variations visuelles contrastées que présente le paysage durant leur vol. À condition qu'elles volent, au long du même trajet, à peu près à la même hauteur que leurs sœurs, cette caractéristique ne variera pas en fonction des conditions atmosphériques.

Et c'est cette mesure – la somme des variations visuelles contrastées du paysage durant son vol – que l'éclaireuse ou la butineuse traduira, dans sa danse frétillante, en une durée – la durée de sa *montée frétillante*, avant de redescendre en demi-cercles vers son point de départ.

Cette durée de la montée frétillante qui, nous l'avons vu, ne sera pas la même, pour une même distance parcourue, dans le dialecte des abeilles à miel de l'espèce *Apis mellifera*, l'abeille à miel de nos régions, et dans le dialecte des abeilles à miel de l'espèce *Apis cerana,* qui vit en Asie du Sud et de l'Est.

Dans chacune des espèces d'abeilles à miel, ce n'est donc pas une mesure objective de la distance que réalise l'odomètre des éclaireuses et des butineuses. C'est une mesure subjective, qui dépend de leur perception du paysage qu'elles ont survolé.

Si le vol de la danseuse s'est fait au-dessus d'un paysage monotone, peu contrasté – comme une étendue d'eau, un lac –, la durée de la montée frétillante de sa danse sera plus brève que si son vol a été effectué au-dessus d'un paysage contrasté.

Et comme ses sœurs partiront dans la direction qu'elle leur aura indiquée, et donc au-dessus des mêmes paysages, leur propre appréciation de la distance qu'elles parcourront sera la même que celle de la danseuse.

Les éclaireuses et les butineuses apprécient un équivalent de la distance qu'elles ont parcourue et la restituent en termes d'une durée et d'un nombre de frétillements – la durée de la phase verticale de leur danse frétillante.

Et il y a, sur un plan théorique, plusieurs façons différentes d'imaginer comment est effectuée, intégrée, mémorisée – puis convertie et restituée sous forme d'une durée – cette mesure de la somme des variations visuelles contrastées perçues dans le paysage durant le vol. Plusieurs façons différentes qui ne correspondent pas à l'idée habituelle d'un calcul mental qui serait effectué au moyen de nombres.

Il y a dans les indications que la danseuse fournit à ses sœurs au cours de sa danse frétillante une autre forme de mélange intéressant de données subjectives et de données objectives – ou de données concrètes et de données abstraites.

Si la butineuse a rencontré des obstacles durant son vol vers son lieu de récolte – par exemple une colline qu'elle a contournée – et a dû effectuer des détours, la direction qu'elle indique dans sa danse est la direction théorique, celle qui pourrait être parcourue à vol d'oiseau, s'il n'y avait pas d'obstacle.

En revanche, elle indiquera précisément la distance effective qu'elle a parcourue – le nombre d'images contrastées dans le paysage qui a défilé devant ses yeux durant son vol – en tenant compte des détours que les obstacles lui auront imposés.

Ses sœurs qui partent sur ses indications sauront qu'elles sont arrivées à destination une fois que, après avoir suivi la direction qui ne tient pas compte des obstacles et avoir contourné les obstacles, elles auront parcouru la distance indiquée par la danseuse.

Mais les abeilles à miel manifestent d'autres talents remarquables.

Les capacités d'abstraction des abeilles à miel ont commencé, il y a une trentaine d'années, à être révélées par quelques chercheurs, dont James Gould du Centre d'écologie et de biologie évolutionniste de l'Université de Princeton aux États-Unis ; puis elles ont été étudiées, depuis plus d'une quinzaine d'années, par un plus grand nombre d'équipes, notamment les équipes animées par Martin Giurfa au Centre de recherches sur la cognition animale de l'Université de Toulouse, par Lars Chittka au Centre de recherches de psychologie de l'Université Queen Mary de Londres, par Mandyam Srinivasan au Centre des sciences de la vision à Canberra en Australie et par Randolf Menzel à l'Institut de biologie de l'Université de Berlin.

La plupart de ces études ont consisté à effectuer des variations de plus en plus complexes à partir des expériences originelles d'apprentissage des butineuses qu'avait réalisées von Frisch.

Le modèle le plus souvent utilisé est le suivant.

On présente à chaque butineuse la façade d'un petit bâtiment, dans laquelle il y a juste une toute petite entrée pour l'abeille.

Sur cette façade, il y a un dessin.

Une fois que l'abeille est entrée, l'intérieur du petit bâtiment est constitué d'un corridor qui s'engage vers la droite et d'un corridor qui s'engage vers la gauche – ce qui a été appelé un *labyrinthe en Y*.

Sur le mur du fond de chaque corridor il y a un dessin que l'abeille peut voir dès l'entrée avant de s'engager dans l'un des deux corridors.

Et, au bout de l'un des deux corridors, il y a une récompense – une coupelle contenant de l'eau sucrée ou du nectar.

Reprenons.

Sur la façade du petit bâtiment il y a, par exemple, le dessin d'un *cercle jaune*.

Au fond du corridor de droite il y a le dessin d'un *carré jaune* et l'accès à une coupelle d'eau sucrée.

Au fond du corridor de gauche il y le dessin d'un *triangle bleu* et une coupelle d'eau non sucrée.

La butineuse apprend rapidement que la *couleur jaune* – quelle que soit la forme du dessin – indique l'endroit d'une récolte.

Une fois qu'elle a appris qu'un dessin de couleur jaune pouvait la guider, les chercheurs lui présentent un labyrinthe en Y dans lequel il n'y a plus de coupelle d'eau sucrée – dont l'odeur aurait pu la renseigner –, et la butineuse s'engage dans le corridor au fond duquel il y a le dessin de la même couleur jaune qu'à l'entrée, quelle que soit la forme de ce dessin.

C'est un apprentissage très simple, que von Frisch avait déjà réalisé au cours de ses expériences en plein air avec des morceaux de papier de différentes formes et de différentes couleurs.

Mais les études qui ont été réalisées depuis ont permis de révéler chez les abeilles l'existence de capacités mentales plus complexes.

Les abeilles sont-elles capables d'opérer des généralisations ?
Sont-elles capables – une fois qu'elles ont appris que la récompense était liée à des relations spatiales particulières

entre des éléments d'une image – de rechercher une image qui présente les mêmes relations spatiales, mais qu'elles n'ont encore jamais vues au cours de leur apprentissage ?

En 1996, Martin Giurfa, Randolf Menzel et une de leurs collègues publient dans *Nature* une étude qui apporte une première réponse.

Les chercheurs ont appris aux butineuses que la récompense était toujours liée à un dessin qui présentait une image de forme *symétrique*, quelle que soit par ailleurs la forme précise du dessin.

Et, une fois que les abeilles ont réalisé cet apprentissage, quand elles sont en présence d'une image de forme *symétrique* et d'une image de *forme asymétrique* qui ne leur ont jamais été présentées auparavant, elles choisissent l'image *symétrique*.

Et l'inverse est vrai si, lors de l'apprentissage, la récompense était associée à une image asymétrique – mais les chercheurs constatent l'existence d'un biais, d'une préférence spontanée des abeilles pour la symétrie.

Elles apprennent plus rapidement à mémoriser et à rechercher la notion de symétrie que la notion d'asymétrie – ce qui est probablement dû au fait que la plupart des fleurs ont une forme symétrique.

Les abeilles ont-elles, au long de leur évolution, acquis cette préférence spontanée pour la symétrie parce que la plupart des fleurs sont symétriques – et que les colonies d'abeilles à miel chez qui avait émergé par hasard une préférence pour les formes symétriques faisaient de meilleures récoltes et se propageaient plus que celles qui préféraient les formes asymétriques ?

Ou les fleurs ont-elle, au long de leur évolution, acquis des formes symétriques parce que les abeilles à miel avaient une préférence pour ces formes – et que les plantes chez qui avaient émergé par hasard des fleurs de forme symétrique étaient plus visitées et donc plus fécondées par les abeilles, et qu'elles se propageaient donc plus que les plantes dont les fleurs étaient asymétriques ?

Ou y a-t-il eu un renforcement mutuel entre ces deux processus durant cette coévolution étroite qui a, durant une vingtaine de millions d'années, lié l'un à l'autre le destin des abeilles à miel et celui des plantes à fleurs ?

L'étude ne permettait pas de répondre.

Mais en ce qui concerne non pas la préférence des abeilles pour les formes symétriques, mais leur préférence pour certaines couleurs, *le type de vision des couleurs que possèdent les abeilles*, notait Lars Chittka en 2010, était déjà présent dans le monde vivant plusieurs centaines de millions d'années avant l'émergence des plantes à fleurs – et donc probablement déjà chez les ancêtres des premières abeilles.

Ce sont les couleurs des fleurs qui se sont donc adaptées à la vision des couleurs des abeilles, et non pas l'inverse, conclut Chittka.

Mais, quelle que soit l'origine de leur préférence pour les formes symétriques, ce que révélait l'étude publiée dans *Nature* en 1996, c'était que les butineuses avaient une capacité de généralisation qui leur permettait de rechercher, dans des objets qu'elles n'avaient pas encore appris à associer à une récompense, une caractéristique invariante d'ordre général – la *symétrie* ou l'*asymétrie* – que ces formes nouvelles partageaient avec celles qui leur avaient été présentées durant leur apprentissage.

Cinq ans plus tard, en 2001, une autre forme de talent de généralisation des abeilles butineuses est révélée par une étude publiée dans *Nature* par Martin Giurfia, Randolf Menzel, Mandyam Srinivasan et leurs collègues.

Les chercheurs avaient appris aux butineuses que, dans un labyrinthe en Y, la récompense d'eau sucrée se trouvait toujours au fond du corridor dont le dessin était de la même couleur que celui qui se trouvait sur la façade du petit bâtiment.

Et, une fois que les butineuses ont compris, les chercheurs ont remplacé les dessins en couleur par des dessins en noir et blanc.

Ils ont placé par exemple des lignes parallèles verticales en noir et blanc à l'entrée, les mêmes lignes parallèles verticales en noir et blanc au fond d'un corridor et des lignes parallèles horizontales en noir et blanc au fond de l'autre corridor.

Et, sans aucun apprentissage additionnel, les butineuses se sont dirigées d'emblée dans le corridor dont le dessin représentait des lignes parallèles verticales – comme celui de la façade.

En l'absence d'indices de couleur identique, elles avaient spontanément réalisé une transposition mentale entre la notion d'*indices de couleur identique,* qu'elles avaient apprise, et la notion d'*indices de forme identique* en noir et blanc, qu'elles n'avaient pas apprise, mais déduite.

L'expérience inverse donnait le même résultat. Les abeilles étaient capables, sans apprentissage additionnel, de faire une transposition mentale entre la notion d'*indices de forme identique,* qu'elles avaient apprise, et la notion d'*indices de couleur identique,* qu'elles n'avaient pas apprise.

Et ce qui était vrai pour la notion d'*identité* l'était aussi pour la notion de *différence.*

Une fois que des butineuses avaient appris que la récompense se trouvait dans le couloir dont la couleur du dessin était différente de la couleur du dessin affiché sur la façade, elles effectuaient une transposition mentale entre la notion d'*indices de couleur différente,* qu'elles avaient apprise, et la notion d'*indices de forme différente,* qu'elles n'avaient pas apprise, mais déduite.

Puis, avec d'autres butineuses encore, les chercheurs ont réalisé un apprentissage qui concernait non pas la vue, mais l'odorat.

Ils ont parfumé la façade du bâtiment avec une odeur particulière – soit de citron soit de mangue – et ils ont mis au fond de l'un des deux corridors le parfum de citron, et au fond de l'autre corridor le parfum de mangue.

Et les butineuses ont appris que la récompense d'eau sucrée se trouvait au fond du couloir dont le *parfum* était *identique* à celui de la façade.

Les chercheurs ont ensuite remplacé les parfums par des dessins de couleurs différentes.

Et, sans apprentissage, les abeilles se sont dirigées dans le couloir dont la *couleur* du dessin était *identique* à celle de la façade.

En l'absence de parfum, elles avaient spontanément réalisé une transposition mentale entre la notion d'*indice d'odeur identique* et la notion d'*indice de couleur identique.*

Les butineuses étaient capables de se représenter ces relations d'*identité* ou de *différence* comme des *catégories abstraites* et de les rechercher indépendamment de la nature particulière des perceptions auxquelles elles pouvaient faire appel – vision des couleurs, vision des formes, odeur des parfums.

Le titre de l'article était *Les concepts d'*identité *et de* différence *chez un insecte.*

Les abeilles étaient-elles capables de maîtriser d'autres concepts que *identique* ou *différent* ?

Une réponse sera apportée dix ans plus tard, en 2011, dans une étude publiée dans les *Comptes Rendus de la Société Royale de Londres* par Aurore Avarguès-Weber, Martin Giurfa et leurs collègues du Centre de recherches sur la cognition animale de l'Université de Toulouse.

L'étude était intitulée *Conceptualisation des relations* au-dessus *et* en dessous *chez un insecte*.

Dans le modèle du labyrinthe en Y, les chercheurs avaient présenté aux butineuses des dessins dont les motifs, quelles que soient leurs formes et leurs couleurs, étaient toujours situés *au-dessus* d'une ligne horizontale et d'autres dessins dont les motifs, quelles que soient leurs formes et leurs couleurs, étaient toujours situés *en dessous* d'une ligne horizontale.

Et les abeilles avaient appris à faire la différence entre *au-dessus* et *en dessous*.

Dans leur ensemble, ces travaux suggéraient que les éclaireuses et les butineuses étaient capables d'apprendre à établir des relations entre des indices en les classant dans un certain nombre de catégories abstraites, indépendamment de la nature particulière de ces indices.

Encore un an et, en mai 2012, dans une étude publiée dans les *Comptes rendus de l'Académie des Sciences des États-Unis*, Aurore Avarguès-Weber, Martin Giurfa et leurs collègues révélaient un degré supplémentaire de complexité dans les capacités mentales des butineuses.

Les chercheurs avaient enseigné aux abeilles à rechercher leur récompense quand deux motifs géométriques étaient disposés soit *l'un au-dessus de l'autre*, soit *l'un à côté de l'autre*. L'apprentissage se faisait sur des motifs en noir et blanc, puis le test était réalisé avec des motifs de couleurs, soit l'inverse.

Dans tous les cas les abeilles apprenaient à rechercher la disposition spatiale des motifs qu'elles avaient apprise (*l'un au-dessus de l'autre*, ou *l'un à côté de l'autre*), indépendamment de la forme ou de la couleur de ces motifs.

Les chercheurs se sont demandé si ce que les abeilles avaient appris, c'était simplement à reconnaître une orientation particulière du dessin – verticale, lorsque les deux motifs étaient l'un au-dessus de l'autre, ou horizontale, lorsque les deux motifs étaient côte à côte.

Pour explorer cette question, ils ont présenté à des abeilles – qui avaient appris à rechercher deux motifs disposés *l'un au-dessus de l'autre* – un dessin représentant une *barre verticale* et un dessin représentant deux motifs disposés *l'un au-dessus de l'autre*.

Et les abeilles ont choisi les deux motifs disposés *l'un au-dessus de l'autre*, et non pas la barre *verticale*.

Lorsque les chercheurs ont présenté à d'autres abeilles – qui avaient appris à rechercher deux motifs disposés verticalement *l'un au-dessus de l'autre* – un dessin représentant une *barre verticale* et un dessin représentant deux motifs disposés *l'un à côt*é *de l'autre*, les abeilles n'ont choisi aucun des deux dessins.

Pour les butineuses, ni la *barre verticale* ni les motifs placés *l'un à côté de l'autre* ne correspondaient à ce qu'elles avaient précisément appris à rechercher – deux motifs placés *l'un au-dessus de l'autre*.

Ce n'était pas la direction du segment de droite que l'on pouvait tracer entre deux motifs – quelles que soient leurs formes et leurs couleurs – que les abeilles avaient appris à rechercher, c'était bien la relation entre deux objets distincts – dont l'un était placé au-dessus de l'autre.

Mais là n'était pas la question principale que les chercheurs se posaient sur les capacités conceptuelles des abeilles.

Ce que les chercheurs voulaient savoir, dans cette étude, c'était si les abeilles étaient capables d'apprendre à manipuler *deux notions abstraites distinctes* au cours d'un même apprentissage.

Les chercheurs ont appris à des abeilles à rechercher leur récompense quand deux motifs géométriques étaient disposés soit *l'un au-dessus de l'autre*, soit *l'un à côté de l'autre*. L'apprentissage se faisait sur des motifs en noir et blanc, puis le test était réalisé avec des motifs de couleur, soit l'inverse.

Mais, durant tous les apprentissages, dans chaque dessin, les deux motifs étaient toujours *différents*. Lorsqu'ils étaient en noir et blanc, ils étaient toujours de formes différentes et, lorsqu'ils étaient en couleur, les couleurs étaient toujours différentes.

Les abeilles avaient donc été exposées, durant le même apprentissage, à *deux concepts*.

Le premier est le concept de *différence* – le dessin à rechercher contient toujours deux motifs de formes ou de couleurs *différentes*.

Et le deuxième est le concept *au-dessus de*, ou *à côté de* – le dessin à rechercher contient toujours deux motifs disposés soit *l'un au-dessus de l'autre*, soit *l'un à côté de l'autre*.

Comment les butineuses intègrent-elles ces deux concepts ?

Considérons uniquement, pour simplifier, les abeilles qui ont appris à rechercher deux motifs *différents* disposés *l'un au-dessus de l'autre*.

Lorsque les chercheurs leur présentaient un dessin avec deux motifs de forme ou de couleur *identiques,* placés *l'un au-dessus de l'autre,* et un dessin avec deux motifs de formes ou de couleurs *différentes,* placés *l'un au-dessus de l'autre,* les abeilles choisissaient celui dont les deux motifs étaient de formes ou de couleurs *différentes.*

Les butineuses avaient donc appris à associer ces deux notions abstraites.

Elles se souvenaient qu'il devait y avoir une double relation entre les deux motifs géométriques qui annonçaient la récompense – une relation spatiale, l'un devait être *au-dessus de l'autre,* et une relation de non-identité, les formes ou les couleurs des deux motifs devaient être *différentes.*

Pour confirmer ces résultats, les chercheurs ont alors réalisé une expérience complémentaire, en confrontant à un choix cornélien d'autres abeilles, qui avaient réalisé le même apprentissage.

Ils leur ont présenté un dessin dans lequel la première des deux relations entre les deux motifs était présente, mais pas la seconde – les deux motifs étaient placés *l'un au-dessus de l'autre,* mais étaient de forme ou de couleur *identiques* – et un dessin dans lequel la seconde des deux relations entre les deux motifs était présente, mais pas la première – les deux motifs étaient de formes ou de couleurs *différentes,* mais étaient placés *l'un à côté de l'autre.*

Et les abeilles n'ont pas choisi entre les deux dessins.

Aucun de ces dessins ne présentait la double relation entre les motifs géométriques dont elles avaient appris qu'elle annonçait la récompense.

L'article avait pour titre *Maîtrise simultanée de deux concepts abstraits par le cerveau miniature des abeilles.*

Six ans plus tôt, déjà, et comme en écho à l'émerveillement de Darwin pour les capacités mentales des fourmis, un essai consacré aux capacités mentales des abeilles à miel publié

en 2006 par Randolf Menzel et ses collègues dans *Cell* avait pour titre :
Petits cerveaux, esprits brillants.

La découverte de la capacité des abeilles à miel à apprendre et à mémoriser certaines lois générales, à extraire des régularités de leur environnement, à classer des objets et des événements dans des catégories abstraites, à former des concepts, pose la question passionnante de la nature des circuits nerveux qui permettent à un tout petit cerveau de réaliser de telles prouesses mentales.

Et un nombre croissant de modèles mathématiques suggère que certaines réalisations que nous appelons abstraites peuvent être effectuées par des circuits constitués par un nombre réduit de cellules nerveuses, à condition qu'il existe un nombre important de relations entre ces cellules.

Pouvoir, à partir d'un nombre relativement réduit de cellules nerveuses, réunir, combiner et ranger un grand nombre d'objets ou un grand nombre de situations différentes dans une même catégorie ou dans un même concept – en fonction de caractéristiques communes que partagent ces objets ou ces situations – a plusieurs avantages.

D'une part, cela permet de ne pas avoir à se souvenir de chaque objet nouveau ou de chaque situation nouvelle rencontrée – il suffit de se souvenir de la catégorie, ou des catégories particulières dans lesquelles on peut les ranger.

D'autre part, cela permet de répondre de manière adaptée à des objets nouveaux ou des situations nouvelles qui partagent des caractéristiques avec les objets ou situations qui ont déjà été mémorisés sous forme de catégories ou de concepts.

Et comme l'ont noté Mandyam Srinivasan, Lars Chittka et Martin Giurfa, l'émergence de ces capacités de généralisation abstraite a pu non seulement permettre aux abeilles de répondre, à mesure de leurs apprentissages, à des situations qu'elles n'ont encore jamais rencontrées – mais a pu aussi avoir pour effet de réduire le nombre de cellules nerveuses requises pour mémoriser la richesse de leurs expériences vécues.

De manière apparemment paradoxale, le développement de capacités d'abstraction, pour un animal doté d'un petit cerveau, peut avoir eu comme avantage adaptatif un accroissement considérable et une utilisation optimale de sa mémoire, *malgré* la petite taille de son cerveau.

En d'autres termes, le développement de capacités d'abstraction permet à la butineuse de *reconnaître ce qu'elle n'a encore jamais rencontré* – ou, plus exactement, *d'interpréter ce qu'elle n'a encore jamais rencontré* en fonction de caractéristiques générales que ces objets ou situations nouvelles partagent avec les objets et les situations qu'elle a déjà rencontrés.

Peut-être que ce qui nous distingue des abeilles, des pigeons et des primates non humains n'est pas tant la capacité de manier des concepts abstraits que le degré d'abstraction auquel nous pouvons parvenir. Et la multiplicité des relations abstraites que nous pouvons établir entre des éléments présents ou absents de notre environnement.

La richesse des généralisations que nous pouvons en déduire, leur plasticité, leur charge émotionnelle, le plaisir que nous tirons de leur exploration et la diversité des applications auxquelles elles nous permettent de parvenir.

Les capacités d'apprentissage, de généralisation et d'abstraction mises en évidence chez les butineuses dans des conditions d'études relativement artificielles ont certainement un rapport très étroit avec leurs apprentissages et leurs activités quotidiennes.

Que font-elles toute la journée ?

Durant leurs trajets vers leur lieu de récolte, elles mémorisent la distance parcourue depuis le nid ou la ruche, l'angle que forme la direction du lieu de récolte par rapport à la position du Soleil – et elles communiqueront ces indications à leurs sœurs.

Et, sur le lieu de ses récoltes, la butineuse apprend à associer le souvenir d'une couleur, d'une forme et d'un parfum de fleur au souvenir de la qualité de son nectar – elle mémorise les caractéristiques communes à la forme, aux couleurs, au parfum des fleurs qu'elle a appréciées et pourra les reconnaître même si ces fleurs ne sont pas strictement identiques.

Elle mémorise aussi, durant ses trajets, des repères visuels – un groupe d'arbres, l'orée d'une forêt, le sommet d'une colline, une route, une maison. Ces repères lui permettront par la suite de fractionner son trajet, au long d'une direction globale, en une succession de trajets élémentaires de directions différentes.

Et, lorsqu'elle aura mémorisé ces repères, elle sera capable d'*inventer* des raccourcis, qu'elle n'a encore jamais pris, entre deux lieux de récolte situés sur des trajets différents à partir du nid ou de la ruche.

Certains chercheurs, dont Randolf Menzel, pensent que cette capacité de découvrir des raccourcis entre deux trajets connus révèle une capacité d'abstraction supplémentaire.

Une capacité à élaborer des *cartes mentales* des paysages qu'elles ont parcourus – des *cartes mentales* semblables à celles qui s'élaborent en permanence dans notre hippocampe et s'inscrivent dans notre mémoire à mesure que nous parcourons de nouveaux environnements.

Des modélisations mathématiques réalisées par d'autres chercheurs suggèrent qu'il n'est pas nécessaire d'élaborer des cartes mentales pour découvrir des raccourcis, et que les autres capacités déjà décrites chez les abeilles – mémoriser la distance, déduire la direction globale, mémoriser les repères visuels et, à partir de ces repères, mémoriser la direction des trajets locaux – leur suffisent, théoriquement, pour découvrir des raccourcis.

Et les capacités d'abstraction de la butineuse lui permettront de se souvenir – parmi toutes les collines, tous les groupes d'arbres et toutes les routes qu'elle rencontrera sur son trajet – que le champ de fleurs qu'elle recherche est situé *en dessous* du sommet de la *deuxième* colline qu'elle rencontrera durant son vol, *à côté* d'un groupe d'arbres qui est *différent* des groupes d'arbres qui le précèdent et au bord d'une route qui est *identique* aux *trois* routes précédentes qu'elle aura croisées au long de son trajet.

En d'autres termes, apprendre à distinguer *au-dessus, en dessous, côte à côte, semblable ou différent, symétrique ou asymétrique,* peut à la fois être considéré comme une succession d'opérations abstraites et comme une succession d'opérations élémentaires quotidienne essentielle dans la vie des abeilles butineuses.

Cette capacité à déduire des règles générales abstraites, à partir d'activités quotidiennes vitales, est-elle partagée par la plupart des espèces animales ?

C'est une question qui commence seulement à être abordée.

Et dans quelle mesure cette capacité d'abstraction opère-t-elle de manière consciente ou demeure-t-elle inconsciente ? Nous n'en savons rien.

APPRENDRE

Si cela était confirmé, cela constituerait, je pense,
un cas très instructif d'acquisition de connaissances
chez des insectes.

Charles Darwin, *Bourdons.*

Nous avons de grandes difficultés – lorsque nous découvrons
chez des animaux un comportement semblable à ceux qui
étaient jusque-là considérés comme exclusivement humains,
comme un *propre de l'homme* – à penser ensemble la res-
semblance et les éventuelles différences entre leurs capacités
mentales et les nôtres.

Une grande difficulté à penser ensemble la continuité et les
seuils qui, à l'échelle de l'évolution du vivant, peuvent faire
naître des discontinuités.

Depuis sa découverte par Karl von Frisch, la *Tanzsprache* –
le *langage de la danse, le langage par la danse* – la *danse frétillante* des abeilles à miel a été le plus souvent décrite comme
un *langage symbolique.*

Et, ce qui est le plus remarquable, écrivait en 2010 Thomas
Seeley dans son beau livre, *La démocratie des abeilles à miel,
c'est que les abeilles qui suivent la danseuse dans la ruche sont
capables de déchiffrer et de décoder sa danse et de transformer
ces informations en actes.*

Un mode de communication symbolique, abstrait, que
les butineuses seraient capables de *déchiffrer* et de *décoder*

comme nous *décodons* le sens des mots à mesure que nous écoutons une personne parler ou que nous lisons un texte.

Mais nous oublions le plus souvent de prendre en compte une autre forme de langage, un autre mode de communication ancestral que nous apprenons dès notre naissance et que nous partageons avec d'innombrables autres animaux.

Cette capacité que nous avons de lire et de déchiffrer inconsciemment, de vivre en nous, de ressentir et de nous approprier ce qu'il y a de plus incommunicable en chacun de ceux qui nous entourent – leurs émotions, leurs intentions, leur état d'esprit qu'expriment leur visage, leurs gestes, leur posture ou le ton de leur voix – indépendamment de toute parole.

L'empathie.

Savoir, même sans y penser, qu'un visage qui sourit exprime la joie ou le plaisir.

Et qu'un sanglot exprime la souffrance ou la douleur.

Ce mode de communication ancestral et conservé au long de l'évolution des animaux, auquel Darwin avait consacré un livre – *L'expression des émotions chez l'homme et les animaux* – et qui était, pour lui, le fondement de la vie sociale et du souci de l'autre.

Certains chercheurs, dont Lars Chittka, ont proposé que la *danse frétillante* pourrait être un mode de communication de ce type.

Les abeilles perçoivent, dans l'obscurité, la pesanteur, qui indique le haut et le bas – la direction verticale.

Une butineuse qui suit une danseuse dans l'obscurité de la ruche vivrait, mimerait en elle et s'approprierait, en la ressentant, la direction de la *montée frétillante* de la danseuse par rapport à la verticale – l'angle formé par la montée et par la verticale –, qui correspondra, une fois qu'elle sera sortie à l'extérieur, à l'angle formé par la direction actuelle du Soleil dans le ciel et la direction du lieu de la récolte.

Et l'abeille, en suivant la danseuse, inscrirait cet angle dans sa petite boussole mentale.

L'abeille s'approprierait aussi, en les ressentant, tous les *frétillements* exécutés par la danseuse qu'elle est en train de suivre au long de sa *montée frétillante* – ce nombre de *frétillements* qui exprime la somme des variations contrastées du paysage que la danseuse a survolé et qui traduit, dans son *odomètre*, la distance qui sépare le nid ou la ruche du lieu de récolte.

De même que, à la vue d'un sourire, nous ébauchons inconsciemment en nous un sourire et commençons à ressentir la joie ou le plaisir qu'il produit en nous, il est possible que la petite abeille vive les *frétillements* de la danseuse sous la forme d'un défilement imaginaire d'images contrastées devant ses yeux.

Et qu'elle l'inscrive en elle, dans son *odomètre*.

Si tel est bien le cas, le *déchiffrage* et le *décodage* du *langage symbolique* de la danse pourraient correspondre à une forme d'empathie qui permettrait à la petite butineuse d'apprendre, de manière inconsciente, en mimant dans son esprit et dans son corps ce que ressent et exprime la danseuse.

Apprendre.

Il y a tant de façon de communiquer et d'apprendre, à partir des autres, en ressentant, en s'appropriant et en partageant ce qu'ils expriment volontairement ou involontairement, consciemment ou, le plus souvent, inconsciemment.

Apprendre à partir des autres est une seconde nature chez les êtres humains, et nous le faisons plus spontanément et plus précisément qu'aucun animal, dit l'éthologue et primatologue

Frans de Waal dans *Le singe et le maître de sushis [Quand les singes prennent le thé]*.

L'observation d'un modèle adroit et expérimenté implante dans l'esprit des séquences d'actions qui pourront être exécutées, parfois beaucoup plus tard, par l'observateur, quand il s'agira de réaliser les mêmes gestes.

Observer les autres est l'une des activités favorites des jeunes primates.

Imaginez que le proverbe « il faut tout un village pour élever un enfant » s'applique aussi aux babouins, aux éléphants, et aux dauphins :

alors émerge une notion entièrement différente de la vie sociale des animaux.

Et il est d'autres formes d'apprentissage, encore, qui ne nécessitent pas *d'observer les autres.*

On pense habituellement qu'un apprentissage social résulte obligatoirement d'une imitation, d'une appropriation, par la copie, du comportement d'un autre.

Pourtant, un comportement nouveau peut aussi être appris et transmis socialement sans qu'il soit nécessaire d'avoir vu un autre l'accomplir.

Il suffit d'être capable de déduire ce comportement à partir de l'observation des effets, des changements qu'il a provoqués dans l'environnement.

Et, à partir de cette observation, l'élève réalisera les mêmes gestes qu'un autre, sans avoir vu l'autre les réaliser.

L'une des études les plus célèbres qui ait posé la question de l'existence possible de cette forme particulière d'apprentissage social dans le monde animal a été publiée il y a plus d'un demi-siècle, en 1949, par James Fisher et Robert Hinde dans la revue *British Birds*.

J'en ai parlé, déjà, dans le livre *Sur les épaules de Darwin. Les battements du temps.*

Fisher et Hinde s'intéressaient à un phénomène qui avait été observé à travers toute la Grande-Bretagne, un phénomène nouveau, spectaculaire, et considéré par beaucoup comme très gênant.

À partir des années 1920, le lait commence à être vendu dans des bouteilles scellées par des capsules en carton ou en métal et, chaque matin, au lever du jour, les bouteilles de lait sont distribuées par le laitier devant la porte des maisons de tous les habitants qui se sont abonnés à ce mode de livraison du lait frais.

Mais de plus en plus souvent, quand les personnes se lèvent pour aller prendre leur bouteille de lait devant leur porte, elles s'aperçoivent que les capsules sont déchirées, que le lait est déjà entamé et qu'en particulier la couche de crème à la surface a disparu, cette couche de crème utilisée par beaucoup d'entre elles pour ajouter à leur thé le très fameux *nuage de lait.*

Des voleurs furent pris sur le fait.

La première trace écrite d'une identification de ces voleurs du petit matin date de 1921, dans le village de Swaythling, sur les collines qui surplombent la mer près du port de Southampton, au sud de l'Angleterre.

Les voleurs de lait avaient un masque noir sur les yeux.

Les voleurs étaient des oiseaux, des mésanges, des *mésanges charbonnières* et des *mésanges bleues*, ces mésanges multico-lores avec leur couvre-chef et leurs ailes bleus, leur plastron de plumes jaunes, leur face blanche et ce masque noir sur les yeux.

En une vingtaine d'années le vol de lait au petit matin s'est propagé à travers toute l'Angleterre et dans une grande partie du Pays de Galles, de l'Écosse et de l'Irlande. Et, en mars 1950, la revue *Nature* rend compte de la publication de Fisher et Hinde et résume les différentes techniques de vol qu'ils ont décrites dans leur étude.

L'article est intitulé *L'ouverture des bouteilles de lait par des oiseaux* :

Les méthodes utilisées par les mésanges pour ouvrir les bouteilles varient.

Habituellement l'oiseau fait d'abord plusieurs trous dans la capsule en la martelant de coups de bec puis retire le reste de la capsule de métal par fines lamelles. Parfois il retire toute la capsule et parfois il ne fait qu'un petit trou.

Les registres indiquent qu'un même individu peut utiliser plus d'une méthode.

Les bouteilles contenant du lait de différentes teneurs en gras sont distinguées par des capsules de couleur différentes.

Pas moins de dix-huit personnes à qui étaient livrés différents types de lait ont rapporté que les mésanges n'attaquaient que les bouteilles portant une certaine couleur de capsule.

Et des observations ultérieures confirmeront que c'est bien la crème que recherchent les mésanges – elles ont une nette prédilection pour les bouteilles dont les capsules signalent la présence de lait non écrémé.

La propagation de ce comportement des mésanges à travers tout le pays soulève des questions intéressantes conclut l'article.

Dans quelle mesure les oiseaux ont-ils appris ce comportement les uns des autres ? Et dans quelle mesure l'ont-ils inventé de manière individuelle ?

Et si la plupart l'ont appris à partir des autres, de quelle manière l'ont-ils appris ?

Les mésanges sont des oiseaux qui ne migrent pas à l'automne mais demeurent tout l'hiver sur leur territoire. Et leur rayon de déplacements n'excède pas une dizaine de kilomètres.

Et pour ces raisons Fisher et Hinde proposent que la progression et l'étendue de ce phénomène en Grande-Bretagne a pu procéder en deux étapes distinctes.

D'une part, à plusieurs dizaines d'endroits différents, à différents moments, la découverte d'une nouvelle technique d'effraction par quelques inventeurs ou aventuriers qui ont réalisé, indépendamment les uns des autres, que déchirer la capsule avec leur bec leur donnait accès à un trésor caché.

Et, d'autre part, la transmission sociale rapide, de proche en proche, de ce comportement à travers les populations locales de mésanges, sur chacun de leurs territoires, puis, progressivement, d'un territoire à un autre.

En 1952, trois ans après leur première publication, Fisher et Hinde publient une étude complémentaire indiquant que l'invention de ces comportements et leur transmission à travers les populations ne sont pas dues à un talent particulier des mésanges de Grande-Bretagne – le même phénomène existe aussi en Suède, au Danemark et en Hollande.

Fischer et Hinde émettront l'hypothèse que la transmission sociale de ce comportement chez les mésanges résulte d'une observation et d'une imitation d'un voleur en train d'ouvrir une bouteille et de boire la crème. Mais ils n'excluront pas la possibilité que ce comportement ait pu se transmettre par la simple découverte, par des mésanges encore naïves, de bouteilles ouvertes par des voleurs qui s'étaient déjà envolés.

Découvrir la trace de l'effraction, puis découvrir que, sous la capsule déchirée, il y a un trésor, permettrait de réaliser qu'il suffit de déchirer la capsule pour découvrir soi-même, dans chaque bouteille de lait fermée, le même trésor.

Ce mode de transmission d'un comportement, fondé sur une forme de déduction, a de fortes probabilités de se répandre plus rapidement que la transmission fondée sur l'observation et l'imitation. En effet, les bouteilles déjà ouvertes par un voleur sont relativement nombreuses, et donc la probabilité est grande, pour une mésange, d'en découvrir au petit matin. En revanche, la probabilité de voir le voleur à l'instant où il accomplit son forfait est beaucoup plus faible.

Mais les mésanges sont-elles capables d'apprendre à ouvrir les bouteilles de lait par simple déduction, en découvrant des bouteilles ouvertes par d'autres mésanges ?

L'étude de Fischer et Hinde ne permettait pas de répondre, et les deux chercheurs concluront en disant que la réponse à cette question ne pourrait être obtenue que *par la réalisation d'expériences minutieusement contrôlées.*

Trente-cinq ans s'écouleront.

Et, en 1984, la réponse apparaît, dans une étude publiée par deux chercheurs canadiens, David Sherry et Bennett Galef. Le titre de l'article est *Un exemple de transmission culturelle en l'absence d'imitation : l'ouverture des bouteilles de lait par des oiseaux.*

Sherry et Galef ont soigneusement exploré le mécanisme de transmission du comportement d'ouverture des bouteilles de lait chez de petites mésanges d'Amérique du Nord qu'ils avaient capturées à l'âge adulte, des *mésanges à tête noire.*
Ils ont observé que, lorsqu'ils mettent les *mésanges à tête noire* en présence d'une bouteille de lait fermée par une capsule, un quart d'entre elles ouvrent spontanément la bouteille.
Ces oiseaux sont-ils des inventeurs, des explorateurs ?
Ou ce savoir leur aurait-il été transmis par d'autres oiseaux, avant leur capture ?

L'étude ne permet pas de le dire.

Mais les deux chercheurs continueront l'expérience avec les trois quarts des mésanges qui n'essaient pas d'ouvrir les capsules lorsqu'elles sont mises en présence de bouteilles de lait. Et ils constateront que les mésanges peuvent apprendre rapidement à déchirer les capsules et à voler le lait, soit lorsqu'on leur donne la possibilité d'observer un voleur en train de voler soit, tout simplement, lorsqu'on les met en présence d'une bouteille déjà ouverte par un voleur.

Et ces deux modalités d'apprentissage sont aussi rapides et aussi efficaces l'une que l'autre.

Ainsi, l'étude du comportement des mésanges à tête noire indique que *l'observation d'un modèle adroit et expérimenté* n'est pas le seul mode d'apprentissage social qui opère chez les oiseaux.

Ce qu'indique l'étude de David Sherry et de Bennett Galef, c'est la diversité et la rapidité des modes d'apprentissage et de transmission d'un comportement nouveau une fois qu'il a été inventé par au moins un oiseau.

Étant donné la relative rareté de l'invention, un apprentissage résultant de la découverte d'une bouteille déjà ouverte par un autre, et de la déduction du comportement qui a permis d'accomplir ce forfait se répandra beaucoup plus vite qu'un apprentissage uniquement fondé sur la découverte et l'observation d'un voleur en train d'ouvrir la bouteille.

Apprendre, innover, transmettre.
Répondre à la nouveauté, et la faire sienne.
Et inscrire et conserver en soi ce souvenir.

En 2008, Ellouise Leadbeater et Lars Chittka publient dans *Les Comptes Rendus de la Société Royale de Grande-Bretagne* une étude indiquant que des abeilles sont capables d'exploits semblables à ceux des mésanges.

L'étude ne concernait pas *Apis mellifera* – les abeilles à miel – mais l'une de leurs cousines, ces autres grandes pollinisatrices, à la vie sociale plus rudimentaire – les *abeilles Bombus terrestris,* qu'on appelle les *bourdons.*

Il ne s'agissait pas d'apprendre à déchirer la capsule d'une bouteille de lait pour en dérober la crème, mais d'apprendre à faire un trou à la base de la corolle d'une fleur et de la vider rapidement de tout son nectar.

Les bourdons, comme les abeilles à miel, récoltent le nectar en s'aventurant à l'intérieur des corolles des fleurs. Ils accèdent à une partie du nectar qui est sécrété à la base des corolles et, en se frottant durant leur parcours aux étamines, ils se couvrent de pollen.

Les bourdons, comme les abeilles à miel, passent durant leur récolte d'une fleur à une autre – leur *constance florale* les poussant à visiter pendant une période les fleurs d'une même espèce de plantes qu'ils apprécient. Et ils déposent ainsi dans les corolles le pollen qui les recouvre, fécondant les fleurs avec le pollen produit par une fleur voisine appartenant à la même espèce et favorisant ainsi la propagation de ces fleurs.

Mais certains bourdons ont appris à prélever rapidement une grande quantité de nectar dans les fleurs sans entrer dans leur corolle.

Ils mordent, de l'extérieur, la base de la corolle, y font un petit trou.

Et ils peuvent dérober ainsi le nectar sans même avoir été en contact avec les étamines, et donc sans s'être couverts de pollen et sans y avoir déposé de pollen.

Pour le bourdon, le bénéfice est double – il a accès à une plus grande quantité de nectar que lorsqu'il butine, et il l'a prélevée plus rapidement.

Pour la fleur la perte est double – le voleur n'a ni déposé ni emporté de pollen, et le trou pourra être utilisé par d'autres bourdons qui n'auront pas à la butiner pour obtenir le nectar. La fleur sera privée de futurs pollinisateurs.

L'étude publiée par Leadbeater et Chittka explorait deux questions.

Ce comportement de vol du nectar par les bourdons fait-il l'objet d'un apprentissage ?

Et, si tel est le cas, s'agit-il d'un apprentissage par observation et imitation d'un voleur ?

Ou s'agit-il d'un apprentissage qui ne nécessite pas la présence du voleur, mais uniquement la constatation des effets du vol, de sa trace – la présence d'un trou à la base de la corolle que visite l'élève ?

Les chercheurs ont découvert que le vol de nectar par les bourdons résulte bien d'un apprentissage.

Et cet apprentissage peut avoir simplement pour origine l'observation d'un trou fait à la base de la corolle d'une fleur par un autre bourdon.

À partir du moment où il découvre la présence de ce trou et où il l'utilise pour dérober le nectar de la fleur, le bourdon aura compris l'intérêt de faire lui-même un trou à la base d'autres fleurs.

Le fait d'avoir constaté l'œuvre d'un voleur aura fait de lui un voleur.

L'étude montre qu'il s'agit d'un apprentissage de l'endroit précis où il faut mordre pour voler le nectar

En effet, les bourdons ont tendance, spontanément, à mordiller au hasard les pétales des fleurs qu'ils visitent.

Mais la découverte d'un trou à la base d'une corolle leur apprend à diriger sélectivement leur morsure à cet endroit et à se servir largement de nectar.

De même que l'apprentissage par les mésanges de l'effraction des bouteilles de lait et du vol de la crème, l'apprentissage par les bourdons de l'effraction de la base des fleurs et du vol de nectar peut se propager à travers l'espace et le temps.

En effet, de jeunes bourdons qui viennent seulement de commencer leur activité de butinage peuvent réaliser leur apprentissage à partir des traces laissées par des bourdons plus âgés et plus expérimentés, qui viennent d'autres colonies que celle à laquelle appartient le jeune apprenti voleur.

Et les abeilles à miel peuvent aussi apprendre des bourdons.

Près de cent soixante-dix ans avant l'étude publiée par Leadbeater et Chittka.

En 1841.

Darwin a trente-deux ans.

Cela fait près de trois ans qu'il a formulé sa théorie de l'évolution du vivant dans ses carnets secrets qu'il a intitulés *Zoonomia – Les lois de la vie* – sa théorie qu'il taira pendant encore dix-huit ans.

Il a épousé sa cousine Emma.

Ils viennent de s'installer dans le petit village de Down, au milieu de la campagne du Kent, où ils vivront toute leur existence.

Cela fait deux ans qu'il a publié le récit de son long voyage autour du monde sur le *Beagle* et que le livre l'a rendu célèbre.

Il s'intéresse aux bourdons qui visitent les fleurs dans la campagne anglaise.

Le 21 août 1841, une revue grand public, *The Gardener's Chronicle [La Chronique du jardinier]*, publie une communication que Darwin lui a envoyée.

Elle est simplement intitulée *Bourdons*.

L'article débute ainsi :

Certains de vos lecteurs aimeraient peut-être prendre connaissance de quelques détails particuliers concernant les bourdons qui percent des trous dans les fleurs et en extraient ainsi le nectar.

Les trous sont si petits, dit-il, *qu'ils peuvent aisément passer inaperçus.*

Je ne les ai remarqués qu'au bout d'une semaine, à cause de la couleur brunie de leurs bords, qui était due au fait qu'ils avaient été percés plusieurs jours auparavant...

Il décrit longuement ses observations sur le comportement des bourdons, notant, comme à son habitude, ce qui l'intéresse particulièrement, c'est-à-dire l'existence de variations dans ces comportements.

On est tenté d'imaginer, dit-il, *que, dans les parterres de fleurs où de très nombreux bourdons sont en compétition les uns avec les autres pour obtenir du nectar, certains commencent à creuser des trous, et que les autres copient cet exemple.*

Des abeilles à miel, ajoute-t-il, pourraient bénéficier des trous faits par les bourdons et, en les utilisant, apprendre à en faire elles-mêmes.

Et je pense que les quelques abeilles à miel qui étaient présentes étaient en train de profiter de l'expertise et de l'exemple des bourdons.

Si cela était confirmé, cela constituerait, je pense, un cas très instructif d'acquisition de connaissances chez des insectes.

Puis le jeune Darwin commence la démarche de comparaison des capacités mentales entre différentes espèces animales qu'il va développer trente ans plus tard, sous une forme beaucoup plus exhaustive et systématique dans *La généalogie de l'homme*.

Nous serions surpris, dit-il, *si des singes appartenant à une espèce donnée adoptaient, à partir de singes appartenant à autre espèce, une méthode particulière d'ouverture d'un fruit protégé par une coque.*

Et nous devons donc être plus surpris encore de découvrir ce type de phénomène chez des insectes.

Ce que suggèrent les observations de Darwin sur les bourdons et les abeilles à miel et les études beaucoup plus récentes réalisées chez les bourdons et les mésanges, c'est que la capacité de s'approprier des comportements nouveaux découverts par d'autres – en les déduisant des traces qu'ont laissées dans l'environnement ces comportements nouveaux – est un talent répandu dans le monde animal.

Apprendre à répondre à la nouveauté et la faire sienne.

S'engager dans l'inconnu et le rendre familier.

Durant leur brève existence, chaque nouvel apprentissage qui transforme les abeilles à miel fait aussi d'elles les agents des apprentissages et des transformations de leurs sœurs.

Les abeilles à miel apprennent – à partir de leur propre expérience et à partir des expériences de leurs sœurs – à choisir la nourriture de la collectivité en fonction de sa qualité et des dangers qu'il peut y avoir à la rechercher à un endroit donné.

Apprendre à choisir la nourriture à partir de sa propre expérience et à partir de l'expérience des autres est une capacité qui a été mise en évidence et étudiée chez de nombreux oiseaux, de nombreux mammifères, et les primates non humains.

Et, chez ces animaux, l'apprentissage ne se limite pas à associer les souvenirs des lieux de récolte à ceux des couleurs, des parfums et de la qualité des mets, des moments propices de la journée et de la présence éventuelle de prédateurs.

L'apprentissage concerne aussi le souvenir de la toxicité éventuelle d'une nourriture qui semble, par ailleurs, d'excellente qualité.

Est-ce que les abeilles sont capables d'un tel apprentissage ?

Est-ce que les abeilles sont capables d'apprendre à distinguer un nectar dépourvu de substances toxiques d'un nectar de même qualité, mais qui contient des toxines ?

C'est cette question qu'a explorée une étude publiée à la fin de l'année 2010 dans *Current Biology*.

L'étude avait été réalisée par un groupe international réunissant des chercheurs de Grande-Bretagne, de France et des États-Unis.

Il y a des toxines dont les butineuses peuvent détecter la présence à leur goût – un goût dont la nocivité est probablement perçue de manière innée, instinctive, indépendamment de tout apprentissage.

Lorsqu'une telle toxine est présente dans du nectar, la butineuse n'ingère pas le nectar qu'elle vient de goûter et ne le rapporte pas au nid ou à la ruche.

La butineuse apprend à associer le souvenir du parfum particulier de la fleur à la présence de la toxine dont elle a détecté le goût.

Et, une fois qu'elle a mémorisé ce parfum, elle évitera à l'avenir de prélever le nectar qui y est associé – que le nectar contienne ou non la toxine.

Mais il y a des toxines que la butineuse ne peut détecter à leur goût.

Dans ce cas, elle ingère le nectar dans son jabot pour le rapporter au domicile.

Et elle est prise de malaise.

Alors, la butineuse inscrit en elle le souvenir du parfum particulier de la fleur qui l'a rendue malade et, une fois qu'elle aura mémorisé ce parfum, elle évitera à l'avenir de prélever le nectar qui lui est associé – que le nectar contienne ou non la toxine.

Ce que la butineuse a appris, c'est une association entre un parfum et le malaise qu'elle a ressenti après l'ingestion du nectar.

Elle a appris que le nectar de cette fleur, au goût habituel de nectar, l'a rendue malade.

L'étude indique que ces deux apprentissages – se souvenir du parfum associé au nectar qui a un goût de toxine et se souvenir du parfum associé au nectar dont le goût est habituel mais qui lui a provoqué un malaise – impliquent la mise en jeu de deux circuits nerveux différents.

Et les molécules – les neuromédiateurs – libérées par les cellules nerveuses qui constituent ces circuits nerveux ne sont pas les mêmes.

C'est la dopamine qui interviendrait dans l'apprentissage lié au goût de toxine, et c'est la sérotonine qui interviendrait dans l'apprentissage lié au malaise après ingestion.

Et ainsi, la butineuse apprend à choisir les fleurs qu'elle visite, non seulement en fonction de la qualité de leur nectar et de son goût, mais aussi en fonction de l'expérience individuelle qu'elle a faite des effets sur sa sensation de bien-être – sur sa santé – du nectar qu'elle a ingéré.

Bien que l'étude n'aborde pas cette question, on peut supposer que la butineuse ne fera pas de la réclame auprès de ses sœurs pour ce nectar qui l'a rendue malade et qu'elle a appris à éviter.

On peut supposer qu'elle n'exécutera pas de danse pour recruter ses sœurs sur le lieu de récolte, et que la collectivité tout entière bénéficiera de cet apprentissage individuel.

La butineuse interrompra-t-elle la danse d'une autre butineuse qui porterait sur elle le même parfum que celui de la fleur qui l'a rendue malade en lui donnant de petits coups de tête, le *signal stop, n'y allez pas,* comme elle le fait pour signaler la présence d'un prédateur ?

C'est probable, mais aucune étude n'a encore à ce jour, à ma connaissance, exploré cette possibilité.

Mais il y a une autre question qui a été abordée.

Elle concerne une autre dimension de la vie mentale des abeilles à miel.

Cette question peut apparaître surprenante.

Comment les abeilles à miel ressentent-elle les expériences agréables et désagréables qu'elles vivent ?

Pourraient-elles les vivre sous la forme d'émotions – un plaisir, une peur, une satisfaction, une frustration, un mal-être, une douleur ?

LE MONDE DES ÉMOTIONS

> Rien ne devient jamais réel tant qu'on
> ne l'a pas ressenti.
>
> John Keats, *Letters.*

Apprendre, innover, transmettre.

Répondre à la nouveauté, et la faire sienne.

Et vibrer au rythme des émotions qu'impriment en nous ces expériences nouvelles.

Ressentir les émotions qui nous animent, et qui rendent si vive notre sensation d'exister.

À la fin du XIXᵉ siècle, en 1890, dans un livre intitulé *Les Principes de psychologie*, le philosophe, médecin et psychologue William James, le frère de l'écrivain Henry James, propose que nos émotions sont des états mentaux qui nous permettent de ressentir, de vivre consciemment, certains états de notre corps.

Cent vingt-trois ans plus tard, en 2013, dans un article publié dans *Nature Reviews Neuroscience*, les chercheurs Antonio Damasio et Gil Carvalho reprennent et développent cette idée à la lumière des avancées récentes en neurosciences et des recherches sur l'évolution du vivant.

Nos émotions et nos états affectifs, disent-ils, sont les premières manifestations de vie mentale qui apparaissent dans notre conscience, sous la forme d'une représentation des besoins et de l'état de fonctionnement de notre corps en train de se construire, aux tout premiers temps de notre existence.

Mais la question de savoir de quelle manière les capacités mentales se sont développées à l'origine dans les organismes les plus simples est une interrogation aussi vaine que de se demander comment la vie elle-même est apparue à l'origine, écrivait Darwin dans *La Généalogie de l'homme.*

Ce sont là des problèmes pour un futur lointain, si tant est qu'ils soient jamais résolus par l'homme.

Et à cette question Damasio et Carvalho proposeront la même réponse que celle qu'avait proposée Darwin dans le livre qu'il a publié un an après *La généalogie de l'homme, L'expression des émotions chez l'homme et les animaux,* la même réponse que proposeront un siècle plus tard le chercheur en neurosciences Jack Panksepp et le primatologue Frans de Waal : c'est sous la forme d'émotions que la conscience aurait tout d'abord émergé dans le monde animal.

Ressentir, vivre mentalement certains états de son corps, serait la première manifestation de la conscience dans le monde vivant.

Et Darwin considérait que ce qu'il y avait de plus commun sur le plan mental entre nous et la plupart des animaux était la capacité de ressentir, d'exprimer et de partager des émotions.

La faim, la soif, la douleur, le mal-être, la peur, la colère, disent Damasio et Carvalho, de même que le plaisir et le bien-être, sont des expériences mentales qui traduisent des états particuliers, présents ou à venir, du fonctionnement de notre corps.

Des expériences subjectives qui nous permettent de faire une expérience consciente de certains états de notre corps.

Et le fait que ces états de notre corps parviennent à notre conscience augmente considérablement notre capacité à y répondre – notre capacité d'adaptation aux changements permanents qui surviennent en nous et autour de nous.

Nos émotions, nos états affectifs, nous parlent de *nous* dans un langage d'avant les mots.

Un langage intime, qui n'est pleinement accessible qu'à *nous-mêmes* – que nous pouvons communiquer à d'autres, mais indirectement et incomplètement, par l'intermédiaire de nos gestes, des expressions de notre visage, par notre regard, notre voix, et par nos paroles, une fois que nous avons appris à parler.

Ces états émotionnels que nous ressentons profondément ont le plus souvent pour nous une signification évidente – soit positive, une sensation de bien-être, de plaisir, de joie, soit négative, une sensation de mal-être, de souffrance ou de peur.

Nous cherchons habituellement à revivre ces états affectifs positifs, et nous cherchons à éviter de revivre ces états affectifs négatifs.

Les premiers ont sur nous un effet attractif, comme des aimants.

Les seconds ont un effet répulsif.

Et ainsi, nos émotions ne sont pas uniquement des expériences subjectives conscientes de notre état actuel, mais aussi des projections dans le futur, des préfigurations, en nous, d'un état à venir que nous souhaitons atteindre ou que nous voulons au contraire éviter.

Et ces fictions que nous ressentons, ces expériences mentales dont nous faisons l'expérience consciente, se traduisent à leur tour par une modification de l'état de fonctionnement de notre corps.

Nos émotions, et nos états affectifs qui leur sont liés, sont l'une des manifestations les plus profondes du lien intime et indissociable qui unit ce que nous appelons notre corps et ce que nous appelons notre esprit.

Et si nous abandonnons toute vision dualiste qui tend à séparer le corps de l'esprit – si nous abandonnons ce qu'Antonio Damasio a appelé *l'erreur de Descartes* – et que nous adoptons la vision de Baruch Spinoza pour qui *le corps et l'esprit sont une même chose, vue sous deux angles différents*, alors nos émotions peuvent être considérées à la fois comme des manifestations de notre corps et comme des manifestations de notre esprit.

Et c'est ce que dit de la douleur le neurologue, chercheur en neurosciences et psychanalyste, Nicolas Danziger dans son beau livre *Vivre sans la douleur ?*

Nécessaire et insensée, protectrice et cruelle, tragiquement actuelle et cependant profondément ancrée dans le passé de la personne et de l'évolution, la douleur se révèle, dans sa violence et son mystère, comme la marque même du vivant.

Elle ne traduit pas littéralement l'état du corps, elle se reconstruit, elle est interprétation.

Seule une expérience centrée sur l'intime des personnes qui la ressentent peut l'éclairer.

La perception douloureuse n'existe pas en dehors de celui qui l'éprouve.

Émotion – littéralement *ce qui nous meut*.

Le désir, qui nous permet de ressentir à l'avance les états affectifs que nous espérons vivre ou revivre.

Et la peur, qui nous permet de ressentir à l'avance les états affectifs que nous ne voulons pas vivre ou revivre.

Et ainsi, nous vivons dans le moment présent, à la fois dans notre corps et dans notre esprit, des préfigurations d'expériences futures que nos souvenirs nous permettent de nous représenter, mais qui sont encore des fictions au moment où nous les vivons.

Le désir et la peur sont des états de notre corps et de notre esprit qui sont en chemin, en voyage, entre le *déjà plus* et l'*encore à venir*, entre notre passé et l'un de nos futurs possibles, entre nos souvenirs et notre anticipation de l'avenir.

Nous remarquons très vite, dès notre petite enfance, dit le psychanalyste et écrivain Adam Phillips, *et c'est peut-être même la première chose que nous remarquons, que nos besoins sont toujours potentiellement susceptibles de rester sans réponse.*

Nous voulons soudain, bébé, que notre mère nous donne la tétée, nous pleurons, nous appelons, mais il arrive qu'elle tarde.

Et parce que l'ombre de cette possibilité de ne pas obtenir ce que nous voulons est toujours présente, nous apprenons à prendre de la distance par rapport à nos besoins, c'est-à-dire que nous apprenons à appeler nos besoins *des* souhaits.

Et nous apprenons ainsi à vivre dans un lieu indéterminé qui est situé quelque part entre la vie que nous vivons et les vies que nous aimerions vivre, et nos vies deviennent ces doubles vies que nous ne pouvons nous empêcher de vivre.

C'est le dernier livre d'Adam Phillips, *Missing out. In praise of unlived life [Ce qui manque. Une célébration de la vie non vécue]*, qui a été traduit en français sous le titre *La meilleure des vies*.

Il y a toujours, dit Adam Phillips,

ce qui deviendra la vie que nous menons, et la vie qui l'accompagne, la vie parallèle, qui n'est en fait jamais advenue, mais que nous vivons dans notre esprit.

Nous ne pouvons imaginer nos vies sans les vies non vécues qu'elles contiennent.

Et ainsi, nos vies sont aussi définies par une perte, mais par la perte de ce qui aurait pu avoir lieu – la perte, en d'autres termes, de ce dont nous n'avons jamais fait l'expérience.

Nos désirs et nos craintes, notre projection émotionnelle et affective dans le futur à partir de nos expériences passées, dit Adam Phillips, dessinent en nous en permanence des vies que nous n'avons pas réellement vécues mais que nous avons ressenties, dont nous avons mentalement fait l'expérience.

Ces sensations qui nous sont si intimes et qui donnent sens à notre vie, pourraient-elles être partagées, pour partie au moins, par les petites abeilles ?

Nous avons vu que chez les abeilles qui ont entamé une carrière de butineuses une minorité, parmi les plus âgées et les plus expérimentées, se transformera en éclaireuses.

L'éclaireuse devient une exploratrice, parcourant en permanence les environs du nid ou de la ruche sur de grandes distances, à la recherche de nouveaux lieux de récolte.

Et, une fois par an, à la fin du printemps ou au début de l'été, quand l'essaim quittera le nid ou la ruche, ce sont les éclaireuses qui partiront à la recherche d'un nouveau domicile et qui voteront pour choisir celui qui semble avoir les meilleures qualités.

J'ai déjà mentionné cette étude publiée en 2012 dans *Science*, qui révélait que ces comportements de recherche permanente de nouveauté étaient non seulement liés à une différence d'âge et d'expérience, mais aussi à des différences dans la façon dont les cellules du cerveau utilisent une partie de leurs gènes.

Et, parmi les molécules, parmi les neuromédiateurs fabriqués à partir de ces gènes, figure la dopamine qui participe, dans le cerveau des mammifères et dans notre cerveau, à des circuits cérébraux impliqués dans la recherche de nouveauté, la curiosité et la sensation de satisfaction – ce que les neurobiologistes appellent *les circuits de récompense et de frustration.*

Recherche de nouveauté, satisfaction, récompense, frustration – les abeilles ressentent-elles ces émotions ?

Nous avions laissé cette question en suspens.

Mais une étude publiée il y a deux ans, durant l'été 2011, dans *Current Biology,* suggère que ce n'est pas impossible.

Comment tenter de détecter l'existence d'émotions chez des animaux si différents de nous ?

Depuis une dizaine d'années des éthologues ont développé plusieurs approches pour tenter d'évaluer les émotions chez des animaux qui nous sont proches – des primates non humains, d'autres mammifères – et chez certains de nos cousins plus éloignés, les oiseaux.

Ces approches sont fondées sur une application à ces animaux des résultats d'études qui ont mis en évidence, chez nous, un phénomène lié aux effets de nos états émotionnels sur nos décisions, nos choix.

Un phénomène qui a été appelé un *biais cognitif.*

La plupart de nos décisions et de nos choix sont orientés, *biaisés,* par nos états émotionnels et affectifs.

Imaginons que nous soyons placés devant une situation ambiguë, incertaine, et que nous devions décider de nous engager plus avant ou de nous abstenir.

Cette situation est ambiguë, incertaine, parce que nous ne pouvons déterminer si elle annonce un événement agréable ou désagréable.

Elle possède certaines des caractéristiques dont nous avons appris qu'elles précèdent habituellement la survenue d'un événement agréable, mais aussi certaines des caractéristiques dont nous avons appris qu'elles précèdent habituellement la survenue d'un événement désagréable.

Les études indiquent que, lorsque nous nous trouvons dans cette situation incertaine, notre état émotionnel va influer, orienter, *biaiser* notre décision de nous engager plus avant ou de nous abstenir.

Si nous sommes inquiets, ou anxieux, ou que nous venons de subir un traumatisme, cet état émotionnel aura tendance à nous rendre pessimistes, à nous faire voir le mauvais côté de la situation et considérer que cette situation présente surtout des dangers et qu'il vaut mieux ne prendre aucun risque.

En revanche, si nous sommes plutôt heureux, ou tout du moins sereins et détendus, cet état émotionnel aura tendance à nous rendre optimistes, à nous faire voir le bon côté de la situation et considérer qu'il vaut mieux prendre le risque.

Lorsque des primates non humains, des chiens, des moutons, des souris et certains oiseaux sont placés dans différentes situations ambiguës dont ils ne peuvent clairement déduire si elles annoncent un événement agréable ou désagréable, le choix, la décision de s'engager ou de s'abstenir est, chez eux comme chez nous, influencé par leur état émotionnel.

Si l'animal a vécu une situation désagréable avant le test, il aura tendance à se comporter de manière pessimiste et à ne pas prendre de risque.

S'il n'a pas vécu de situation désagréable avant le test, il aura tendance à se comporter de manière optimiste et à prendre le risque de s'engager plus avant.

Mais ce qui est vrai pour nous, et pour des primates non humains, des chiens, des moutons, des souris et des oiseaux, est-ce que cela pourrait être vrai aussi pour des abeilles ?
C'est la question qu'a posée l'équipe de chercheurs anglais qui a publié ses résultats en 2011 dans *Current Biology*.

L'expérience est la suivante.
Les chercheurs isolent deux composants du parfum d'une fleur – appelons-les les composants *a* et *b* – et ils réalisent deux mélanges différents.
Le premier mélange contient neuf fois plus de composant *a* que de composant *b* – appelons-le mélange *9 a*.
Le deuxième mélange contient la proportion inverse, neuf fois plus de composant *b* que de composant *a*, appelons-le le mélange *9 b*.

Les chercheurs ont associé le mélange de parfum *9 a* à une eau très sucrée – le parfum *9 a* annonce donc aux butineuses un événement très agréable.
Et ils ont associé le mélange de parfum *9 b* à une eau contenant de la quinine, que les abeilles n'aiment pas du tout – le parfum *9 b* annonce donc aux butineuses un événement désagréable.

Une fois que les abeilles ont appris ces deux associations, les chercheurs leur ont présenté l'un des deux parfums, et une coupelle d'eau qui ne contient ni sucre ni quinine.
Quand les abeilles sentent le mélange de parfum *9 a,* elles boivent l'eau.
Quand elles sentent le mélange *9 b,* elles ne boivent pas l'eau.

Puis les chercheurs ont confronté ces butineuses à de nouveaux mélanges.

Soit un mélange qui contient seulement deux fois plus de composant *a* que de composant *b* – appelons-le mélange *2 a*.
Soit un mélange qui contient une quantité égale de composants *a et b* – appelons-le mélange *ab*.
Soit un mélange qui contient seulement deux fois plus de composant *b* que de composant *a* – appelons-le mélange *2 b*.

Lorsque l'eau leur est présentée en présence du parfum *2 a* ou du parfum *ab*, les abeilles boivent l'eau.
Mais lorsque la quantité du composant *b* dépasse celle du composant *a* dans le parfum – ce qui est le cas du mélange *2 b* – la probabilité que les abeilles boivent l'eau diminue.
La mélange *2 b* rappelle, légèrement, le mélange *9 b*, dont les butineuses ont appris qu'il annonce un événement désagréable.
La situation est incertaine – le parfum *2 b* est ambigu.

La question qui intéressait les chercheurs était de savoir si, devant cette situation incertaine, le choix des butineuses de boire ou non pourrait être influencé par la nature des expériences, agréables ou désagréables, qu'elles auraient vécues avant ce choix.

Les chercheurs ont fait subir à une partie des butineuses des secousses, pendant une minute – un événement désagréable qui mime ce qui se produit lorsqu'un prédateur tente de s'emparer du miel de leur nid ou de leur ruche, le prédateur secouant le nid ou la ruche pour faire fuir les abeilles.
Puis, cinq minutes après ces secousses, les chercheurs ont exposé les abeilles aux différents mélanges de parfums.
Et les abeilles qui avaient subi ces secousses étaient devenues plus pessimistes.
Elles refusaient – beaucoup plus que les autres, qui n'avaient pas été secouées – de boire l'eau lorsqu'elle était associée au parfum ambigu *2 b,* qui se rapprochait un peu du mélange

désagréable *9 b* dont elles avaient appris qu'il annonce une eau contenant de la quinine.

Elles étaient devenues beaucoup plus prudentes que leurs sœurs qui n'avaient pas vécu d'expérience désagréable avant d'être exposées au parfum *2 b*.

Le fait d'avoir été secouées n'avait pas eu pour effet de rendre, d'une manière générale, les butineuses réticentes à s'engager à boire – elles buvaient autant que leurs sœurs lorsqu'on leur présentait le parfum *9 a* qui annonce sans ambiguïté de l'eau sucrée.

Elles n'avaient donc pas perdu l'envie d'aller vers ce qui leur était annoncé comme un événement agréable.

Mais elles avaient acquis la tendance, devant une situation ambiguë, à refuser de prendre le risque de vivre à nouveau un événement désagréable.

Elles avaient acquis un *biais cognitif.*

Et ainsi cette étude indique que les abeilles se comportent, au cours de ces tests, d'une manière semblable à la nôtre, et à celle des mammifères et des oiseaux.

Bien entendu, ces résultats ne nous disent rien de ce que *ressentent* consciemment les abeilles.

Mais chez les mammifères et les oiseaux, ces comportements, ces *biais cognitifs* – cette orientation des choix en fonction de l'expérience vécue – sont considérés comme reflétant des états émotionnels et affectifs conscients.

Et les chercheurs concluent qu'il n'y a pas de raison d'exclure a priori la possibilité que les abeilles, elles aussi, puissent, comme nous, vivre consciemment des émotions.

Mais, même pour nous, vivre des émotions ne signifie pas obligatoirement être conscients de nos émotions.

Notre cœur peut s'accélérer et nos mains devenir moites sans que nous le réalisions, et ces réactions émotionnelles peuvent, sans que nous en soyons conscients, influer sur nos décisions, et nous faire changer de comportements.

Il y a seize ans, en 1997, Antonio Damasio et ses collègues publiaient dans *Science* une étude dont les résultats allaient causer une grande surprise.

Les chercheurs avaient demandés à des personnes de participer à un jeu de cartes.

Quatre tas de cartes sont disposés sur la table, les tas A, B, C et D.

Toutes les cartes sont tournées face vers la table.

Le jeu consiste à prendre une carte au sommet de l'un des quatre tas, que l'on choisit librement, puis à retourner la carte.

Une fois retournée, la carte indique le montant d'une somme d'argent – le plus souvent, il s'agit d'un gain pour le joueur et, rarement, il s'agit d'une perte.

Puis chaque joueur recommence, en étant libre, à chaque fois, de choisir le tas au sommet duquel il va prélever une nouvelle carte.

Chaque joueur a reçu au départ la même somme d'argent – virtuelle – et le but du jeu est d'avoir accumulé le plus d'argent virtuel possible à la fin du jeu.

Les personnes commencent à jouer.

Les cartes qui annoncent des gains dans les tas A et B affichent des gains en moyenne deux fois plus importants que les cartes des tas C et D.

Mais de temps en temps il y a dans chaque tas une carte qui annonce une perte.

Et cette perte est beaucoup plus importante dans les tas A et B que dans les tas C et D.

Le jeu a été conçu par les chercheurs de telle manière que si l'on joue en prélevant des cartes dans les tas A et B, on accumulera deux fois plus de gains, mais les pertes – rares – seront plus importantes que la somme de ces gains.

Et plus le jeu va se prolonger, plus les pertes vont dépasser les gains.

En revanche, si l'on joue en prélevant les cartes des tas C et D, les gains seront deux fois moins importants mais les pertes seront minimes par rapport à la somme des gains.

Et plus le jeu va se prolonger, plus les gains vont s'accumuler.

Mais les personnes qui ont commencé à jouer ne savent pas que les tas de cartes ont été organisés par les chercheurs en tas *gagnants* et en tas *perdants*.

Tout au long du jeu les chercheurs explorent les réactions des joueurs de deux manières différentes.

D'une part, ils explorent leurs réactions émotionnelles en mesurant en permanence l'une des traductions inconscientes de ces émotions dans leur corps – ils ont placé sur la peau des joueurs une électrode qui détecte la sueur, l'apparition d'une transpiration.

Et, d'autre part, ils les interrogent pour analyser la représentation consciente qu'ils se font du jeu. À chaque fois que les joueurs ont tiré une dizaine de cartes en moyenne, les chercheurs interrompent un instant le jeu et posent deux questions aux joueurs :

Que ressentez-vous ?

Et *pouvez-vous nous dire ce que vous avez compris du jeu ?*

Parmi les vingt premières cartes que les chercheurs ont disposées au sommet de chacun des tas, certaines annoncent des gains, et aucune n'annonce une perte.

Les joueurs jouent tranquillement, sans transpirer.

Et lorsque les chercheurs les interrogent, ils répondent qu'ils ne ressentent rien et que le jeu n'a rien de particulier.

Plus tard, à partir du moment où sont apparues les premières cartes de pénalités, les joueurs se mettent à transpirer, à chaque fois, avant de tirer une carte dans les tas A et B, mais ils continuent à prélever des cartes dans les quatre tas.
Et lorsque les chercheurs les interrogent, ils disent qu'il n'y a rien de particulier, qu'ils ne ressentent rien.

Puis, quelques dizaines de cartes plus tard, les joueurs transpirent toujours au moment où ils vont prélever une carte dans le tas A ou B, mais ils choisissent de plus en plus rarement ces tas et tirent de plus en plus souvent des cartes dans les tas C et D.
Ils ont adopté la stratégie de jeu gagnante.
Quand les chercheurs les interrogent, ils disent qu'ils ont un pressentiment, que quelque chose ne va pas – mais ils ne peuvent dire de quoi il s'agit.

Et c'est seulement après quelques dizaines de cartes encore, alors qu'ils auront déjà cessé depuis un certain temps de prélever des cartes dans les tas A et B, qu'ils diront qu'ils ont décidé de changer de stratégie – parce qu'ils ont réalisé que tirer des cartes dans les tas A et B allait les faire perdre.

Ce qu'indique l'étude, c'est que les joueurs avaient d'abord réagi de manière inconsciente, en ressentant des émotions que traduisait leur transpiration.
Ils ont alors commencé à modifier leur stratégie de jeu sans le réaliser consciemment, sans être capables d'en rendre compte par la parole.

Et ce n'est qu'après avoir adopté la stratégie gagnante qu'ils ont déclaré avoir compris la nature du jeu.

Ce n'est qu'après avoir déjà adopté, de manière inconsciente, la stratégie gagnante, qu'ils ont déclaré avoir *décidé* – *choisi* rationnellement – de changer de stratégie.

L'article était intitulé :

Choisir la stratégie gagnante avant de connaître la stratégie gagnante.

Les émotions négatives qu'avaient fait naître certaines des cartes des tas A et B qui signalaient une perte importante ont conduit les joueurs à percevoir inconsciemment que tirer des cartes dans les tas A et B les pénalisait.

Et ces émotions négatives ont fait naître en eux une intuition qui les a conduits à adopter la réponse adaptée à la situation avant même qu'ils ne deviennent pleinement conscients de la situation et de leur réponse à cette situation.

Ce n'est, semble-t-il, qu'après coup, a posteriori, qu'a émergé à leur conscience une représentation claire du jeu et de la stratégie gagnante.

Et ils ont cru qu'ils venaient d'adopter une décision qui en réalité s'était déjà prise en eux auparavant sans qu'ils le réalisent.

Alors seulement leur passé émotionnel inconscient est soudain devenu leur présent rationnel conscient.

Émotion et raison – ressentir et comprendre – inconscient et conscience – sont intimement liés.

Mais, une fois que nous devenons pleinement conscients des représentations et des décisions qui ont confusément émergé en nous, cette appropriation permet alors la réflexivité, le retour sur nous-mêmes, une réflexion, un raisonnement et des opérations mentales beaucoup plus riches, qui nous permettent d'adopter des choix et des comportements plus élaborés encore.

Les avancées des sciences changent les représentations que nous nous faisons intuitivement de nous-mêmes. Et une partie de ce qui nous paraissait évident, allant de soi, devient plus mystérieux.

La science efface l'ignorance d'hier et révèle l'ignorance d'aujourd'hui, dit le physicien David Gross.

Ce qui n'est pas entouré d'incertitude ne peut être la vérité, disait le physicien Richard Feynman.

La recherche nous suggère que nous sommes en permanence en train d'émerger, de nous réinventer, toujours en train de naître, toujours inachevés.

Les émotions sont notre boussole, dit Frans de Waal.

Il n'y a pas de véritable choix rationnel sans participation des émotions, disait Antonio Damasio, trois ans déjà avant la publication de cette étude, dans son livre *L'erreur de Descartes. Les émotions, la raison et le cerveau humain.*

Et, si certaines de nos décisions rationnelles peuvent être influencées par des émotions qui nous sont demeurées, un temps, inconscientes, alors les études qui mettent en évidence les phénomènes de *biais cognitifs* – l'effet des émotions sur nos choix et sur les choix de nos cousins non humains – n'impliquent pas obligatoirement que ces émotions sont perçues consciemment.

Nous ne pouvons pas interroger les abeilles.

La question de savoir si elles perçoivent consciemment les émotions qui influencent leurs choix demeure pour l'instant sans réponse.

Et nous ne pouvons savoir quel degré de conscience accompagne leurs plaisirs, leurs découvertes, leurs peurs, leurs explorations et leurs incessants dialogues.

LE RENOUVELLEMENT PERMANENT
DE LA DIVERSITÉ

Tous ceux qui survenaient et n'étaient pas moi-même
Amenaient un à un les morceaux de moi-même.

Apollinaire, *Cortège*.

L'esprit de la ruche, où est-il ? demandait Maeterlinck.
En qui s'incarne-t-il ?

C'est la fin du printemps ou le début de l'été, quand les beaux jours sont revenus.

La colonie s'est repeuplée depuis la fin de l'hiver, et compte désormais plusieurs dizaines de milliers d'ouvrières et plusieurs centaines ou milliers d'abeillauds.

Les éclaireuses et les butineuses parcourent la campagne. Elles ont reconstitué les réserves de pollen et de miel qui avaient été consommées pendant l'hiver. Et les nourrices s'occupent de la reine, des œufs et des petits, les larves et les nymphes.

Peu de temps avant l'exode – avant qu'elle prenne son envol avec l'essaim – la reine mère continue à pondre, chaque jour, plus de mille œufs qui donneront naissance aux futures ouvrières.

Et elle commence à pondre dix à quinze œufs dans de grands alvéoles situés à la base des gâteaux de cire, que les ouvrières ont préparés pour les princesses, dont l'une deviendra la future reine.

Le développement des futures reines sera rapide – il ne durera que seize jours.

Et, avant leur naissance, l'essaim, avec la reine mère, prend son envol et quitte le nid ou la ruche.

À l'intérieur du nid ou de la ruche, privés de reine, demeurent environ un tiers des ouvrières, les abeillauds, et les réserves de miel et de pollen.

Les ouvrières s'occupent des petites abeilles – les futures ouvrières et les futures princesses – et nourrissent les abeillauds adultes.

Les *abeillauds*, les *faux-bourdons* – qu'on appelle en anglais des *drones* – n'ont pas de père. L'ensemble de leur ADN, l'ensemble de leurs gènes – leur génome – n'est constitué que de la moitié des gènes de leur mère, la reine.

Alors que le génome de chaque ouvrière et de chaque future reine est constitué d'une moitié des gènes de leur mère, la reine, ainsi que de la totalité des gènes de leur père.

Maeterlinck pensait que les ouvrières avaient toutes le même père.

Et il attribuait l'harmonieuse coopération qui règne entre les abeilles sœurs d'une même colonie – et leur mystérieuse capacité d'auto-organisation – à leur haut degré de similarité génétique.

Les ouvrières, pensait-il, étaient toutes les filles d'une même mère et d'un même père.

Mais il se trompait.

Maeterlinck pensait non seulement que la jeune reine s'unissait à un seul amant, mais aussi que ce faux-bourdon était l'un des membres de la colonie dans laquelle elle venait de naître – un de ses frères, l'un des fils de la reine mère, auquel elle a donné naissance avant de partir au loin.

Et ainsi, Maeterlinck attribuait l'harmonie de la colonie à un haut degré de consanguinité entre les ouvrières.

Les ouvrières, pensait-il, étaient toutes filles d'une même mère et d'un même père, qui, lui-même, était fils de leur grand-mère.

Mais la réalité allait se révéler être tout autre.

La future reine accomplit son vol nuptial – qui sera l'unique vol nuptial de sa vie – durant la première semaine qui suit sa naissance, à la fin du printemps ou au début de l'été, peu après que sa mère lui a abandonné son nid ou sa ruche à la recherche d'un nouveau domicile.

Les faux-bourdons nés dans différentes colonies se regroupent par centaines ou par milliers dans des *aires de congrégation de faux-bourdons*, situées à plusieurs kilomètres voire dizaines de kilomètres de leur lieu de naissance.

Ils volent au hasard autour de ces aires de congrégation, guettant le vol des jeunes reines.

Et lorsqu'ils repèrent une jeune reine, à partir de la traîne de phéromones qui la suit, ils se précipitent par centaines à sa poursuite, formant derrière elle une *queue de comète*.

Et s'ils réussissent à la rejoindre, ils s'unissent à elle en plein vol.

Durant son vol nuptial, la reine va s'unir non pas à un seul, mais à une douzaine de faux-bourdons et, parfois, jusqu'à vingt-cinq.

Alors, la jeune reine rentre au nid ou à la ruche et commence à pondre.

Elle devient la nouvelle reine mère de la colonie.

La semence des différents faux-bourdons – au total environ cinq millions de spermatozoïdes – est stockée en elle dans différentes poches de sa *spermathèque*, où les spermatozoïdes sont mélangés et maintenus, pendant toute la durée d'existence de la reine, dans un état de vie suspendue.

La reine pondra les ovules qu'elle aura fécondés à partir de sa spermathèque dans les alvéoles où se développeront les futures ouvrières et, à la fin du printemps ou au début de l'été, dans les alvéoles beaucoup plus grands où se développeront les futures reines.

Et elle pondra les ovules qu'elle n'aura pas fécondés dans les alvéoles que les ouvrières ont préparées pour les futurs faux-bourdons.

Les ouvrières auxquelles la reine donnera naissance durant toute sa vie auront chacune pour père l'un des douze à vingt-cinq faux-bourdons qui se sont unis à leur mère durant son vol nuptial.

Une colonie d'abeilles à miel est donc constituée en moyenne d'une douzaine à une vingtaine de groupes différents de demi-sœurs, toutes nées de la même mère, chaque groupe de demi-sœurs étant d'un père différent.

Et ce phénomène n'est pas particulier aux colonies d'*Apis mellifera* – les abeilles à miel de nos régions. Dans les huit autres espèces d'abeilles à miel – les abeilles dont les formes d'organisation sociale sont les plus complexes – les ouvrières d'une colonie naissent d'une même reine mère et d'un grand nombre de pères différents.

Et il y a un degré supplémentaire dans la diversité génétique des abeilles ouvrières.

Chaque ovule de la reine ne possède qu'une moitié, prise au hasard, de ses chromosomes et donc de ses gènes – soit la moitié héritée de son propre père soit la moitié héritée de sa propre mère.

Et, au moment de la formation de chaque ovule, avant que s'opère cette séparation entre les chromosomes provenant de son père et ceux de sa mère, surviennent des cassures et des échanges très fins entre les chromosomes – et donc les gènes – que la reine a hérités de sa mère et les chromosomes – et donc les gènes – qu'elle a hérités de son père.

La moitié de chromosomes que possède chaque ovule n'est donc pas strictement une moitié provenant de son père ou de sa mère – c'est une mosaïque unique, singulière, née d'une série d'échanges, de brassages.

Ce phénomène de brassage a été appelé *recombinaison génétique*.

Il est extrêmement répandu – il a lieu au cours de la formation des ovules dans la plupart, si ce n'est la totalité, des espèces animales.

Mais il y a près de vingt ans, en 1995, Greg Hunt et Robert Page montreront que la *recombinaison génétique* est beaucoup plus importante chez les reines d'abeilles que dans toutes les espèces animales étudiées à ce jour.

À titre d'exemple, il y vingt fois plus de recombinaisons génétiques lors de la formation des ovules d'une abeille reine qu'il n'y en a lors de la formation des ovules d'une femme.

Ainsi, dans une colonie d'abeilles à miel, il y a non seulement un degré élevé de diversité génétique entre les ouvrières nées de pères différents, mais il y a aussi un degré non négligeable de diversité entre les ouvrières nées du même père.

Et à mesure que ces différentes modalités complémentaires de diversification génétique étaient découvertes chez les abeilles à miel, une nouvelle question a commencé à être posée.

Pouvait-il exister une relation entre l'émergence et la propagation, au long de l'évolution, de la complexité des sociétés d'abeille à miel et la propagation de ces mécanismes de diversification génétique des ouvrières qui les composent ?
Cette diversité génétique pourrait-elle donner un avantage adaptatif aux colonies d'abeilles à miel ?
Et si tel est le cas, quelle pourrait être la nature de cet avantage ?

Il y a près d'un quart de siècle, Gene Robinson et Robert Page ont proposé une réponse à première vue paradoxale.

Gene Robinson, est, comme Robert Page, l'un des grands chercheurs spécialistes de la génétique des abeilles à miel.
Il a été l'un des deux animateurs du consortium international de plus de deux cents chercheurs qui a établi et publié en 2006 dans *Nature* la séquence complète de l'ADN du génome d'*Apis mellifera*.

L'hypothèse proposée en 1989 par Robinson et Page est que l'existence de ces nombreuses différences génétiques entre les ouvrières pourrait les amener à coopérer de manière plus efficace et faire émerger dans la colonie une forme d'intelligence collective plus complexe et plus utile à l'ensemble de la collectivité que si les ouvrières étaient génétiquement identiques.

L'idée est la suivante.
À mesure qu'elles s'engagent dans leurs carrières successives, les ouvrières, si elles sont différentes, ne vont pas répondre de manière identique à une même modification de leur environnement.
Leur seuil de réponse sera différent.

Considérons un exemple – le contrôle collectif de la température de leur domicile.

Nous avons vu que la température idéale, au centre de la ruche où sont localisés de la fin de l'hiver à l'automne, la reine et le couvain – les œufs, les larves et les nymphes – est de 35°C.

Si la température commence à s'élever un peu au-dessus de 35°C, quelques ouvrières sédentaires dont le seuil de réponse à l'élévation de la température est le plus bas commenceront à ventiler l'air en battant de leurs ailes et quelques butineuses, dont le seuil de réponse à l'augmentation de la température est aussi le plus bas, s'envoleront pour rapporter de l'eau, dont l'évaporation contribuera à rafraîchir l'atmosphère.

Si ces mesures sont suffisantes, la température redescendra rapidement à 35°C, sans que les autres ouvrières aient été mises à contribution.

Si la température continue à augmenter, d'autres ouvrières sédentaires et d'autres butineuses, dont le seuil de réponse est plus élevé, seront à leur tour recrutées.

Imaginons maintenant que la totalité des dizaines de milliers d'ouvrières aient un même seuil de réponse aux variations de la température ambiante et soient d'emblée recrutées lors d'une élévation minime de la température.

Leur activité très importante de refroidissement aurait fait redescendre brutalement la température *en dessous* de 35°C.

La température, devenue trop basse, induirait alors une activité inverse de la part de toutes les ouvrières, qui se mettraient à contracter les muscles de leur abdomen et de leurs ailes, sans battre des ailes, faisant remonter brutalement la température *au-dessus* de 35°C.

En d'autres termes, si toutes les ouvrières avaient un même seuil de réponse aux modifications de la température ambiante, toute élévation ou abaissement de la température, quelle que soit son importance, déclencherait une action massive de correction de la part de l'ensemble des ouvrières qui composent la colonie.

Cette réponse massive, sous forme de *tout ou rien,* aurait une forte probabilité d'entraîner une modification brutale et excessive de la température ambiante, conduisant à de nouvelles corrections brutales en sens contraire, et faisant osciller la température par à-coups successifs au-dessus et en dessous de la température idéale.

Et la stabilisation de la température, difficile à obtenir, se ferait au prix d'une dépense d'énergie considérable de la part de l'ensemble de la collectivité, qui alternerait entre des périodes intenses de ventilation et de collecte d'eau et des périodes intenses de contraction musculaire et de tremblements.

En revanche, l'existence d'une diversité d'ouvrières, qui ont des seuils différents de réponse aux modifications progressives de la température ambiante, permet la mise en œuvre d'une réponse graduée, proportionnée, qui rétablit la température idéale de manière progressive, sans à-coups, et au prix d'une dépense minimale d'énergie de la part de la collectivité.

L'hypothèse de Robinson et Page était que l'existence chez les ouvrières d'une diversité de sensibilité et de réponse à différentes modifications de l'environnement pourrait grandement bénéficier à la colonie en introduisant un degré important de flexibilité et de rapidité de retour à l'équilibre. Contribuant ainsi aux phénomènes d'auto-organisation collective qui constituent le véritable *esprit de la ruche.*

Dit autrement, dans l'émergence de ce remarquable et mystérieux *E pluribus unum – à partir de plusieurs, un –* qui caractérise les sociétés d'abeilles à miel, le fait que les *plusieurs* soient différents les uns des autres pourrait jouer un rôle important.

Le modèle proposé par Robinson et Page postulait que la collectivité bénéficiait du fait que ses membres sont différents, qu'elle bénéficiait du fait que les ouvrières ont des *personnalités* individuelles différentes.

Autrement dit, ce qui était peut-être le plus important dans ce modèle, ce n'était pas tant les effets que pourrait jouer la diversité génétique que le rôle que pourrait jouer la diversité en tant que telle – quelle qu'en soit l'origine.

La diversité des sensibilités et des réponses des ouvrières peut émerger non seulement des différences génétiques dont elles ont hérité, mais aussi, nous l'avons vu, des nombreuses modifications épigénétiques imprimées par leur environnement durant leur existence – les différents effets de l'environnement sur la façon dont les ouvrières utilisent leurs gènes – et de la diversité des expériences individuelles que vit chaque ouvrière.

Leur diversité *génétique* confère-t-elle réellement aux colonies d'abeilles à miel un avantage adaptatif que les autres mécanismes de diversification à l'œuvre durant l'existence des ouvrières ne suffiraient pas à obtenir ?

Il y a un effet particulier qu'apporte la diversification génétique dans le monde vivant – un effet majeur qu'elle apporte à une collectivité.

C'est un effet protecteur – une résistance accrue aux microbes et aux maladies infectieuses qu'ils provoquent.

Plus la diversité génétique à l'intérieur d'une population est importante, et plus grande est la probabilité qu'un même microbe, aussi dangereux soit-il, épargne une partie au moins de la population.

Et ce d'autant plus que les individus qui composent cette population vivent côte à côte en grand nombre, ce qui est le cas des colonies d'abeilles à miel – cette promiscuité favorisant la propagation fréquente et rapide des infections sous la forme d'épidémies.

La diversité d'origine génétique joue-t-elle un rôle significatif dans la survie et le fonctionnement des sociétés d'abeille ?

Plus de quinze ans passeront.

Et, à partir du milieu des années 2000, la réponse apparaîtra. Plusieurs études, réalisées notamment par Robert Page, Thomas Seeley et leurs collègues, montreront que la diversité génétique joue réellement un rôle majeur dans le fonctionnement et la survie des sociétés d'abeilles à miel.

Ces études seront pour la plupart réalisés selon un même modèle :
une comparaison entre des colonies d'abeilles nées de reines qui ont été chacune inséminées artificiellement à partir de plusieurs abeillauds – chacune de ces colonies est donc composée d'ouvrières génétiquement très diverses – et des colonies d'abeilles nées de reines qui ont été chacune inséminées artificiellement à partir d'un seul abeillaud – chacune de ces colonies a moins de diversité génétique, toutes les ouvrières ayant le même père.

Des études confirmeront que la diversité génétique des colonies a un effet bénéfique sur la qualité de l'une de leurs activités collectives importantes – elles contrôlent beaucoup plus efficacement la température ambiante de la ruche.

En 2007, des résultats publiés par Thomas Seeley et Dave Tarpy dans les *Comptes rendus de la Société Royale de Londres* confirmeront que la diversité génétique des colonies a un effet bénéfique sur leur santé et leur survie – elles résistent mieux aux maladies causées par les microbes.

Et la même année, en 2007, Heather Mattila et Thomas Seeley publient dans *Science* une étude qui apporte probablement la preuve la plus convaincante à ce jour de l'importance du rôle que joue la diversité génétique dans les colonies – à la fois dans leur fonctionnement et dans leur survie.

Un essaim qui vient, à la fin du printemps ou au début de l'été, de fonder un nouveau domicile, doit en quelques mois construire de nouveaux gâteaux de cire, accumuler des réserves de nourriture et élever les nouvelles ouvrières qui remplaceront celles qui ont effectué la grande migration.

Puis vient l'hiver.

Plus des trois quarts des colonies qui sont demeurées dans l'ancien domicile – avec une nouvelle reine, et les gâteaux de cire et les réserves de miel qu'avait constitué la collectivité avant le départ de l'essaim – survivront jusqu'au printemps suivant.

Mais, sans aide humaine, seul un quart, en moyenne, des colonies qui ont essaimé et se sont établies dans un nouveau domicile, vont réussir à survivre à l'hiver.

Mattila et Seeley avaient réalisé une étude de grande envergure et de longue durée pour explorer l'effet de la diversité génétique sur la capacité d'un essaim à donner naissance à de nouvelles ouvrières, à constituer ses réserves de miel et à survivre à l'hiver.

Ils avaient d'abord inséminé artificiellement vingt-et-une jeunes reines vierges, appartenant chacune à une colonie différente.

Les jeunes reines appartenant à douze des vingt-et-une colonies avaient été chacune inséminées à partir de quinze abeillauds différents, et les jeunes reines vierges appartenant aux neuf autres colonies avaient été chacune inséminées à partir d'un seul abeillaud.

Les abeillauds avaient été tirés au sort à partir de mille abeillauds appartenant à plus de dix colonies différentes de celles où étaient nées les jeunes reines.

À la fin du printemps 2006, au moment de l'essaimage, chacun des futurs essaims provenant des vingt-et-une colonies − avec sa nouvelle reine et plus de sept mille des ouvrières auxquelles elle avait donné naissance − a été installé le même jour par les chercheurs dans une nouvelle ruche dépourvue de gâteau de cire, toutes les ruches étant identiques et ayant des caractéristiques semblables à celles des ruches que choisissaient naturellement les essaims de cette région.

Il y avait donc, parmi ces vingt-et-une nouvelles colonies que les chercheurs avaient fait changer de domicile, douze colonies d'une grande diversité génétique dans lesquelles les ouvrières étaient nées de quinze pères différents, et neuf colonies dans lesquelles toutes les ouvrières avaient le même père.

Et les chercheurs ont comparé l'activité de ces différentes colonies.

Durant les deux premières semaines après leur installation, les architectes des colonies génétiquement diverses avaient construit en moyenne un tiers de gâteaux de cire de plus que les autres.

Et les butineuses des colonies génétiquement diverses avaient une activité de butinage beaucoup plus élevée, accumulant au bout des deux premières semaines près de quarante pour cent de réserves de plus que les autres.

Au bout d'un mois, à la mi-juillet, survient une période d'une dizaine de jours de floraison particulièrement favorable aux récoltes.

Et, durant cette période, le nombre d'ouvrières triple dans les colonies génétiquement diverses, alors qu'il n'augmente que de moitié dans les autres colonies.

Encore un mois et, à la mi-août, le nombre d'ouvrières est cinq fois plus élevé dans les colonies génétiquement diverses que dans les autres.

À la fin du mois d'août survient une période de froid qui empêche les butineuses de récolter, et provoque la mort de faim et de froid de la moitié des colonies génétiquement homogènes.

La moitié restante des colonies génétiquement homogènes épuisera ses réserves de miel et de pollen à la fin de l'automne et disparaitra à la mi-décembre.

La totalité des colonies génétiquement homogènes s'est éteinte.

À la fin de l'hiver un quart des colonies génétiquement diverses ont survécu.

Et elles sont toujours en activité à la mi-mai, lorsque l'étude prend fin.

Ainsi, dans le monde des abeilles à miel, il semble que l'uniformité de la colonie, liée à une absence de variation génétique entre les ouvrières qui la composent, constitue un inconvénient majeur.

Ce que cette étude suggère c'est que, au long des innombrables générations de reines d'abeilles à miel qui se sont succédé depuis une vingtaine de millions d'années, celles qui, durant leur vol nuptial, s'étaient unies à de nombreux faux-bourdons ont eu beaucoup plus de descendants et se sont mieux propagées à travers le temps que celles qui n'avaient qu'un seul amant.

En d'autres termes, ce haut degré de *polyandrie* chez les jeunes reines de toutes les espèces actuelles d'abeilles à miel est probablement dû aux avantages que confère à la colonie un haut degré de diversité génétique des abeilles ouvrières qui la construisent et la composent.

Ainsi, indépendamment de la très grande flexibilité de comportements que confèrent aux petites ouvrières les effets de leur environnement sur le fonctionnement de leur cerveau et de leur corps et les aléas de leurs expériences singulières, il semble qu'un degré élevé de diversité génétique a des effets importants sur la qualité de leur travail collectif et sur leur capacité à survivre.

Et il est probable que ce degré de diversité génétique des ouvrières, présent dès leur naissance, contribue à amplifier par la suite les différences qui seront induites par leurs interactions avec leurs sœurs et avec leur environnement extérieur.

D'une manière générale, ces études impliquent, du moins dans le monde des abeilles, que l'auto-organisation d'une collectivité collaborant de manière harmonieuse et efficace à son bien commun dépend, pour une part importante, de la diversité des réponses de ses membres à leur environnement – de la diversité de leurs talents, de leurs goûts et de leur intérêt pour le monde qui les entoure.

La division du travail dans une colonie d'abeilles à miel repose sur la polyvalence potentielle de chaque ouvrière, qui se transforme et change de carrière à mesure qu'elle prend de l'âge, interagit avec ses sœurs et acquiert de l'expérience.

Mais, dans chacune des carrières dans lesquelles elle s'engage, chaque ouvrière ne répondra pas exactement de la même manière que ses sœurs aux modifications de son environnement, conférant ainsi un vaste répertoire de réponses possibles à la collectivité.

Et les changements de carrière, non plus, ne sont pas toujours stéréotypés.

Telle abeille préfèrera continuer à se consacrer à son activité de nourrice, alors qu'elle a atteint l'âge où la plupart de ses sœurs prennent leur envol et deviennent butineuses.

Telle butineuse aura tendance à se spécialiser dans la récolte de pollen, pendant que d'autres butineuses se consacreront davantage à la récolte du nectar.

Et, comme le suggère une étude publiée en 2010 dans *Current Biology* par James Burns du CNRS de Gif-sur-Yvette et Adeian Dyer de l'Université Monash en Australie, certaines butineuses ont tendance à récolter en choisissant minutieusement les fleurs qu'elles visitent, alors que d'autres ont tendance à se précipiter, au risque de se tromper de fleur.

L'étude indiquait que la coexistence de ces deux types différents de *personnalités* chez les butineuses – minutieuses et lentes, ou brouillonnes et rapides – pouvait constituer un avantage pour la colonie.

En effet, lorsque les fleurs généreuses en pollen et en nectar sont abondantes, les brouillonnes rapides rapportent plus de récoltes au nid ou à la ruche.

En revanche, lorsque les fleurs généreuses sont rares, ce sont les butineuses minutieuses et lentes qui rapportent le plus de récoltes. Les brouillonnes, quant à elles, perdent leur temps à visiter des fleurs qui ne leur offrent rien ou pas grand-chose.

Et ainsi, la diversité joue un rôle majeur dans cette remarquable complémentarité qui sous-tend la complexité des sociétés d'abeilles à miel.

Et c'est dans cette diversité, dans la coexistence et les interactions changeantes entre différentes *personnalités*, que réside une partie de la réponse au mystère de ce que Maeterlinck appelait *l'esprit de la ruche*, et Thomas Seeley *la sagesse de la ruche* et *la démocratie des abeilles*.

Mais la cohabitation entre les membres du peuple des descendants de la reine n'est pas faite que d'harmonie et d'interactions pacifiques.

L'esprit de la ruche, la sagesse de la ruche et *la démocratie des abeilles* ont aussi leurs faces sombres.

Une fois l'an, durant les beaux jours, dans l'obscurité du nid ou de la ruche, se déroulent des tragédies d'une grande brutalité et d'une impitoyable violence.

LA FACE SOMBRE
DE LA DÉMOCRATIE DES ABEILLES

> Toutes les histoires, si on les poursuit suffisamment loin,
> finissent dans la mort.
> Et qui vous cache cela n'est pas un vrai conteur d'histoires.
>
> Ernest Hemingway, *Mort dans l'après-midi.*

À la fin du printemps ou au début de l'été, peu de temps avant la grande migration de l'essaimage, la reine mère a pondu, dans les grandes alvéoles que les ouvrières ont construits à cet effet, la dizaine ou quinzaine d'œufs fécondés qui donneront naissance aux princesses.

Alors les ouvrières commencent à pousser la reine mère à partir.

Elles lui donnent de petits coups de tête, et elles cessent de la nourrir.

La reine, qui était trop grosse pour pouvoir voler, n'étant plus nourrie, maigrit, et se met à marcher rapidement en parcourant le nid ou la ruche. Elle se remet en forme pour la grande migration.

Quelques éclaireuses ont commencé à patrouiller les environs.

Les ouvrières se gorgent de réserves de miel.

Leurs glandes qui produisent de la cire se développent et de petites plaques de cire apparaissent sur l'abdomen des ouvrières.

Les ouvrières sont prêtes à construire les gâteaux de cire dans leur nouveau domicile.

Elles sont devenues moins actives, presque léthargiques.
Un calme inhabituel règne à l'intérieur du nid ou de la ruche.
Mais il sera de courte durée.

Ce sont les éclaireuses qui donneront le signal de l'exode, quand elles constateront que deux conditions seront réunies pour le départ.
D'une part, dehors, un temps chaud et ensoleillé.
Et d'autre part, à l'intérieur, le début de la métamorphose de certaines au moins des princesses qui ont tissé leur chrysalide, se sont enfermées dans leur cocon, et dont les ouvrières ont scellé l'alvéole d'un plafond de cire protecteur.

Alors, les éclaireuses commencent à émettre leurs brefs chants stridents de cornemuse.
Puis elles se mettent à courir dans tous les sens à travers le nid ou la ruche, bousculant les ouvrières.

Les ouvrières poussent la reine vers la sortie.
Et le nuage de l'essaim s'envole dans le ciel, flottant de-ci de-là, avec la reine, invisible en son centre, avant de se poser sur la branche d'un arbre proche du domicile qu'il vient d'abandonner.

À l'intérieur du nid ou de la ruche, parvenue au terme de sa métamorphose, la première princesse émerge de sa chrysalide, dévore le plafond de cire et sort de son alvéole.
Elle commence à parcourir le nid ou la ruche en poussant ses sons de cornemuse – *les longs et mystérieux cris de guerre des princesses adolescentes*, dit Maeterlinck.
Elle produit ces sons non pas en frottant son abdomen sur l'abdomen d'une ouvrière, comme le font les éclaireuses, mais en frottant son abdomen sur un gâteau de cire.
Le son est plus puissant

Et les ouvrières s'immobilisent, sans un bruit, pendant qu'elle pousse ses *longs cris de guerre* dans le silence.

La princesse est partie à la recherche de ses sœurs, les autres princesses, encore dans leurs alvéoles.

Et les autres princesses, sous leur plafond de cire, lui répondent en poussant à leur tour leur cri de guerre, plus faible.

Elle va déchirer les plafonds de cire et les tuer – mais les ouvrières, si elles sont suffisamment nombreuses, s'interposent et la repoussent.

Alors, *sa colère inassouvie,* poursuit Maeterlinck, *[la princesse] se promène de rayon en rayon, y faisant retentir ce chant de guerre ou cette plainte menaçante que tout apiculteur connaît, qui ressemble au son d'une trompette argentine et lointaine, et qui est si puissant dans sa faiblesse courroucée qu'on l'entend, surtout le soir, à trois ou quatre mètres de distance, à travers les doubles parois de la ruche la mieux close.*

Si une autre princesse sort de son alvéole, ce sera le combat, et celle qui en sortira victorieuse héritera du nid ou de la ruche, de sa cohorte d'ouvrières et des réserves de miel.

Mais il y a une alternative au combat – l'exil. Abandonner le royaume.

Et partir, avant même le vol nuptial, avec une partie des ouvrières, à la recherche d'un nouveau domicile.

S'il fait beau, et pas trop froid, les ouvrières vont pousser la princesse à essaimer.

Et un deuxième essaim, plus petit que le premier, va quitter le domicile, flotter dans les airs, et se poser sur la branche d'un arbre.

Puis une autre princesse sort de son alvéole.

Et la même scène se répète.

Qui pourra conduire à un combat, ou à un troisième exil – un troisième essaim.

Une autre princesse, encore, sort de son alvéole, ou deux, ou trois. Et cette fois les ouvrières attendront le combat entre les princesses.
Un combat à mort.

Contrairement à celui des ouvrières, le dard des futures reines ne se détache pas de leur corps lorsqu'elles le plantent dans la carapace d'une adversaire.
Et les princesses se servent de leur dard comme d'une épée empoisonnée, injectant leur venin dans le corps de leurs adversaires.
Une fois qu'une princesse, au terme du combat, a vaincu et mis à mort sa ou ses rivales, elle se précipite vers les alvéoles qui abritent encore d'autres princesses, déchire leur toit de cire et les tue.

Il n'y a plus qu'une princesse vivante – et elle sera reine.
Elle effectue alors sa première sortie hors du nid ou de la ruche, son vol de reconnaissance et d'orientation.
Puis elle part au loin, pour son vol nuptial qui l'unira à une douzaine de faux-bourdons – les abeillauds – des colonies des alentours.
À son retour, elle est la reine mère de la colonie.

Elle habitera le nid ou la ruche jusqu'au printemps prochain, lorsqu'elle partira à son tour, comme l'avait fait sa mère, avec l'essaim de ses filles, à la recherche d'un nouveau domicile, laissant derrière elle les futures combattantes se disputer sa succession.

Mais revenons au moment où la nouvelle reine revient de son vol nuptial.
Le calme règne dans le nid ou la ruche et l'harmonieuse et fébrile activité des ouvrières a repris.

Tout semble à nouveau paisible.

Mais une autre forme de mise à mort est en train de se préparer.

La vie des faux-bourdons – les abeillauds – est brève, et leur fin est violente.

Lorsqu'ils sortent de leurs alvéoles, ils mènent tout d'abord dans le nid ou la ruche une existence oisive. Ils sont nourris par leurs sœurs et ne participent pas aux activités des ouvrières.

Puis ils s'envolent et gagnent les lieux de rassemblement – les aires de congrégation des faux-bourdons – où se réunissent des centaines ou des milliers d'abeillauds venus des différentes colonies des environs.

Ils guettent le vol des jeunes reines et se lancent à leur poursuite à tire-d'aile.

Si un abeillaud réussit à rejoindre une reine et, en plein vol, à s'unir à elle, cette union va provoquer sa mort.

Son *édéage* – son organe sexuel – s'est détaché à la fin de l'étreinte. Il demeure dans le corps de sa conquête, et l'abeillaud tombe brutalement des airs, et va mourir sur le sol.

La très grande majorité des abeillauds ne réussit pas à s'unir à une reine.

Ils regagnent leur nid ou leur ruche, où ils se nourrissent. Et ils reviennent chaque jour sur le lieu de rassemblement.

Puis, lorsque toutes les reines des colonies des environs ont été fécondées, tous les abeillauds survivants, toujours vierges, reviennent à leur domicile.

Où un destin funeste les attend.

Les ouvrières refusent de les nourrir et leur interdisent l'accès aux réserves de miel.

Elles les poussent dehors.

Et les abeillauds, incapables de se nourrir seuls à partir des fleurs, vont mourir de faim.

Alors seulement, au début ou à la fin de l'été – suivant le moment où a eu lieu l'essaimage qui a légué le royaume à l'une des princesses –, la colonie retrouvera durant un an cette paix harmonieuse entre ses membres que traduisent si bien les termes de *sagesse de la ruche* et de *démocratie des abeilles*.

LA TAPISSERIE TOUT ENTIÈRE

> Chacune des parcelles du tissu révèle l'organisation
> de la tapisserie tout entière.
>
> Richard Feynman, *The character of Physical Law.*

Depuis cent dix à cent quarante millions d'années, durant
leurs longue coévolution avec les plantes à fleurs, les abeilles
ont connu des modes de vie extrêmement divers, que reflète
aujourd'hui la très grande diversité des formes et des modalités d'existence de leurs descendants – les vingt mille espèces
d'abeilles qui vivent des fleurs et font vivre les fleurs à travers
le monde.

La plupart des abeilles mènent une existence solitaire.

Les abeilles femelles construisant un petit nid au sol ou dans
la terre, sous une pierre, dans une petite cavité dans un arbre,
ou dans une coquille d'escargot. Elles pondent leurs œufs
dans le nid et y stockent les réserves de pollen dont se nour-
riront leurs petits.

Certaines abeilles vivent en petites communautés dans lesquelles chaque mère s'occupe de ses propres petits et dans
lesquelles il n'y a pas de division du travail.

Dans d'autres espèces, beaucoup plus rares – dont *Apis
mellifera*, notre abeille à miel – les abeilles composent des
sociétés complexes, avec une reine, et plusieurs dizaines de
milliers d'ouvrières dont les générations se succèdent et qui

s'engagent, durant leur brève existence, dans une succession d'activités complémentaires.

Les abeilles de nombreuses espèces ne visitent et ne pollinisent qu'une seule famille de plantes à fleurs – on les appelle des *spécialistes*.

D'autres, dont toutes les abeilles sociales, sont des *généralistes* se nourrissant des fleurs qui appartiennent à de multiples familles de plantes.

Certaines abeilles vivent en parasites. Elles ne construisent pas de nid et ne récoltent pas de pollen pour leurs petits.

La plupart sont des *cleptoparasites* – littéralement *parasites voleurs* – ou *abeilles-coucous*, qui pondent leurs œufs dans le nid d'une espèce proche, dont les adultes élèveront les petits. Il existe une autre forme de parasitisme, plus rare, qui a été appelée *parasitisme social*. Il s'exerce aux dépens des abeilles qui vivent dans des sociétés complexes constituées d'une reine et d'ouvrières. L'abeille parasite, d'une espèce proche, s'introduit dans le nid, expulse ou tue la reine et prend sa place.

Les vingt mille espèces actuelles d'abeilles appartiennent à sept grandes familles.

La plus grande famille est celle des *Apidae*. Elle comporte plus de cinq mille sept cents espèces, dont le plus grand nombre réside dans les régions néo-tropicales et en Asie.

Les abeilles de la plupart de ces espèces vivent en solitaires, construisant leur nid sur le sol, ou dans le bois, ou encore à partir de résine. D'autres vivent en toutes petites communautés peu structurées. Un tiers environ des espèces sont des abeilles parasites.

Mais c'est dans cette famille qu'a émergé, il y a une vingtaine de millions d'années, la tribu des *Apini* – qui a donné naissance aux neuf espèces d'abeilles à miel, à la vie sociale si complexe, dont *Apis mellifera*, l'abeille à miel de nos régions, et *Apis cerana*, qui vit aujourd'hui en Asie du Sud et de l'Est.

La famille des *Halictidae* compte quatre mille trois cents espèces, réparties sur tous les continents, sauf l'Antarctique. La plupart sont des *généralistes*. Certaines ont développé des formes de vie en société relativement peu complexes et beaucoup vivent en parasites.

La famille des *Megachilidae* – littéralement à longue langue, cette particularité étant une caractéristique partagée par les *Apidae* – vit sous tous les climats, y compris dans les déserts, et compte quatre mille espèces, dont la plupart des abeilles *coupeuses de feuilles* et des abeilles *maçonnes*.

La famille des *Andrenidae* compte plus de deux mille neuf cents espèces, qui vivent toutes en solitaires, et sont pour la plupart des *spécialistes*, ne se nourrissant que d'une seule famille de plantes à fleurs.

La famille des *Colletidae* comporte plus de deux mille cinq cents espèces, dont les abeilles se distinguent par une très grande diversité de tailles et de formes.

La famille des *Mellitidae* ne compte que deux cents espèces qui pour la quasi-totalité sont des *spécialistes*. Elles vivent sous les climats méditerranéens et les climats tempérés de l'Ancien et du Nouveau Monde.

Et parmi ces sept familles, celle des *Stenotritidae* est la plus petite et la plus étrange.

Elle ne compte que vingt-et-une espèces connues, qui vivent en Australie.

Ce sont de grandes abeilles, au vol rapide. Elles vivent en solitaires dans un nid qu'elles construisent sur le sol et semblent ne se nourrir que d'une seule famille de plantes à fleurs.

Depuis une quinzaine d'années, l'ADN d'un grand nombre d'espèces d'abeilles a été analysé.

Et ces études d'ADN, combinées à l'analyse de fossiles d'abeille, ont permis de reconstituer la *phylogénie* – la généalogie et le degré de parenté – de ces abeilles, dévoilant progressivement certains des mystères de l'évolution des modes de vie de leurs ancêtres.

À la fin août 2013, un groupe international de chercheurs des États-Unis, du Canada, du Brésil, de Suisse et de Belgique publiait dans *Annual Review of Entomology* une synthèse d'une vingtaine de pages de l'ensemble de ces travaux.

L'article était intitulé *Impact des études moléculaires sur notre compréhension de la phylogénie et de l'évolution des abeilles*.

Ces travaux ont permis d'apporter un éclairage nouveau sur l'origine et l'évolution du parasitisme des abeilles-*coucous*.

Ce type de parasitisme aurait émergé de nombreuses fois. Dans certaines familles d'abeilles, son origine semble être très ancienne – il serait apparu il y a quatre-vingt-quinze millions d'années, et semble avoir été sans retour.

Les espèces qui ont perdu la capacité de construire un nid semblent n'avoir jamais retrouvé cette capacité – elles sont restées dépendantes des autres espèces d'abeilles pour leur propagation à travers les générations.

Ces études ont aussi révélé que le mode de vie solitaire semble avoir été le mode d'existence initial de toutes les abeilles.

Il y aurait eu par la suite plusieurs transitions, dans différentes familles, vers des formes de vie sociale plus élaborées.

Certaines de ces transitions semblent avoir été instables – les espèces vivant en société donnant souvent naissance à des espèces qui sont retournées à une vie solitaire.

La spécialisation des abeilles qui ne se nourrissent que d'une seule famille de plantes à fleurs semble aussi avoir été le mode de vie premier des abeilles.

Puis il y aurait eu plusieurs transitions vers des espèces généralistes.

Et ainsi, à l'origine, les abeilles vivaient une existence solitaire et n'interagissant chacune qu'avec une seule espèce de plantes à fleurs – ou un nombre très réduit.

Puis, à mesure qu'elles évoluaient, se diversifiaient et se répandaient à travers le monde, les abeilles ont donné naissance à des descendants dont beaucoup sont devenus des pollinisateurs généralistes – et dont certains ont fait émerger des sociétés complexes aux modes de fonctionnement fascinants.

Mais ces sociétés complexes, quand sont-elles nées ?

Durant la longue évolution des abeilles, des modes de vie sociale élaborés semblent avoir émergé cinq à six fois – du moins chez les abeilles dont les descendants ont pu voyager dans le temps jusqu'à nous.

Ils auraient émergé deux fois dans la famille des *Apidae,* et trois à quatre fois dans la famille des *Halictidae.*

Les émergences les plus récentes de la vie en collectivité ont eu lieu il y a une vingtaine de millions d'années chez les ancêtres des membres actuels de la famille des *Halictidae.* Mais les sociétés qui y sont nées ont souvent été instables.

Les deux émergences les plus anciennes et les plus stables ont eu lieu dans la famille des *Apidae.*

Les détails de ces naissances ont été établis par une étude de deux chercheurs du Département d'entomologie de l'Université Cornell à Ithaca, aux États-Unis.

Cette étude a été publiée il y a deux ans, en juin 2011, dans *PLOS One.*

Elle était intitulée *Antiquité et histoire de l'évolution du comportement social chez les abeilles.*

L'émergence la plus ancienne d'un comportement social s'est produite il y a plus de quatre-vingt-cinq millions d'années chez les ancêtres d'un groupe actuel des abeilles de la famille *Apidae*, le groupe des abeilles *corbiculées*, qui comprend aujourd'hui plus de mille espèces.

Corbiculées signifie littéralement à corbeilles – ces petites *corbeilles* sur les pattes des abeilles *corbiculées*, dans lesquelles elles tassent le pollen qu'elles rapportent.

Et parmi les descendants de ces abeilles *corbiculées* émergeront quatre tribus – dont la tribu des *Bombini*, les *bourdons*, à la vie sociale relativement rudimentaire, et les deux tribus qui ont aujourd'hui le mode de vie sociale le plus complexe, les *Apini* et les *Melipononini*.

D'abord, il y a plus de cinquante-cinq millions d'années, la tribu des *Melipononini* – la tribu des abeilles sans dard, qui vivent aujourd'hui sous les tropiques.

Puis, il y a une vingtaine de millions d'années, la tribu des *Apini* – la tribu des abeilles à miel.

Et c'est dans cette tribu qu'est née *Apis mellifera*, l'abeille à miel dont Virgile chantait il y a deux mille ans les louanges.

Aujourd'hui, *Apis mellifera*, élevée dans des ruches, produit généreusement le miel et la cire que recueillent les apiculteurs. Et, en pollinisant les fleurs, elle apporte une contribution importante à la récolte des fruits, des graines, des légumes et des noix récoltées par les agriculteurs.

Mais elle n'est pas la seule.

Longtemps avant la naissance d'*Apis mellifera*, d'innombrables autres abeilles ont fécondé et propagé les plantes à fleurs à travers le monde.

Et aujourd'hui, dans nos régions et dans toutes les autres régions du monde, des abeilles sauvages appartenant à de très nombreuses espèces – et beaucoup d'autres insectes pollinisateurs, dont les papillons et les scarabées – sont à l'ouvrage du printemps à l'automne dans les champs, les vergers et les potagers, apportant leur contribution essentielle à la naissance des fruits, des légumes, des graines et des noix dont nous tirons notre nourriture.

Il y a huit mois, à la fin février 2013, une étude publiée dans *Science* révélait que ces abeilles sauvages – et les autres insectes pollinisateurs – contribuent beaucoup plus à nos récoltes que les butineuses *Apis mellifera*.

L'étude, extrêmement minutieuse, a été réalisée à très grande échelle par cinquante chercheurs appartenant à des institutions de quinze pays, répartis dans cinq continents.

Elle a concerné quarante-et-une familles de plantes à fleurs qui sont pollinisées par des insectes et donnent des fruits, des légumes, des graines ou des noix – les concombres, les cerises, les pastèques, les myrtilles, les amandes, les pamplemousses, les mangues, le café, les citrouilles... – sur six cents sites d'agriculture différents, répartis sur tous les continents.

Parmi les six cents sites qu'ils ont étudiés, les chercheurs avaient pris soin de choisir des sites où était pratiquée une monoculture extensive, et d'autres qui faisaient l'objet de cultures diversifiées sur des surfaces plus réduites ; certains sites où l'abondance et la diversité des insectes pollinisateurs sauvages étaient importantes, et d'autres où elles étaient faibles ; certains sites où la densité des abeilles à miel était importante, et d'autres où elle était faible.

Sur chaque site, les chercheurs ont mesuré la fréquence des visites que faisaient aux différentes fleurs les insectes de chacune des espèces présentes.

Et ils ont évalué, de deux façons complémentaires, la qualité de l'aide à la fécondation que ces insectes rendaient aux fleurs. Soit en mesurant le taux de pollinisation – en comptant le nombre de grains de pollen déposés par les insectes pollinisateurs dans les *stigma*, les organes femelles des fleurs – soit en appréciant l'efficacité de la fécondation – en comptant le pourcentage de fleurs qui avaient donné naissance à des fruits, des légumes, des graines ou des noix.

Les résultats indiquent que les visites des fleurs par des insectes pollinisateurs sauvages augmentent significativement la production de fruits, de légumes, de graines ou de noix dans l'ensemble des quarante-et-une familles de plantes à fleurs étudiées – alors que les abeilles à miel n'ont le même effet que dans une petite minorité de ces familles de plantes à fleurs.

Et, globalement, à nombre de visites égal, les visites effectuées par les insectes sauvages augmentent *deux fois plus* la productivité des fleurs que les visites effectuées par les abeilles à miel.

La conclusion de l'étude est la suivante :
si une augmentation de l'élevage des abeilles à miel par les apiculteurs peut apporter une contribution importante à l'agriculture, elle ne peut, à elle seule, se substituer à la contribution essentielle qu'apportent les autres insectes pollinisateurs – et notamment les abeilles sauvages appartenant aux très nombreuses espèces autres qu'*Apis mellifera*.

La fécondité des plantes à fleurs dépend de la biodiversité de leurs pollinisateurs.

Plus encore que la diminution, dans plusieurs régions du monde, du nombre et de la richesse des colonies d'abeilles à miel, le plus grand danger qui menace à moyen terme les plantes à fleurs – et donc une grande partie de nos sources en nourriture – c'est la diminution du nombre et de la diversité des autres abeilles sauvages qui les pollinisent.

Et la diversité des abeilles sauvages ainsi que la richesse de leurs populations semblent, depuis une quarantaine d'années, être en train, de s'effondrer.

C'est ce que suggérait une étude publiée dans le même numéro de *Science,* à la fin février 2013. Elle avait été réalisée par trois chercheurs de l'Université de l'État de Washington, de l'Université de l'État du Montana et de l'Université de l'État de l'Illinois, aux États-Unis.

Cette étude, contrairement à la précédente, ne s'était pas déployée à travers l'espace – mais à travers le temps.

Les chercheurs avaient minutieusement étudié les interactions entre les abeilles et les fleurs sur un seul site – mais sur une durée de plus d'un siècle.

Ils ont comparé – à partir de données recueillies à trois périodes différentes, sur une durée de cent vingt ans – la diversité et la richesse des populations d'abeilles sauvages, et leurs relations avec différentes plantes à fleurs, dans la campagne des environs d'une petite ville de l'État de l'Illinois – Carlinville – qui compte aujourd'hui environ six mille habitants.

Les premières données avaient été recueillies à la fin du XIXe siècle.

À partir de 1887, et jusqu'en 1916, Charles Robertson, un entomologiste qui enseigne la biologie et le grec classique au Blackburn College, à Carlinville, réalise une étude minutieuse et exhaustive des relations entre les plantes à fleurs et leurs insectes pollinisateurs dans les sous-bois et les prairies qui s'étendent dans un rayon d'une quinzaine de kilomètres autour de la petite ville.

Il découvre et décrit avec précision un réseau complexe de plus de cinq cents interactions entre mille quatre cent vingt-neuf espèces d'insectes *visiteurs* et plus de quatre cent cinquante-trois espèces de plantes à fleurs qu'ils pollinisent. Parmi ces mille quatre cent vingt-neuf espèces d'insectes pollinisateurs dont il a répertorié les interactions avec les fleurs, il y a plus de cent espèces d'abeilles, et plus de mille espèces de scarabées, de mouches et de papillons.

Robertson décrira plus de deux cents espèces et variétés inconnues d'insectes, publiera plusieurs articles scientifiques, et écrira un livre, *Fleurs et insectes : une liste des visiteurs de quatre cent cinquante-trois fleurs.*

Et, en reconnaissance de son extraordinaire travail, les entomologistes donneront plus tard son nom à une vingtaine d'espèces et variétés d'insectes – *robertsonii.*

Plus de quatre-vingts ans après les premières observations de Robertson, au début des années 1970, une nouvelle étude est réalisée sur les mêmes sites des environs de Carlinville.

Les chercheurs y explorent la diversité des abeilles et la fréquence de leurs visites à la plante à fleurs la plus abondante et la plus visitée par les insectes pollinisateurs dans la région – une petite plante à fleurs blanches ou roses, répandue dans l'est des États-Unis, *Claytonia virginica,* communément appelée *Eastern spring beauty, Beauté du printemps oriental.*

Encore une quarantaine d'années, et les auteurs de l'étude publiée à la fin février 2013 dans *Science* réalisent à leur tour, durant deux ans, en 2009 et 2010, une étude exhaustive sur les mêmes lieux.

Durant une période de plus d'un siècle, le paysage de cette région a profondément changé. Il a été fragmenté. La plupart des forêts et des prairies ont été transformées en champs cultivés, en lieux d'habitations ou en centres commerciaux. Et le climat s'est un peu réchauffé, d'environ 2°C durant l'hiver et le printemps.

L'étude indique que seul un quart des plus de cinq cents relations entre les insectes pollinisateurs et les plantes à fleurs qu'avait décrites Charles Robertson il y a cent vingt ans subsistent aujourd'hui.

Mais les chercheurs observent cent vingt interactions nouvelles, qui n'existaient apparemment pas du temps de Robertson.

Au total – en prenant en compte à la fois la disparition massive des interactions anciennes et l'émergence d'un nombre réduit d'interactions nouvelles – le nombre d'interactions observées aujourd'hui ne représente plus que la moitié du nombre des interactions initiales.

Et les chercheurs découvrent que la moitié des plus de cent espèces différentes d'abeilles décrites par Robertson a disparu de la région.

Cette disparition ne touche pas toutes les espèces mais celles qui semblent les plus vulnérables aux changements de leur habitat – des abeilles qui sont spécialisées dans un seul type de fleurs, des abeilles qui construisent leur nid dans des anfractuosités et des abeilles parasites.

Les chercheurs découvrent aussi que c'est il y a moins de quarante ans seulement que cet effondrement semble avoir débuté.

En effet, en 1971 et 1972, le nombre d'espèces d'abeilles qui visitent les fleurs de *Claytonia virginica* est le même qu'à la fin du XIXe siècle.

Mais, en 2009 et 2010, ce nombre a diminué de plus de moitié.

Et la fréquence des visites a diminué de trois quarts.

L'analyse globale du réseau d'interactions que tissent aujourd'hui, dans cette petite région, les différentes espèces d'abeilles sauvages qui y persistent encore et les plantes dont elles visitent les fleurs révèle un appauvrissement important, et donc une fragilisation importante de ce réseau.

Sa plasticité, sa flexibilité, sa résilience – sa capacité à résister à de nouvelles altérations de son habitat – semblent profondément compromises.

Et parce qu'il n'y a pas de raison de penser que les environs de Carlinville constituent un cas particulier et une exception, cette étude suggère que l'ancienne alliance entre le monde des abeilles et le monde des plantes à fleurs est aujourd'hui menacée.

Les étranges sociétés que construisent les abeilles à miel *Apis mellifera* représentent l'une des émergences les plus extraordinaires auxquelles a abouti cette ancienne alliance. Et l'apiculture a constitué un exemple remarquable d'une autre alliance, beaucoup plus récente, entre l'humanité et le monde des insectes.

Mais les abeilles à miel ne sont que l'une des parcelles de cette immense tapisserie qu'ont tissée ensemble, à travers l'espace et le temps, la diversité des insectes pollinisateurs et la diversité des plantes à fleurs qu'ils fécondent.

Et c'est cette tapisserie qui est en train de se défaire.

Que nous sommes en train de réduire en lambeaux.

Il y a plus d'un siècle, un homme s'inquiète de ce désastre à venir.

C'est en 1877.

Une dizaine d'année avant que Charles Robertson ne commence sa patiente exploration des *visiteurs de quatre cent cinquante-trois fleurs* des forêts et des prairies des alentours de Carlinville.

Loin de Carlinville, de l'autre côté de l'océan Atlantique, dans le petit village de Down, au cœur de la campagne anglaise du Kent, Charles Darwin refait, chaque jour, sa promenade au long de la *Sandwalk,* l'allée qu'il a fait tracer aux limites du terrain qui entoure sa maison, entre les bois et les champs.

Il lui reste cinq ans à vivre.

Cela fait dix-huit ans qu'il a dévoilé, dans *De l'origine des espèces,* les lois de la nature, les forces aveugles à l'œuvre dans l'évolution et la diversification du monde vivant qui nous a donné naissance.

Il s'inquiète désormais, de manière prémonitoire, de notre capacité de le détruire.

Il cite la phrase attribuée à Francis Bacon – *Knowledge is power – la connaissance est du pouvoir.*

Et il poursuit : *C'est seulement aujourd'hui que l'humanité a commencé à prouver à quel point* la connaissance est du pouvoir.

L'humanité a désormais acquis une telle domination sur le monde matériel qu'il est probable qu'elle envahira toute la surface de la Terre jusqu'à l'annihilation de chacune des belles et merveilleuses variétés d'êtres animés,
à l'exception, ajoute-t-il, *des animaux et des plantes que nous aurons conservés dans nos jardins zoologiques et botaniques.*

Aujourd'hui, nous inscrivons des empreintes de plus en plus profondes et de moins en moins réversibles dans notre environnement.

La réduction et le fractionnement des habitats naturels causés par la déforestation, l'agriculture intensive, les réseaux routiers, la construction des villes et des zones d'habitation péri-urbaines. La pêche intensive. La transplantation rapide de différentes espèces d'un continent à un autre. La pollution lumineuse nocturne. Le vacarme à la surface de la Terre, dans les airs, et dans les mers. Le réchauffement climatique. La pollution chimique et nucléaire.

Nous avons fini par nous considérer – pour reprendre les termes de Descartes – *comme maîtres et possesseurs de la nature.*

Mais nous avons du mal à réaliser que nous sommes des colosses aux pieds d'argile, que nous ne sommes, nous-mêmes, qu'une parcelle de l'immense tissu de la nature.

Et que nous ne pouvons survivre en son absence.

Au début de l'année 2011, durant le *Forum économique mondial,* le secrétaire général de l'ONU, Ban Ki-Moon, sonnait l'alarme :

Durant la plus grande partie du siècle dernier, la croissance économique était fondée sur ce qui apparaissait comme une certitude : l'abondance des ressources naturelles.

Nous avons épuisé nos ressources minières sur notre chemin de la croissance. Nous avons brûlé notre pétrole et nos forêts sur notre chemin vers la prospérité Nous avons cru à la consommation sans conséquence.

Ces jours-là sont enfuis.

Sur le long terme, ce modèle est une recette pour un désastre – un pacte de suicide global.

À la fin du printemps 2012, la revue *Nature* consacrait à ce désastre sa couverture.

Elle était intitulée *Une seconde chance pour la planète.*

L'espoir que le sommet mondial *Rio plus vingt* – vingt ans après le premier *Sommet de la Terre,* au même endroit, à Rio de Janeiro – nous permette enfin d'entrer dans une nouvelle ère, celle d'un développement durable et équitable à l'échelle de l'humanité

Dans ce même numéro de *Nature*, plusieurs études réalisées par des chercheurs de nombreux pays et de nombreuses disciplines soulignaient le caractère extrêmement préoccupant de l'état de dégradation de notre planète et de sa biosphère.

Et ils révélaient aussi à quel point cette dégradation, et l'exploitation de la plupart des ressources naturelles, se produisent aux dépens des populations les plus pauvres et les plus vulnérables et au profit des pays les plus riches et les plus industrialisés.

Non seulement notre mode de développement économique et social n'est pas durable pour les générations futures.

Il est aussi de plus en plus inéquitable pour les générations actuelles.

La préservation des capacités de renaissance et de diversification des splendeurs du monde vivant qui nous entourent – y compris de ces toutes petites choses dont s'émerveillait Virgile – est l'une des conditions nécessaires à la construction d'un monde plus juste, plus respectueux du droit de chaque personne d'y vivre dans la dignité.

V

Un cadeau de Nouvel An

À partir de ce presque Rien
– un minuscule atome de neige –
j'ai été proche de recréer l'Univers entier,
qui contient tout !

Johannes Kepler, *Étrenne ou La neige à six angles.*

Un cadeau qui descend du ciel...

> Le cadeau qui vous fera plaisir devra donc être à la fois petit et insignifiant, peu coûteux et éphémère, c'est-à-dire presque Rien.
>
> Johannes Kepler,
> *Étrenne ou La neige à six angles.*

Lire la neige, dit Smilla, *c'est comme écouter de la musique.*
C'est un roman de l'écrivain danois Peter Høeg – *Smilla's sense of snow* – Smilla et l'amour de la neige.
Le roman commence ainsi :
Il neige et, dans la langue qui n'est plus la mienne, la neige se dit qanik – de grands cristaux, presque sans poids, qui tombent en touffes et couvrent le sol d'une couche de poudre de gel blanc.
Qanik est l'un des mots qui désignent la neige dans la langue inuit, la langue des esquimaux.

Lire la neige pense Smilla, *c'est comme écouter de la musique.*
Même quand il n'y a pas de chaleur, pas de nouvelle neige, pas de vent – même alors, la neige change.
Comme si elle respirait – comme si elle se condensait et s'élevait et retombait et se désintégrait.

On ne peut percevoir le son de la neige en train de tomber.
Mais, une fois tombée, la neige peut se mettre à chanter.

C'est un bruit faible, dit Pascal Quignard.
Il y a quelque chose en lui qui meurt, comme en toute musique.

C'est dans un chapitre de *Sur le jadis*, intitulé *Sonate de la neige qui tomba dans l'Yonne au début 2002*.

L'ermitage où je vis, au bout du jardin, juste avant un noisetier et un pommier près de l'eau, est tout blanc.

Au-dessus, tandis que je regardais le ciel qui se rétrécissait, qui se désapprofondissait, de plus en plus blanchâtre, de plus en plus bas, j'entendis un bruit dont je crus reconnaître la nature.

Je fermai les yeux pour mieux le percevoir

Ce bruit était aussi émouvant, aussi absolu, aussi déchirant, aussi frémissant, aussi pathétique que la musique pouvait l'être à mes oreilles lorsque j'étais enfant et que tout mon corps estimait que c'était la seule chose attirante dans ce monde.

C'est un bruit faible

Il y a quelque chose en lui qui meurt, comme en toute musique.

J'évoque le bruit de la neige qui se creuse.

Le chant de la neige qui s'en va, qui se dissout elle-même à l'intérieur d'elle-même, est un concert dont je m'approche de plus en plus.

Je sors l'entendre quand l'hiver vient.

La neige ne fond pas, quoi que dise la langue naturelle. C'est ce craquement d'elle-même, ce craquement de sa propre structure qu'on appelle fondre.

Fondre n'est pas silencieux.

Chaque fois que le temps se réchauffe, je m'éloigne des routes et des habitations. En vieillissant je suis un homme de plus en plus sensible. Je vais écouter le son de la neige qui fléchit, de la blancheur qui s'affaisse.

La neige dit adieu.

Dans la langue chinoise le mot 化, utilisé pour désigner la neige qui fond, signifie se transformer.

On peut regarder la neige fondre, dit Quignard, *mais on ne voit pas grand-chose.*

Du moins avant que naissent les premières rigoles sous elle, au moment du dégel.

Je fermais les paupières dans le froid.

De temps à autre je soulevais mes paupières à peine. Je regardais autour de mes pieds, la façon dont la neige se forait elle-même.

Elle se trouait en de multiples petits puits qui se rongeaient, qui se dentelaient peu à peu en s'élargissant. Elle faisait un bruit accordé, égrené et précis, bas dans la fréquence, souvent presque contralto, avec de brusques cliquetis, puis laissant le silence tout à coup les envelopper pour le trouer lui-même en dégorgeant l'eau sous ses cristaux en ruine,

dans un écho décalé,

de même que l'éclair et le tonnerre ne coïncident pas, de même que la foudre qui jaillit et le roulement qui gronde ne s'illustrent jamais l'un l'autre dans l'opéra de l'orage,

la fusion de la neige sous elle et le bruit de ses trous en surface ne sont pas synchrones,

comme si deux mondes n'étaient jamais ajustés sur cette terre mais, s'adressant l'un à l'autre des reflets au hasard, plus ou moins appariés [...],

mondes divergents pareils à des vestiges...

Le chant des trous dans la neige.

Et, avant d'entendre le chant de la neige, s'émerveiller de la danse des flocons dans le ciel.

Quand on voit pour la première fois la neige qui tombe, dit Smilla, q*uand cela survient pour la première fois, c'est comme découvrir que tu es éveillée alors que tous les autres sont endormis.*

Quand cela survient pour la première fois.

Dans *L'œil de l'esprit*, Oliver Sacks raconte l'histoire de Sue Barry – une femme qui n'a jamais vu en relief, en trois dimensions.

Ses deux yeux ne voient pas ensemble la même image.

Alors qu'elle a près de cinquante ans, elle entreprend une rééducation avec des lunettes qui contiennent des prismes et permettent à ses yeux de converger sur une même image. D'abord, il ne se passe rien.

Et puis un jour, soudain, elle voit en relief.

Un jour d'hiver écrit-elle à Oliver Sacks, *je me pressais hors de la salle de cours pour aller déjeuner.*

Au bout de quelques pas, je m'arrêtai.

La neige tombait paresseusement autour de moi en grands flocons humides.

Je pouvais voir l'espace entre chaque flocon, et tous les flocons ensemble produisaient une belle danse en trois dimensions.

Auparavant, la neige me semblait tomber en rideau plat dans un plan en face de moi.

J'avais l'impression de voir la chute de neige devant moi.

Mais maintenant, je me sentais à l'intérieur, parmi les flocons de neige.

Oubliant le déjeuner, je regardai la neige tomber pendant plusieurs minutes et, pendant que je regardais, j'étais submergée par une profonde sensation de beauté.

Une chute de neige peut être très belle – surtout quand vous la voyez pour la première fois.

Les cristaux de neige sont des lettres qui nous sont envoyées du ciel, dit le physicien Ukichiro Nakaya. Et ces lettres nous racontent, nous révèlent ce qui s'invente là-haut, ce qui s'écrit là-haut, dans la vapeur et le froid des nuages.

À condition de recueillir les flocons avant qu'ils fondent et de les observer pour tenter d'en découvrir la structure.

En 1665, le grand savant Robert Hooke, contemporain et rival d'Isaac Newton, publie pour la première fois dans *Micrographia* les dessins des raffinements des formes complexes jusque-là invisibles des flocons de neige que ses observations au microscope lui ont révélées.

Deux siècles et demi plus tard, en 1931, aux États-Unis, Wilson Bentley, un fermier passionné de photographie, célèbre la beauté de la neige dans son livre *Snow Crystals* – « Cristaux de neige » – en présentant plus de deux mille microphotographies de flocons.

Encore cinq ans, et, en 1936, à l'Université de Hokkaido, au Japon, Ukichiro Nakaya passe de l'observation à la création – il crée le premier flocon de neige artificiel, le premier cristal de neige fabriqué en laboratoire.

Nakaya réalise aussi la première classification de la diversité des formes de flocons de neige dans la nature – les répartissant en sept familles différentes, qui composent, en tout, quarante et une catégories de flocons différents.

Et il illustre cette classification par des milliers de photos de flocons de neige, qui sont toujours conservées par son université, à Hokkaido.

Aujourd'hui, au California Institute of Technology, le physicien Kenneth Libbrecht poursuit l'œuvre de Nakaya, essayant de comprendre comment se forment les cristaux de neige qu'il fait pousser dans son laboratoire.

Il a pris plus de dix mille photos de flocons à travers le monde et, il y a cinq ans, le Service Postal des États-Unis a réalisé une série de timbres à partir de quelques-unes de ses plus belles photos.

La diversité des formes de cristaux de neige est surprenante, dit Kenneth Libbrecht dans un entretien publié dans *Nature*, à la fin de l'année 2011.

Des plaquettes hexagonales, des colonnes, des aiguilles, des étoiles ramifiées à six branches, des étoiles à douze branches, des structures en fougères et beaucoup d'autres formes encore.

Quand vous vous demandez comment se forment les flocons de neige, ce que vous êtes vraiment en train de vous demander, c'est comment des molécules passent d'un état gazeux désordonné – de la vapeur d'eau – à un état de réseau cristallin ordonné – des cristaux de glace.

J'utilise la glace comme modèle pour comprendre la croissance des cristaux.

Quatre cents ans plus tôt, la veille du nouvel an 1611, un livret de vingt-quatre pages, écrit en latin, est offert

> *À l'honorable Conseiller à la cour de sa majesté impériale, le seigneur Matthäus Wacker von Wackenels, chevalier et patron des écrivains et philosophes, mon maître et mécène.*

> *De la part de Johannes Kepler, mathématicien de sa majesté impériale* [à Prague, auprès de Rudolf II, empereur du Saint Empire Romain, roi de Bohème et de Hongrie].

Je sais bien à quel point vous appréciez le Rien, écrit Kepler. *Et donc je peux facilement dire qu'un cadeau vous fera d'autant plus plaisir qu'il se rapprochera de rien.*

Ainsi, quoi que ce soit, ce qui vous fera plaisir devra être à la fois petit et insignifiant, peu coûteux et éphémère – c'est -à-dire presque rien.

Et, comme il y a de nombreuses choses de cette sorte dans le royaume de la nature, il faut faire un choix parmi elles.

Kepler évoque d'abord un atome, l'un des atomes d'Épicure, chantés par Lucrèce – dont le magnifique poème, *De rerum natura,* a été redécouvert deux siècles plus tôt dans un monastère par Gian Francesco Poggio Bracciolini, dit Le Pogge.

Mais Kepler ne croit pas à l'existence des atomes – *il s'agit vraiment de rien,* dit-il, et non pas de *presque rien.*

Parcourons donc les éléments, poursuit-il, *c'est-à-dire les plus petits composants de chaque substance.*

Il évoque d'autres géants de l'Antiquité – Archimède, Platon, Parménide.

Et il examine les éléments : la terre – la poussière – les étincelles de feu, le vent, la fumée, l'eau. *Mais je crains que même cela soit trop pour vous, qui vous délectez tant de Rien.*

Et si nous nous tournions vers les animaux ? se demande-t-il. Il évoque *le plus petit animal entre tous,* Cuniculus subcutaneus. *Mais même ceci est trop. Car si le petit animal se déplace, c'est qu'il a une âme. Vais-je vous offrir une âme, alors que je viens de refuser de vous offrir une goutte d'eau inanimée ?*

Alors que je considérais avec anxiété ces sujets, dit Kepler, *je traversai un pont, mortifié par mon impolitesse d'apparaître devant vous sans cadeau de Nouvel An – sauf peut-être, pour continuer sur le même ton, celui que je veux toujours vous apporter, c'est-à-dire rien.*

Et je ne parvenais pas à penser à quelque chose qui, tout en étant proche de rien, pourrait pourtant être aussi l'occasion d'une réflexion subtile.

À ce moment précis, par un fait heureux, une partie de la vapeur dans l'air a été assemblée en neige par la force du froid, et quelques flocons épars sont tombés sur mon manteau, tous à six angles, avec de petites branches duveteuses.

Par Hercule !

Ici, il y avait quelque chose de plus petit qu'une goutte, et qui pourtant avait une forme.

Ici, en effet, il y avait une étrenne des plus désirables pour l'amoureux du Rien, digne aussi d'un mathématicien, puisqu'elle descend du ciel et ressemble à une étoile.

Et Kepler qui, comme son protecteur, est de langue allemande, fait remarquer avec humour, et en latin, le jeu autour du mot latin *nix* – *la neige* –, qui est le sujet de son Étrenne :

Et oh, quel nom prodigieux elle a, cette chose si agréable, à Wacker – L'amoureux du Rien ! Car si vous demandez à un Allemand ce que signifie nix, *il vous répondra : 'rien', s'il ne connaît pas le latin.*

Le mot prononcé *nix*, signifie *'rien'* en allemand, et *'neige'* en latin...

Mais toute plaisanterie à part, mettons-nous au travail, poursuit Kepler.

Étant donné que, lorsqu'il commence à neiger, les premiers flocons de neige adoptent toujours la forme d'une petite étoile hexagonale, il doit y avoir une cause particulière.
Cela ne peut pas être dû au hasard.
Car si cela était dû au hasard, pourquoi les flocons qui tombent auraient toujours six angles, et pas cinq, ou sept ?

La cause, dit-il, *ne doit pas être cherchée dans la matière qui constitue la neige – car la neige est formée de vapeur et la vapeur est sans forme – la cause doit être recherchée dans un agent, un mécanisme extérieur.*

Et, pour aborder cette question, poursuit Kepler, *nous allons utiliser des exemples bien connus.*
Mais nous allons les présenter sous une forme géométrique car une discussion de ce type contribuera grandement à notre recherche.

Sous une forme géométrique...

QUE NUL N'ENTRE ICI
S'IL N'EST PAS GÉOMÈTRE

> *La réalité sous-jacente du monde est géométrique.*
>
> Johannes Kepler, *Mysterium cosmographicum.*
> *[Le Mystère de l'écriture du Cosmos.]*

Tout est nombre, disait Pythagore.

Ἀριθμοὺς εἶναι αὐτὰ τὰ πράγματα, reprendra Aristote deux siècles plus tard – *Les nombres sont identiques aux choses.*

Les pythagoriciens, écrit Aristote, *en vinrent à penser que les nombres sont les composants ultimes de l'univers physique.*

Mais, pour Platon, ce ne sont pas les nombres, c'est la géométrie qui rend compte de l'univers.

Et la légende dit qu'au fronton de l'Académie qu'il fonde est écrit : *Que nul n'entre ici s'il n'est pas géomètre.*

Deux millénaires plus tard, en 1623, dans son livre *Il Saggiatore* – « L'Essayeur » –, Galileo Galilei développera cette vision dans une formulation restée célèbre :

La philosophie est écrite dans ce grand livre qui est constamment ouvert devant nos yeux – je parle de l'Univers – mais nous ne pouvons le comprendre si nous n'apprenons pas d'abord à connaître la langue et les caractères dans lesquels il est écrit.

Or il est écrit en langue mathématique, et ses caractères sont les triangles, les cercles et d'autres figures géométriques sans lesquelles il est humainement impossible de comprendre un seul mot du livre. Sans elles, nous errons en vain dans un labyrinthe obscur.

L'univers, dit Galilée, est écrit dans le langage de la géométrie.

Et Kepler l'avait déjà dit plus d'un quart de siècle plus tôt, en 1596, dans *Le Mystère de l'écriture du Cosmos*.

Les nombres pour Kepler, *ne correspondent pas à la réalité.*

La réalité sous-jacente du monde est géométrique, continue, et donc seulement en partie définissable dans les unités discrètes, discontinues, de l'arithmétique.

Les nombres sont un accident des dimensions quantitatives de la géométrie.

Et, dans une lettre à un ami, trois ans plus tard :
L'arithmétique n'est rien, si ce n'est la part exprimable de la géométrie.

Mais revenons à la fin de l'hiver 1610.

À la recherche de la cause mystérieuse de la forme hexagonale du flocon de neige, Kepler commence par explorer l'un des plus beaux exemples de structure hexagonale dans le monde naturel – un exemple admiré et étudié depuis l'Antiquité – la structure hexagonale des alvéoles que les abeilles à miel ouvrières, *Apis mellifera,* construisent à partir de la cire qu'elles produisent.

Les seules figures géométriques qui [lorsqu'elles sont identiques] *peuvent emplir une surface plane sans laisser d'espace vide entre elles*, écrit Kepler dans son *Cadeau de Nouvel An, sont le triangle, le carré et l'hexagone.*

De ces trois, l'hexagone a la plus grande capacité, et les abeilles s'approprient cette capacité pour y entreposer leurs réserves leur miel.

Ce que nous dit Kepler, c'est qu'il y a besoin de moins de longueur de parois, il y a besoin de moins de matériau – moins de cire – pour paver entièrement une surface plane avec des hexagones qu'avec des carrés ou des triangles, parce que les hexagones contiennent plus d'angles.

Et, dans l'espace en trois dimensions, les prismes hexagonaux que forment les alvéoles constituraient le moyen le plus économique en cire utilisée pour remplir cet espace sans laisser de vide.

La cire qu'elles utilisent pour construire les alvéoles des rayons de miel est fabriquée et sécrétée par les abeilles ouvrières. Des études récentes indiquent que, pour produire un kilo de cire, les abeilles doivent consommer une quantité de nectar qui correspond à plus de huit kilos de miel. Et ainsi, pour les abeilles à miel, économiser de la cire, c'est économiser à la fois leur énergie et leurs réserves de miel pour l'hiver.

Ce que réalisent les abeilles, en construisant leurs alvéoles, c'est donc une occupation maximale de l'espace pour une dépense minimale de cire.

Kepler reprend des observations et une réflexion entreprises depuis l'Antiquité et développées au IVᵉ siècle de notre ère par le mathématicien Pappus d'Alexandrie dans sa *Collection mathématique*, dont le manuscrit venait d'être redécouvert et publié, en Italie, une dizaine d'années plus tôt, en 1589.

Mais Kepler ne se contente pas de reprendre les observations de Pappus d'Alexandrie – il a lui-même étudié le travail des abeilles ouvrières.

Leurs gâteaux de cire ont deux faces.

Chacune des deux faces contient des milliers d'alvéoles. Et l'ouverture de chaque alvéole se présente comme un hexagone. Mais Kepler a remarqué que ce n'est pas le cas de la base, du fond, de chaque alvéole – *que vous pourriez appeler 'une quille'*, écrit-il.

La base de chaque alvéole, qui se trouve au milieu du gâteau de cire, se termine par trois faces en biseau, au contact, chacune, dos à dos, avec l'une des trois faces de la base des alvéoles opposés qui s'ouvrent sur l'autre face du gâteau de cire.

Et ainsi, écrit Kepler, *chaque abeille a neuf voisines, et partage avec chacune de ses voisines une paroi.*

Les trois faces de la 'quille' [de la base de l'alvéole], poursuit Kepler, *sont identiques les unes aux autres, et forment ce que les géomètres appellent un rhombe.*

Un rhombe est un quadrilatère dont tous les côtés sont égaux, mais dont, contrairement au carré, les angles ne sont pas droits – le losange est un exemple particulier de rhombe.

Et ainsi Kepler découvre la forme complexe des alvéoles des abeilles et propose que cette forme permet une occupation maximale de l'espace pour une dépense minimale de matériau de construction.

Il l'affirme sans en apporter une démonstration.

C'est ce qu'on appelle en mathématique une *conjecture*.

C'est l'une des deux *conjectures* que Kepler formule dans son Étrenne.

Mais oublions un instant la forme en trois dimensions des alvéoles – leur fond en *'quille'* – pour revenir à leur forme en deux dimensions, la forme hexagonale.

Sur une surface plane, un pavage par des hexagones réguliers constitue-t-il réellement la solution la plus économique en longueur de côtés – en longueur de parois, et donc en quantité de cire dépensée par les abeilles architectes – pour occuper entièrement cette surface par des régions de surface égale, sans laisser d'espace vide ?

Bien qu'il ait été considéré depuis l'Antiquité que la réponse est, à l'évidence, positive, il ne s'agit que d'une conjecture, qui a été nommée *la conjecture des gâteaux de cire.*

Ce n'est qu'en 1943 qu'une démonstration partielle en sera faite par le mathématicien hongrois László Fejes Tóth. Il prouvera que *la conjecture des gâteaux de cire* est vraie pour des alvéoles dont les côtés sont tous droits. Mais des alvéoles à côtés courbes empliraient-ils mieux l'espace ? Tóth n'a pas la réponse.

Et il faudra cinquante-cinq ans de plus avant qu'une démonstration plus complète encore soit publiée, en 1999, par le mathématicien américain Thomas Hales.
Il prouvera que des alvéoles à parois courbes constituent une moins bonne solution que des alvéoles hexagonaux.
Dans l'espace en trois dimensions, les prismes hexagonaux à parois plates des alvéoles semblent donc constituer une occupation optimale de l'espace des gâteaux de cire pour une utilisation minimale de la cire.

Mais qu'en est-il de la forme de la *'quille'*, des trois rhombes des faces du fond des alvéoles ?
Tóth montrera qu'il existe une autre forme de la *'quille'* – deux hexagones et deux carrés – qui permettrait une occupation plus optimale encore de l'espace – mais de peu.
Les abeilles n'auraient gagné que moins de 0,35 % de cire.

Kepler ne s'est donc trompé que d'un peu plus de trois millièmes.
Et, à un peu plus de trois millième près, les abeilles à miel ont réussi, depuis probablement plus de vingt millions d'années, à trouver une aussi bonne solution que les mathématiciens du XXe siècle.

Deux cent cinquante ans après Kepler, Darwin s'émerveillera lui aussi de ces réalisations, notant que *chaque rayon est, pour autant que nous puissions le déterminer, absolument parfait dans son économie de travail et de cire.*
Il attribue cette *économie de travail et de cire au processus de sélection naturelle. Les essaims qui ont dépensé le moins de miel*

pour produire de la cire, dit-il, *ont été ceux qui ont le mieux réussi.*

Et il demandera à un mathématicien de l'Université de Cambridge de l'aider à comprendre comment *une foule d'abeilles travaillant dans l'obscurité d'une ruche* peut parvenir à un tel résultat.

Ce qui fascine Darwin, comme tant d'autres avant lui, ce ne sont pas les rhombes des faces du fond des alvéoles, c'est la régularité de la forme hexagonale des alvéoles.

Les abeilles à miel, disait Pappus d'Alexandrie, possèdent *une intuition géométrique.*

Mais la forme hexagonale des parois des alvéoles résulte-t-elle réellement des talents de géomètres des ouvrières qui les construisent ?

Il y a un peu moins de quatre mois, à la mi-juillet 2013, le physicien Phillip Ball commente, dans *Nature,* une étude qui vient d'être publiée dans le *Journal of the Royal Society Interface* par Bhushan Karihaloo, un ingénieur de l'Université de Cardiff, en Grande-Bretagne, et deux de ses collègues.

Leur article est intitulé *Les rayons de cire des abeilles à miel : comment les alvéoles circulaires se transforment en hexagones.*

Dans son commentaire, Philip Ball note que *l'idée que les abeilles pourraient construire des alvéoles circulaires, qui deviendraient ensuite hexagonaux, a été proposée par Charles Darwin. Mais Darwin avait été incapable de trouver des preuves convaincantes de ce phénomène.*

Au milieu du XVIIᵉ siècle, poursuit Ball, le mathématicien et médecin danois Rasmus Bartholin avait déjà suggéré que la forme hexagonale des alvéoles ne nécessitait pas que les petites abeilles ouvrières soient dotées de talents de géomètres. Il proposait que les hexagones pourraient résulter de la simple mise en jeu de forces physiques. Ils se formeraient spontanément en réponse à la pression exercée par chaque abeille sur les parois des alvéoles contre lesquelles ses voisines exercent elles aussi une même pression – de la même façon que des bulles de savon initialement sphériques forment, lorsqu'elles sont comprimées, une mousse composée de bulles hexagonales.

En 1917, poursuit Ball, *le zoologue écossais D'Arcy Thompson proposera à son tour, dans* De la croissance et de la forme, *en reprenant l'analogie avec les bulles de savon, que les forces physiques exercées par la* tension superficielle *sur les parois de cire encore molle transformeront les parois des alvéoles circulaires et leur donneront une forme hexagonale.*

Un siècle s'écoulera.

En 2011, Bhushan Karihaloo et ses collègues publient dans le *Journal of Applied Physics* une étude qui montre que, lorsque des pailles de plastique de section circulaire, serrées les unes contre les autres, sont chauffées et secouées, leurs parois se transforment et la section des pailles devient hexagonale.

Et deux ans plus tard, à la mi-juillet 2013, ils publient l'existence d'un phénomène semblable à l'œuvre dans les alvéoles que les abeilles construisent dans leurs rayons de cire.

Ils ont interrompu, en enfumant leur ruche, le travail des petites architectes *Apis mellifera Ligustica* en train de construire leurs gâteaux de cire

Et ils ont découvert que les alvéoles les plus récemment construits avaient une forme circulaire, alors que les alvéoles un peu plus anciens avaient une forme hexagonale.

Chaque abeille ouvrière repousse autour d'elle en cercle les parois de l'alvéole qu'elle construit contre les cercles des alvéoles que construisent leurs voisines. Et le travail collectif incessant des ouvrières a pour effet de chauffer la cire à une température de 45 °C – une température qui la transforme en un liquide visqueux.

Alors, comme des bulles de savon comprimées, chacun de ces alvéoles circulaires aux parois visqueuses – entouré de six alvéoles circulaires qui le touchent en six points – serait, à mesure que la cire commence à refroidir, soumis, au niveau de chacun de ses six points de contact avec les alvéoles voisins, à des forces de *tension superficielle* qui lui feraient prendre spontanément une forme hexagonale.

Les abeilles construisent des parois autour d'un alvéole circulaire, puis ce sont les forces physiques qui réaliseraient, non pas une *quadrature du cercle*, mais une forme d'*hexature du cercle* – la transformation des parois de l'alvéole circulaire en parois d'alvéole hexagonal.

On pourrait conclure, poursuit Ball, qu'il ne reste aux abeilles pas grand-chose à faire, une fois qu'elles ont construit leurs alvéoles circulaires.
Mais elles sont des bâtisseuses expertes. Elles peuvent, par exemple, se servir de leur tête comme d'un fil à plomb de maçon pour déterminer la verticale, incliner très légèrement l'axe de l'alvéole au dessus de l'horizontale pour empêcher le miel [qu'elles y stockeront] *de s'écouler, et mesurer l'épaisseur des parois de l'alvéole avec une extrême précision.*
Et, pour ces raisons, n'est-il pas possible d'envisager qu'elles continuent à jouer un rôle actif dans la transformation des alvéoles circulaires en hexagones, plutôt que de laisser simplement la tension superficielle accomplir son œuvre ?
Cette étude ne permet pas de répondre.
Mais le physicien et expert en bulles Denis Weaire, du Trinity College de Dublin, ajoute Ball, *pense que les abeilles pourraient participer* [à cette transformation]*, même s'il reconnaît que « la tension superficielle doit jouer un rôle ».*

Revenons à Kepler. Son intérêt pour l'harmonie géométrique de la nature plonge ses racines dans les textes des auteurs de l'Antiquité grecque.

Le beau est la splendeur du vrai, disait Platon.

Et les peintres, les mathématiciens et les architectes de la Renaissance redécouvriront la splendeur de la symétrie des figures géométriques des Anciens.

Comme Léonard de Vinci et comme, avant lui, Piero della Francesca – le grand peintre, géomètre et mathématicien du quattrocento italien – Kepler est fasciné par l'harmonieuse géométrie symétrique de ces corps parfaits que les Anciens avaient nommés des *polyèdres* réguliers – *polyèdre,* de πολύ, *plusieurs*, et ἔδρα, *face*.

Platon les a décrits dans le *Timée* et Euclide en a étudié la structure mathématique dans les *Éléments*.

Les *polyèdres réguliers* sont des solides en trois dimensions composés de faces régulières, toutes identiques, formant les unes avec les autres des angles identiques.

On les appelle aussi des *solides platoniciens*.

Il n'y a, pour Platon comme pour Euclide, dans l'espace des formes géométriques possibles, que cinq polyèdres réguliers. Et ces polyèdres réguliers ne peuvent, disent Platon et Euclide, être construits qu'à partir de faces formant soit des triangles équilatéraux soit des carrés, soit des pentagones.

Le polyèdre régulier le plus simple est le *tétraèdre* – de *tétra*, quatre – un solide à quatre faces : quatre triangles équilatéraux identiques, une petite pyramide dont la base est un triangle équilatéral.

L'*hexaèdre* – de *hexa*, six – est un solide à six faces, que nous connaissons bien : c'est le cube. Ses six faces sont formées de six carrés identiques – les six faces d'un dé.

342

L'*octaèdre* – *octa* ou huit – est un solide à huit faces, huit triangles équilatéraux identiques.

Le *dodécaèdre* – *dodéca* ou douze – est un polyèdre à douze faces, douze pentagones identiques.

Et enfin l'*icosaèdre* – *icosa* ou vingt – est un polyèdre à vingt faces, vingt triangles équilatéraux identiques.

Pour Platon, ces cinq polyèdres réguliers ne sont pas seulement des constructions géométriques abstraites : quatre d'entre eux donnent leur forme aux quatre éléments fondamentaux qui composent l'univers – le feu, la terre, l'air et l'eau.

Ces *presque Rien*, que Kepler avait tout d'abord envisagé d'offrir à son protecteur comme étrennes, ont chacun, pense Platon, la structure géométrique parfaite de l'un des polyèdres réguliers.

Le monde réel est un reflet du monde parfait des idées.

Et Platon propose que les triangles équilatéraux ou les carrés qui composent les quatre éléments pourraient leur permettre d'interagir et de se transformer les uns dans les autres. Expliquant – par une forme de combinatoire fondée sur la géométrie – à la fois la structure harmonieuse de l'univers et ses perpétuelles métamorphoses.

Kepler sait que certains au moins de ces solides platoniciens qui le fascinent sont présents et visibles dans la nature : les formes cubiques ou en icosaèdres des cristaux minéraux et *certains rares diamants,* écrit-il, *dont les joailliers disent qu'ils peuvent parfois, rarement, avoir naturellement une forme d'octaèdre parfait.*

Il y en a d'autres, à l'échelle du *presque Rien* – à l'échelle moléculaire –, qui lui demeureront invisibles.

Par exemple, le plus simple des hydrocarbures – le méthane, ce gaz à effet de serre, composé d'un atome de carbone et de quatre atomes d'hydrogène – a une structure en tétraèdre : quatre faces formées de triangles équilatéraux identiques.

Et de nombreux virus ont une structure en icosaèdre – vingt faces composées de triangles équilatéraux identiques.

Mais, vingt siècles après Platon, Kepler a eu la vision d'une autre forme de résonnance mystérieuse entre les cinq solides platoniciens et l'Univers.

Il ne s'agit pas, comme chez Platon, de l'explication de l'infiniment petit – des quatre éléments qui composeraient l'Univers – le feu, la terre, l'air et l'eau.

Il s'agit de l'explication de la structure du système solaire – à la fois du nombre des planètes, des distances entre les planètes et des distances entre chaque planète et le Soleil.

C'est quinze ans avant d'offrir à son protecteur son *Cadeau de Nouvel An* – dans *Le Mystère de l'écriture du Cosmos* – qu'il publie en 1596, à l'âge de vingt-cinq ans.

Et, pour comprendre, il nous faut remonter à travers le temps.

SUR LES ÉPAULES DES GÉANTS

[Quant à moi], si j'ai vu un tout petit peu mieux, c'est parce que je me tenais sur les épaules des géants.

Isaac Newton, *Lettre à Robert Hooke.*

Si nous sommes capables de voir plus de choses, et de voir plus loin, c'est parce que nous nous tenons sur les épaules des géants. Gigantum humeris insidentes, dit le texte en latin – *parce que nous sommes assis sur les épaules des géants.*

C'est au milieu du XIIᵉ siècle que Jean de Salisbury attribuera cette phrase à son maître Bernard de Chartres.

Bernard de Chartres, écrit Jean de Salisbury *avait l'habitude de dire que nous sommes comme des nains assis sur les épaules des géants. Et que, pour cette raison, nous sommes capables de voir plus de choses, et de voir plus loin qu'eux. Non pas parce que nous aurions une vue d'une particulière acuité, mais parce que nous sommes portés dans les hauteurs, que nous sommes élevés par leur taille gigantesque.*

Dans la cathédrale de Chartres, dans le transept sud, sous la rosace, il y a quatre vitraux, qui figurent chacun un grand prophète de l'Ancien Testament, sous la forme d'un géant. Chacun des prophètes porte – assis sur ses épaules et de taille ordinaire – l'un des quatre évangélistes du Nouveau Testament.

L'évangéliste Luc se tient sur les épaules du prophète Jérémie, Matthieu se tient sur les épaules d'Isaïe, Jean, sur les épaules d'Ézéchiel, et Marc, sur les épaules de Daniel.

Quatre vitraux, quatre tableaux lumineux, comme autant de reflets, comme autant d'échos silencieux à la phrase de Bernard de Chartres.

Quatre cents ans plus tôt.

Très loin de là. En Chine. Au VIIIe siècle de notre ère.

Un poème de Wang Zhihuan, *Montée au Pavillon des Cigognes*, évoque un coucher de soleil :

Le soleil blanc s'appuie sur la montagne, disparaît.
Le Fleuve jaune pénètre dans la mer, coule.
Si tu veux épuiser mille lieues d'un regard,
Monte encore un étage.

Si tu veux voir plus loin, dit le poème, monte plus haut.

Et voir plus loin, en montant, c'est aussi voir plus longtemps – revoir ce qui est en train de disparaître. Le poète, d'étage en étage, revoit encore et encore, déchiré, le soleil blanc, toujours haut dans le ciel, s'enfoncer à l'ouest derrière les montagnes. Et le fleuve jaune, à l'est, toujours plus long, qui s'écoule sans fin dans la mer bleue.

Voir, à la fois à travers l'espace et à travers le temps.

Près de mille ans après le poème de Wang Zhihuan, cinq siècles après la phrase de Bernard de Chartres, Isaac Newton reprendra à son tour la métaphore et en changera un peu le sens.

Voir plus de choses, et plus loin, disait Bernard de Chartres.
Voir plus loin, plus longtemps, disait Wang Zhihuan.
Voir plus précisément, plus profondément – mieux voir – dira Newton.

En 1676, dans une lettre adressée à Robert Hooke, Newton écrit :

346

Ce que Descartes a fait était un pas important dans la bonne direction. Vous-même avez beaucoup ajouté, de nombreuses manières.

[Quant à moi], *si j'ai vu un petit peu mieux, c'est parce que je me tenais sur les épaules de géants.*

Il ne s'agit plus de poésie ni de théologie.

Il s'agit des débuts de la grande aventure des sciences modernes – de la grande aventure des mathématiques et de la physique modernes.

Newton sera le premier à découvrir, et à exprimer en langage mathématique, l'une des grandes lois de la nature, l'une des quatre forces qui opèrent au niveau de la matière – la force d'attraction universelle.

Quels que soient les objets en présence – corps terrestres ou corps célestes – ils exercent un effet invisible les uns sur les autres, d'autant plus important qu'ils sont proches. Ils s'attirent. Et cette force d'attraction universelle se révèle proportionnelle au produit de la masse des objets et inversement proportionnelle au carré de la distance qui les sépare.

Une même loi de la nature rend compte de la chute d'une pierre sur le sol et de la course des planètes autour du Soleil.

Voir au-delà des apparences.

Voir, dans l'invisible, à travers l'espace, les relations de causalité – les lois de la nature.

Parce que je me tenais sur les épaules de géants.

Les géants qui ont porté Isaac Newton dans les hauteurs sont Johannes Kepler, Galileo Galilei et Tycho Brahe.

Ils avaient eux-mêmes été portés dans les hauteurs par un autre géant – Nicolas Copernic.

Et, avant eux, encore, par une longue lignée de mathématiciens, d'astronomes et de philosophes de l'Antiquité grecque, de l'Inde, du monde arabe et persan et des débuts de la Renaissance.

Lever les yeux vers le ciel.
Et tenter de déchiffrer ses mystères.
S'interroger sur l'alternance quotidienne de lumière et de pénombre, sur la succession régulière du jour et de la nuit, dont la durée respective varie au fil de l'année.
Guetter le retour régulier des saisons.

Suivre, de l'aube au crépuscule, la course du soleil à travers notre ciel, en demi-cercle, d'est en ouest, d'orient en occident.
L'Orient – du verbe *oriri*, naître.
L'Occident – du verbe *occidere*, tomber à terre, périr.

La naissance et la mort quotidiennes du soleil, laissant place à l'obscurité et à la fraîcheur de la nuit et au scintillement des étoiles dans l'obscurité.
La naissance et la mort quotidiennes de la lumière. Son éternel départ et son éternel retour.

Et, durant la nuit, d'orient en occident, le voyage de l'ensemble des étoiles, qui tourne autour d'un axe vertical par rapport à la surface du sol, un axe qui passe par un point, au nord, qu'occupe aujourd'hui l'étoile polaire.
Révolution complète des étoiles autour de nous, en vingt-quatre heures, mais dont nous ne pouvons percevoir les déplacements que dans l'obscurité de la nuit.

Il leva la tête, écrit Pascal Quignard, *et vit les étoiles s'effacer dans le jour.*
Les étoiles ne se retirent pas devant la lumière du jour. Elles demeurent, indifférentes, dans le ciel, à leur place.
Seul l'excès de lumière les engloutit.

Et il y a aussi, dans la nuit, la succession des quartiers de Lune, qui scandent les mois de vingt-huit jours.

Et les lents déplacements des constellations que dessinent les étoiles et qui défilent au long de l'année, reprenant au bout d'un an la même position dans le ciel.

La lumière éclatante du jour et les faibles lueurs de la nuit tournent autour de nous, battant le tempo régulier des cycles du monde vivant, égrenant les heures, les jours, les nuits, les saisons, les années.

Les premiers cadrans solaires diront l'écoulement des heures à partir des déplacements sur le sol de l'ombre projetée par le soleil à mesure qu'il voyage dans le ciel au long de la journée. Les premiers calendriers diront aux agriculteurs le temps des semailles.
Et la cartographie de la course des astres dans le ciel permettra aux voyageurs, aux migrants et aux marins de s'orienter.

L'astronomie est probablement l'une des sciences les plus anciennes – peut-être la plus ancienne.
En Mésopotamie, à Sumer, à Babylone, en Égypte, en Grèce, à Rome, en Inde, en Chine, les astronomes et les astrologues de l'Antiquité dévoilent les secrets de la régularité des éternels retours, des éternels recommencements.
Mais ils interrogent aussi les anomalies, les irrégularités, les turbulences qui surgissent dans le ciel. Et, dans la survenue des éclipses, des traînées de feu des comètes, des pluies de feu des météores, ils déchiffrent des présages.

En Europe, c'est durant le Moyen Âge puis la Renaissance que seront redécouverts les manuscrits de l'Antiquité grecque et romaine décrivant les mouvements des astres. Les textes d'Aristote, datant du IVe siècle avant notre ère ; les textes de Ptolémée, datant du IIe de notre ère ; et les travaux des astronomes arabes et persans qui les ont traduits, commentés et ont poursuivi leur œuvre.

Notre monde, le monde que nous habitons, notre Terre, dit Aristote il y a deux mille trois cents ans, est un monde imparfait, dont l'harmonie est sans cesse altérée par l'usure, les accidents, et les catastrophes. En témoignent l'irrégularité des reliefs de nos sols, la finitude des êtres vivants, les désastres imprévisibles, les tremblements de terre, les raz de marée, les maladies, les guerres. La danse des nuages, les orages, les tempêtes. Et les pluies de feu, les pluies de météores qui viennent illuminer les nuits d'août.

Tel est le monde sublunaire – sous la Lune, dit Aristote. Tel est le monde que nous habitons.

Mais au-dessus.

Au-dessus de la Terre – la Lune, le Soleil, les cinq planètes visibles à l'œil nu, Mercure, Vénus, Mars, Jupiter, et Saturne – et les étoiles appartiennent à un Univers radicalement différent.

Un Univers d'une merveilleuse harmonie, d'une éternelle symétrie et d'une parfaite régularité.

Un Univers éternel, immuable, dont la frontière est constituée par la voûte céleste qui tourne autour de nous et où sont incrustées des étoiles de la Voie Lactée qui scintillent dans l'obscurité de la nuit.

Pour Aristote, le Soleil et la Lune et les planètes glissent dans le ciel au long de sphères de cristal – les orbes cristallines, concentriques, transparentes, invisibles, faites d'un cristal parfait.

Et c'est au long de ces orbes que le Soleil et la Lune et Mercure, Vénus, Mars, Jupiter et Saturne décrivent leurs cercles parfaits autour de la Terre, immobile au centre de l'Univers.

Le monde que nous habitons est imparfait.

Mais nous sommes le centre de l'Univers.

Et cette vision persistera durant mille huit cents ans.

Jusqu'à la Renaissance.
Au printemps de l'an 1543.

Quelques jours avant sa mort, le 24 mai 1543, est publié le livre le plus célèbre de l'astronome, médecin, juriste et chanoine polonais, Nicolas Copernic – *De revolutionibus orbium celestium*, « De la révolution des orbes célestes ».

L'ouvrage présente une vision radicalement nouvelle de l'Univers, qu'il a élaborée, en la taisant, durant près de quinze ans.

Une vision étrange, à la fois merveilleuse, par son extraordinaire et harmonieuse simplicité, et inquiétante, parce qu'elle suggère que notre Terre n'est pas le centre immobile de l'Univers, autour duquel tout tourne.

Contrairement à l'évidence, nous dit *Copernic,* contrairement à ce que nous voyons jour après jour, le Soleil ne tourne pas, toutes les vingt-quatre heures, autour de la Terre.

Il ne surgit pas, chaque matin, au-dessus de l'horizon, ne voyage pas au long de la journée, en demi-cercle, au-dessus de nos têtes et ne se couche pas le soir, en plongeant sous l'horizon.

Ce mouvement quotidien du Soleil, par rapport à nous, est un mouvement apparent, une illusion, due à la rotation de la Terre sur elle-même, comme une toupie, faisant un tour complet autour de son axe en vingt-quatre heures.

Notre Terre n'est pas immobile.

Non seulement elle tourne sur elle-même, nous dit Copernic, mais elle voyage à travers le ciel en tournant autour du Soleil, faisant un tour complet en une année.

Durant près de deux millénaires – depuis Aristote, puis Ptolémée – l'Univers avait été *géocentrique*, centré sur la Terre, immobile.

Le nom de planète – πλανήτης – remonte à l'Antiquité grecque et signifie littéralement *errante, vagabonde*.

Pour Aristote et Ptolémée, le Soleil – comme la Lune, Mercure, Vénus, Mars, Jupiter et Saturne – était une *planêtês*, vagabondant autour de la Terre.

Et, soudain, en 1543, le terme de *planêtês* ne s'applique plus au Soleil – il s'applique à la Terre.
Notre Terre *erre* à travers le ciel.
Notre Terre est devenue *errante*.

Dans le système *héliocentrique* que propose Copernic, c'est le Soleil, immobile dans le ciel, qui est le centre de l'Univers.
Seule la Lune voyage autour de la Terre.
Les cinq autres planètes tournent, comme la Terre, autour du Soleil.

Tous les mouvements apparents que l'on observe dans le firmament, écrit Copernic, *sont dus aux mouvements de la Terre*.
Nous sommes des voyageurs.
Nous voyageons à travers le ciel, comme les marins voyagent à travers les mers.

Lorsqu'un navire flotte sans secousse, écrit Copernic, *en raison du mouvement du navire, les marins voient bouger toutes les choses qui sont extérieures au navire.*
Et, inversement, ils se croient immobiles sur le navire, comme tout ce qui est avec eux.
Or, en ce qui concerne le mouvement de la Terre, il se peut que l'on croie de façon pareille que le monde entier se meut autour d'elle.

Il se peut...

Ce n'est encore qu'une hypothèse, une théorie, un modèle.

Et, ce n'est qu'une soixantaine d'années après la disparition de Copernic, au début du XVIIᵉ siècle, que débutera véritablement, avec Johannes Kepler et Galileo Galilei, la révolution de l'astronomie, de la physique et de l'astrophysique modernes.

Quatre cents ans plus tard, Sigmund Freud considèrera que l'œuvre de Copernic a constitué la première des trois grandes *blessures narcissiques* que la science a infligées à *l'amour-propre de l'humanité.*

Cette idée avait déjà été évoquée sur un mode ironique en 1686, par Fontenelle, dans ses *Entretiens sur la pluralité des mondes.*

Franchement, répliqua [la marquise], *c'est là une calomnie que vous avez inventée contre le genre humain. On n'aurait donc jamais dû recevoir le système de Copernic, puisqu'il est si humiliant. [...]*

J'aime la Lune de nous être restée lorsque toutes les autres planètes nous abandonnent, [dit la marquise]. *Avouez que si* [Copernic] *eût pu nous la faire perdre, il l'aurait fait volontiers ; car je vois dans tout son procédé qu'il était bien mal intentionné pour la Terre.*

Je lui sais bon gré, lui répliquai-je, d'avoir rabattu la vanité des hommes, qui s'étaient mis à la plus belle place de l'univers, et j'ai du plaisir à voir présentement la Terre dans la foule des planètes.

Bon ! répondit-elle, croyez-vous que la vanité des hommes s'étende jusqu'à l'astronomie ? Croyez-vous m'avoir humiliée, pour m'avoir appris que la Terre tourne autour du Soleil ? Je vous jure que je ne m'en estime pas moins.

L'homme croyait que son lieu de résidence, la Terre, se trouvait immobile au centre de l'Univers, tandis que le Soleil, la Lune et les planètes se déplaçaient autour de la Terre suivant des trajectoires circulaires, écrira Freud dans *Une difficulté dans la psychanalyse.*

La destruction de cette illusion narcissique se rattache pour nous au nom et à l'œuvre de Nicolas Copernic au XVIᵉ siècle.

Lorsque la grande découverte de Copernic fut reconnue de manière universelle, l'amour-propre humain avait subi la première vexation, la vexation cosmologique.

Désormais, notre Terre n'est plus qu'une petite planète périphérique, au milieu d'autres planètes lancées dans une course sans fin autour du Soleil.

Pour Freud, la deuxième *blessure narcissique* que la science infligera à *l'amour-propre de l'humanité* surviendra trois cents ans plus tard, avec la révolution darwinienne.

Désormais, l'espèce humaine n'est plus qu'une espèce périphérique, une ramification d'émergence tardive dans un processus d'évolution aveugle qui ne l'a pas prévue.

Et, comme Darwin, Copernic aura peur des réactions que pourrait provoquer sa théorie. Comme Darwin, qui en repoussera durant vingt ans la publication, Copernic en repoussera la publication durant quinze ans, jusqu'à sa mort.

Copernic est le premier à avoir élaboré un modèle global, cohérent et harmonieux d'un Univers héliocentrique, centré sur le Soleil.

Mais d'autres, avant lui, déjà, avaient eu l'intuition d'une Terre en mouvement, et même d'un Univers héliocentrique.

Mille ans avant Copernic, au VIᵉ siècle de notre ère, en Inde.

Et, avant encore, ailleurs, au IIIᵉ siècle avant notre ère, dans la Grèce antique, *Aristarque de Samos*, dit Archimède, *adopte l'hypothèse que les étoiles et le Soleil sont immobiles et que la Terre se meut au long de la circonférence d'un cercle dont le Soleil est le centre.*

Durant le Moyen Âge, des astronomes du monde arabe ont envisagé l'idée que la Terre n'était pas immobile.

Et, un siècle avant Copernic, durant le quattrocento italien, l'humaniste Nicolas de Cues avait écrit dans son *Traité de la Docte Ignorance* :
La Terre ne peut être le centre de l'univers, elle ne peut pas ne pas être en mouvement.

Copernic ne connaît probablement pas l'œuvre de tous ces prédécesseurs, ces géants, ces mathématiciens et astronomes de l'Antiquité grecque, de l'Inde, du monde arabe et persan et des débuts de la Renaissance. Mais il sait qu'il n'est pas le premier :
J'ai pris la peine, écrit-il, *de lire les livres de tous les philosophes que je pus obtenir, pour rechercher si quelqu'un d'eux n'avait jamais pensé que les mouvements des sphères du monde soient autres que ne l'admettent ceux qui enseignèrent les mathématiques dans les écoles. Et je trouvai d'abord chez Cicéron que Nicetus pensait que la Terre se mouvait. Plus tard je retrouvai aussi chez Plutarque que quelques autres ont également eu cette opinion.*
Puis il cite d'autres mathématiciens de l'Antiquité grecque.
Et, *Partant de là*, dit-il, *j'ai commencé, moi aussi, à penser à la mobilité de la Terre.*

Recommencements, sous des formes toujours nouvelles.
Découvertes d'un Univers toujours nouveau, toujours plus étrange par rapport à notre intuition, dont le physicien Hubert Krivine retrace la fascinante aventure, de l'Antiquité jusqu'aux débuts du XXᵉ siècle, dans un beau livre, *La Terre, des mythes au savoir.*

Après la publication du livre de Copernic, les bouleversements s'accélèrent.
Le grand astronome danois Tycho Brahe, qui observe à l'œil nu les objets célestes dans les deux observatoires qu'il a fait construire sur l'île de Hven, dans les environs de Copenhague

– *Uraniborg, le Palais des Cieux*, puis *Stjerneborg, le Palais des Étoiles* – propose un compromis, hybride, entre le système géocentrique, centré sur la Terre, de Ptolémée, et le système héliocentrique, centré sur le Soleil, de Copernic.

Ce n'est pas la Terre qui tourne sur elle-même, dit Tycho Brahe – et en cela il suit Ptolémée – c'est le Soleil qui tourne autour de la Terre.

Mais les cinq planètes, dit-il, Mercure, Vénus, Mars, Jupiter et Saturne – et en cela il suit Copernic – tournent toutes autour du Soleil.

Et ses calculs extrêmement précis des positions respectives des planètes et du Soleil tout au long de l'année permettront à Kepler de déduire les trois lois d'astronomie auxquelles on a donné son nom – les trois lois de Kepler – dont celle de la trajectoire elliptique des planètes autour du Soleil.

Kepler et Galilée, contrairement à Tycho Brahe, adopteront le système héliocentrique de Copernic et ils apporteront les premières preuves de sa validité, tout en le transformant.

Une nouvelle vision de l'Univers émergera.

Et les apparences seront déconstruites.

Dans la violence des affrontements avec l'Église.

Pour l'Église, l'enseignement d'Aristote et de Ptolémée confirme notre véritable place dans la Création – au centre de l'Univers. C'est le Soleil qui tourne autour de nous du matin jusqu'au soir.

Et il y a un passage dans la Bible qui semble explicitement le dire.

C'est durant une bataille autour de la ville de Gabaon.

L'une des armées qui protège la ville est celle de Josué.

Alors Josué [...] dit :

Soleil, arrête-toi vis-à-vis de Gabaon, Lune n'avance pas contre la vallée d'Ayalon.

Et le Soleil et la Lune s'arrêtèrent jusqu'à ce que le peuple eût vaincu ses ennemis.

Cela n'est-il pas écrit dans le Livre des Justes ?

Le Soleil s'arrêta donc au milieu du ciel et ne se coucha point l'espace d'un jour.

Le Soleil s'arrêta de tourner autour de la Terre, et la lumière du jour dura jusqu'à la victoire.

Ouvre-nous la porte, dira Giordano Bruno dans ses *Dialogues.*

Ouvre-nous la porte par laquelle nous voyons que cet astre – notre planète – ne diffère pas des autres [astres].

En 1600, Bruno est brûlé par l'Inquisition, sur le Campo dei Fiori à Rome.

Seize ans plus tard, les livres de Copernic seront mis à l'index – et le resteront jusqu'en 1835.

Encore dix-sept ans et, en 1633, Galileo Galilei est mis en accusation, menacé par des instruments de torture. Il se rétracte, ses livres sont mis à l'index et il est condamné par l'Église à passer le reste de son existence en résidence sur-veillée dans sa villa d'Arcetri, près de la ville de Florence.

Et pourtant, elle tourne..., aurait dit Galilée.

Nous saurons désormais que nous sommes des voyageurs. Des nomades célestes.

Nous errons en permanence à travers le ciel.

Sans le sentir. Sans le voir.

Mais nous pouvons tenter d'imaginer et de vivre ce que la science nous a révélé de l'invisible.

Et Kepler ne se contentera pas de confirmer et de compléter ce que Copernic avait imaginé.

Il tentera de le faire ressentir.

Dans une fiction. Un conte.

LE POINT DE L'ESPACE OÙ IL SE TROUVAIT...

> Le point de l'espace où il se trouvait contiendrait une heure plus tard la mer et ses vagues, un peu plus tard encore les Amériques et le continent d'Asie.
>
> Marguerite Yourcenar, *L'œuvre au noir.*

Soudain, à partir du milieu du XVIe siècle, nous commençons à imaginer que ce sont les mouvements de notre planète, sous nos pieds, qui nous emportent et nous donnent l'illusion que le soleil se lève chaque matin dans notre ciel et se couche chaque soir à l'horizon. Qui nous donnent l'illusion que les constellations reviennent, chaque année, à la même place, dans le ciel, autour de nous.

Mais ce bouleversement n'aura pas seulement pour conséquence de nous faire perdre notre place privilégiée au centre de l'Univers et de nous projeter brutalement à sa périphérie. Ce bouleversement aura aussi pour effet de déchirer le voile de merveilleuse harmonie, de parfaite symétrie et d'éternelle régularité dont Aristote et Ptolémée avaient jusque-là habillé l'Univers.

Quand Copernic fait de notre Terre une simple planète – un vagabond qui tourne avec les autres planètes autour du Soleil – ce voyage des planètes demeure encore, pour Copernic, un voyage au long de cercles parfaits, centrés sur le Soleil.
La place de notre Terre dans l'Univers a radicalement changé.
Mais l'Univers demeure inaltérable, permanent, harmonieux,

parfait – il est toujours fait d'orbes circulaires concentriques sur lesquelles glissent les planètes et les étoiles autour du Soleil, immobile dans le ciel.

Au début du XVIIe siècle, Kepler puis Galilée vont tous deux, de façon différente mais complémentaire, briser cette illusion.

Durant l'hiver 1609-1610, les planètes devinrent plus que les quelques petits points lumineux qui voyageaient sur le fond céleste, écrit l'astronome américain Joseph Burns, dans un article publié en 2010 dans *Nature,* intitulé *Les quatre cents ans de science planétaire depuis Galilée et Kepler.*

C'est durant l'hiver 1609 – un an avant que Kepler commence à se mettre en quête du *Cadeau de Nouvel An* qu'il va offrir à son protecteur – que Galilée a élevé vers le ciel la lunette qu'il a construite en fixant des lentilles concaves et convexes aux extrémités opposées d'un tube de carton d'un mètre de long.

Il a pointé sa lunette vers la Lune, vers Jupiter, vers Vénus, vers le Soleil, vers les étoiles, et il a voyagé, immobile, à leur rencontre.

En 1610, Galilée publie dans *Sidereus Nuncius* – « Le messager des étoiles » – les dessins qu'il a réalisés.

Il a découvert, écrit-il, *les vues les plus belles et les plus agréables. Des sujets de grand intérêt pour tous les observateurs des phénomènes naturels. Premièrement, en raison de leur beauté naturelle. Deuxièmement, en raison de leur absolue nouveauté.*

Il révèle que les corps célestes – la Lune et le Soleil – ne sont ni inaltérables ni parfaits
Leur surface, comme la surface de notre Terre, est faite d'irrégularités, d'accidents, de bouleversements.

Mille cinq cent ans plus tôt, dans *Du visage qui apparaît sur la Lune,* Plutarque avait proposé la même notion, écrivant que *la Lune est une Terre céleste.*

Mais Plutarque ne disposait pas d'une lunette astronomique, et Galilée présente des dessins d'une très grande précision de la surface de la Lune, *rugueuse et inégale*, écrit-il. *Exactement comme la surface de la Terre, elle est partout pleine de protubérances, de profondes crevasses et de sinuosités.*

Et le Soleil, dit Galilée, présente, lui aussi, des irrégularités – des taches.

Galilée dessine et décrit Jupiter :

Ce qui causera le plus grand étonnement, c'est que quatre lunes se promènent autour de Jupiter, comme le fait la Lune autour de la Terre. Et Jupiter avec ses satellites effectue une grande révolution autour du Soleil en l'espace de douze ans.

Jupiter est une planète qui ressemble à la Terre, qui possède des lunes et qui, comme la Terre, tourne autour du Soleil.

Quelques mois après Galilée Kepler élèvera à son tour sa lunette vers le ciel.

Mais en 1609, un an avant la publication du *Messager des étoiles*, Kepler a publié l'une de ses grandes œuvres scientifiques, *Astronomia nova* – « Astronomie nouvelle, fondée sur des causes ou La physique céleste ».

Il y a exposé deux des trois lois de l'astronomie moderne qui portent aujourd'hui son nom et qui rendent compte des mouvements des planètes autour du Soleil – la *loi des orbites*, et la *loi des aires*.

Et, un an avant que Galilée fasse perdre aux objets célestes leur perfection, c'est à la trajectoire de ces objets célestes dans le ciel que Kepler a fait perdre leur perfection.

La *loi des orbites* énonce que les orbes, les orbites des planètes autour du Soleil, ne dessinent pas des cercles – cette figure géométrique qui reflétait la perfection de l'univers pour Aristote, pour Ptolémée et pour Copernic.

Les planètes, dont la Terre, dit Kepler, décrivent des ellipses autour du Soleil.

Et Kepler, qui croit profondément à l'harmonie géométrique de l'Univers, est bouleversé par sa découverte de ce qu'il considère comme une imperfection.

Mais il a dû se rendre à l'évidence – seules des trajectoires en ellipse rendent compte des observations des déplacements et des positions respectives des planètes, et notamment des observations de son maître Tycho Brahe, qui avait appelé dix ans plus tôt Kepler à ses côtés comme assistant durant l'année qui avait précédé sa mort.

La deuxième loi que Kepler présente dans *Astronomie nouvelle*, la *loi des aires*, est une conséquence de la *loi des orbites*.

Le caractère elliptique des orbites des planètes a pour conséquence que la vitesse des planètes durant leur trajet autour du Soleil n'est pas constante – une autre apparente imperfection du système solaire.

Cette vitesse varie en fonction de la distance de la planète par rapport au Soleil – elle est maximale lorsque la planète est au plus près du Soleil, et elle est minimale lorsque la planète est le plus loin du Soleil.

Et, parce qu'il a montré que la vitesse de déplacement des planètes était d'autant plus grande qu'elles étaient proches du Soleil, Kepler proposera que c'est une force émise par le Soleil qui fait tourner les planètes.

Le Soleil n'est pas seulement, comme l'a proposé Copernic, le centre de l'Univers, il est aussi son moteur, *la source du mouvement des planètes*, dit Kepler.

Mais quelle est cette force invisible émise par le Soleil ?

Kepler proposera une force magnétique...

Et c'est en 1687, un demi-siècle après la disparition de Kepler, qu'Isaac Newton révèlera, dans ses *Principia mathematica*, les « Principes Mathématiques de la Philosophie de la Nature », l'identité de cette force invisible qui meut les planètes autour du Soleil et que Kepler avait cherchée en vain – la force d'attraction universelle.

Voir l'invisible.

L'astrophysique commença il y a quatre siècles, écrit Joseph Burns. *Curieusement, durant l'année internationale de l'astronomie, en 2009, le quatre centième anniversaire de la publication d'*Astronomia nova *par Johannes Kepler a fait l'objet de beaucoup moins d'attention que les réalisations de Galileo.*
Peut-être que l'on préfère les faits d'observation aux constructions théoriques.
Ou peut-être que l'histoire personnelle de Galileo, culminant dans sa célèbre confrontation avec l'Église, fournit un meilleur récit.

Mais Kepler a été lui aussi confronté, sous une tout autre forme, à l'Église. À partir de l'année 1615, Kepler devra, durant six ans, défendre sa mère dans un procès où elle est accusée de sorcellerie.
Et c'est l'un de ses écrits qui est à l'origine de l'accusation de sorcellerie de sa mère.
Pas l'un de ses livres d'astronomie. Mais un passage non encore publié de l'œuvre de fiction qu'il a probablement commencé à écrire durant l'année 1609 – l'année où il publiait *Astronomie Nouvelle*.
Un conte. Un livre qui ne sera publié qu'en 1634, quatre ans après sa mort, et qui est probablement l'une des premières œuvres de science-fiction – *Somnium, seu Opus posthumum de astronomia lunari* – *Le songe, ou l'astronomie lunaire*.

Un très bref conte, suivi d'un très grand nombre de notes et d'une traduction en latin par Kepler du texte en grec *Du visage qui apparaît sur la Lune,* de Plutarque.

Une nuit, dit Kepler dans *Le Songe, une fois la lune et les étoiles contemplées, je me mis au lit et m'endormis.*
Au plus profond de mon sommeil, je crus lire un livre [que j'avais] rapporté de la foire, et voici ce qu'il raconte.
Je m'appelle Duracotus, ma patrie est l'Islande (Thulé pour les anciens) et ma mère avait pour nom Fiolxhilde.
La mère de Duracotus est une sorcière.
Un jour elle le punit en le cédant au capitaine d'un navire, qui le dépose au Danemark, *parce qu'il avait une lettre de l'évêque d'Islande à remettre au Danois Tycho Brahe.*
Et le grand astronome Tycho Brahe, l'ancien maître de Kepler, devient, dans *Le songe,* le maître qui enseigne l'astronomie au jeune Duracotus.

Des années plus tard, alors qu'il est revenu chez lui, sa mère lui propose de faire venir *l'un des esprits les plus sages [...] afin que tu voies avec moi un pays dont il m'a fort souvent parlé, dont il fait des descriptions merveilleuses.*
Et *elle prononça*, dit Duracotus, *le nom Levania.*

Puis Fiolxhilde fait ses invocations. *Et nous venions à peine, comme convenu, de nous couvrir la tête avec notre vêtement que se souleva le raclement d'une voix confuse et sourde.*
La voix du *démon de Levania.*

L'île de Levania se trouve dans les hauteurs de l'éther, dit le démon, *et la route qui mène d'ici à cette île ou de cette île à notre Terre n'est qu'exceptionnellement praticable.*
Et il leur décrit comment s'accomplit le voyage de la Terre à Levania.

Levania – dérivé de l'hébreu *levana, lune* – est le nom que Kepler donne à notre Lune.

Et, de la Lune – pour les habitants de la Lune – notre Terre se nomme *Volva* – du latin *volvere, rouler*. Elle *tourne*.

Ce que Kepler veut faire ressentir au lecteur, c'est que, vue de la Lune, notre Terre *tourne*.

Levania, pour ses habitants, dit le démon de Levania, *est au milieu des astres en mouvement, mais elle est pour eux tout aussi parfaitement immobile que notre Terre peut l'être pour nous.* Mais pour eux, Volva, notre Terre, *effectue, sur place, un mouvement de rotation, en laissant voir une suite de taches extrêmement variées et qui défilent sans cesse de l'est à l'ouest. Pour les habitants de Subvolva* [la région de la Lune au-dessus de laquelle la Terre est continuellement présente], *cette rotation* [de Volva] *s'achève avec le retour des mêmes taches.*

Le but de mon récit, Le songe, écrit-il dans une note, *est de donner un argument en faveur du mouvement de la Terre, ou plutôt, d'utiliser l'exemple de la Lune pour mettre fin aux objections formulées par l'humanité dans son ensemble qui refuse de l'admettre.*

Mais son texte avait commencé à circuler, probablement dès 1610. *Mon livre a présagé un désastre familial quand il a commencé à être connu,* écrit Kepler dans une des notes du *Songe. Comment pourriez-vous croire que, dans les échoppes des barbiers, on se mît à parler de mon récit, surtout quand on voyait un mauvais présage dans le nom de ma Fiolxhilde* [la sorcière du conte, la mère du narrateur dans *Le songe*] *à cause de ses occupations ?*

On aurait dit qu'une étincelle était tombée sur du bois sec ; je veux dire que ces propos ont été recueillis par des esprits qui ne sont que noirceur et voient partout de la noirceur.

Et l'ignorance et la superstition attisaient le brasier.

Si l'on connaît Kepler, écrit Frédérique Aït-Touati dans un beau livre, *Contes de la lune. Essai sur la fiction et la science modernes* :

Si l'on connaît Kepler, c'est comme l'un des acteurs essentiels de la nouvelle astronomie du début du XVIIe siècle. Mais Kepler s'est aussi intéressé au « secret » du monde et à l'harmonie des sphères ; il est l'auteur de poèmes astronomiques et de fictions lunaires – Le songe ou l'astronomie lunaire.

Le XVIIe siècle, siècle de mathématisation du monde, mais en même temps de la magie mathématique, des arts de voler, des voyages lunaires et de l'exploration des merveilles de la nature. Que la science ait pu être si poétique et littéraire, voilà qui peut sembler difficile à admettre.

Mais il s'agit, dit-elle, de *décrire l'invisible et dire l'inconnu des nouveaux mondes cosmologiques. Dans ce contexte, la fiction joue un rôle central, car elle permet de substituer une nouvelle image mentale du cosmos à l'ancienne. Seule la fiction peut permettre de dépasser les limitations du réel observable pour trouver un nouveau point de vue d'où décrire le monde.*

Et ce que le XVIIe siècle opérera, poursuit Frédérique Aït-Touati, c'est *une défamiliarisation du regard.*

Se désincarner pour pouvoir se réincarner écrira Marguerite Yourcenar dans ses *Carnets de notes* de *L'Œuvre au noir.*
Montrer combien lentement et irréversiblement un esprit s'aperçoit de l'étrangeté des choses.

Et, dans *L'Œuvre au noir*, qu'elle écrira durant près d'un demi-siècle.
Au milieu du livre.
Dans la troisième partie, *La vie immobile.*
Dans le chapitre intitulé *L'abîme* :

[Zénon] se servait de son esprit comme d'un coin pour élargir de son mieux les interstices du mur qui de toute part nous confine.
[...]
La Terre tournait, ignorante du calendrier julien ou de l'ère chrétienne, formant un cercle sans commencement ni fin. La chambre donnait de la bande; les sangles criaient comme des amarres; le lit glissait d'occident en orient à l'inverse du mouvement apparent du ciel. [...]
Le point de l'espace où il se trouvait contiendrait une heure plus tard la mer et ses vagues, un peu plus tard encore les Amériques et le continent d'Asie.
Ces régions où il n'irait pas se superposaient dans l'abîme à l'hospice de Saint-Cosme. [...]
Zénon lui-même se dissipait comme une cendre au vent.

Mais aujourd'hui, ce n'est plus uniquement la fiction qui nous permet *une défamiliarisation* du regard.

Écrire de la fiction – dit Siri Hustvedt dans *Living, thinking, looking, Vivre, penser, regarder* – *c'est comme rêver alors qu'on est éveillé.*
Écrire de la fiction, créer un monde imaginaire, c'est comme se souvenir de ce qui n'a jamais eu lieu.

C'est comme se souvenir de ce qui n'a pas encore eu lieu.
De ce qui aura peut-être lieu un jour.

Aujourd'hui, écrit l'astronome Joseph Burns, *quatre siècles après les chefs-d'œuvre révolutionnaires de Galilée et de Kepler, et juste cinquante ans après que des fusées aient pour la première fois décollé en direction d'un de nos voisins du système solaire, les émissaires de la Terre ont exploré chacune des planètes décrites lors de l'Année internationale de l'astronomie.*
Entre-temps des vaisseaux spatiaux volent en essaim autour de la Terre, prenant régulièrement le pouls de la surface de notre planète, de son atmosphère et de sa magnétosphère. Et

les infatigables vaisseaux spatiaux Voyager, *ayant atteint les lointains contours de notre système solaire, sont maintenant en train de pénétrer les espaces interstellaires.*

Mais l'une des conséquences de l'exploration par l'humanité du système solaire, poursuit Burns, *a été de réaliser que notre Terre était une planète – un astre errant.*

L'icône, la photo réalisée par Apollo, l'image du lever de Terre vu de la Lune, a changé notre vision de notre planète bleue, favorisant le développement du mouvement écologique des années 1970.

Et ainsi, plus de trois cent cinquante ans après que Kepler l'ait rêvé, imaginé, et nous l'ait fait vivre par l'intermédiaire d'une fiction, nous avons enfin, réellement pu la voir, de si loin, comme si nous l'avions déjà abandonnée, notre planète perdue dans le ciel.

Et de la découvrir si étrange et pourtant si familière, si fragile et si singulière, a renforcé notre désir de la préserver.

De préserver la splendeur toujours changeante de ce berceau du monde vivant qui nous entoure et qui nous a donné naissance – notre pays natal, qu'elle emporte avec elle, depuis si longtemps, dans ses errances à travers le ciel.

Mais revenons aux débuts.

Quand le voile des apparences se déchire.

Et que commence à se révéler l'étrangeté de notre Univers.

DE LA MUSIQUE AVANT TOUTE CHOSE…

> De la musique avant toute chose,
> [...]
> De la musique encore et toujours !
>
> Verlaine, *Art Poétique.*

En 1596, quinze ans avant d'offrir à son protecteur son *Cadeau de Nouvel An*, Kepler, alors âgé de vingt-cinq ans, avait proposé dans *Le Mystère de l'écriture du Cosmos* un étrange modèle géométrique du système solaire.

Il tentait de concilier deux visions de la perfection géométrique de l'Univers.

L'une remontait à l'Antiquité grecque – l'harmonie des solides de Platon – et l'autre à la Renaissance – l'harmonie des sphères concentriques au long desquelles les planètes du système héliocentrique de Copernic tournaient autour du Soleil.

Ce modèle avait pour ambition d'expliquer à la fois le nombre de planètes qui tournent autour du Soleil, les distances relatives entre les planètes et leurs distances relatives par rapport au Soleil.

À cette période, comme Copernic soixante-dix ans plus tôt, Kepler représente par une sphère, l'orbe, la course – qu'il pense encore circulaire – de chaque planète autour du Soleil.

On connaît, du temps de Kepler, six planètes qui tournent autour du Soleil : Mercure, la plus proche du Soleil, puis – à mesure que l'on s'éloigne du Soleil – Vénus, la Terre, Mars, Jupiter et Saturne.

Entre l'orbe de Mercure et celle de Vénus, Kepler place l'un des cinq polyèdres de Platon – l'icosaèdre.
Entre l'orbe de Vénus et l'orbe de la Terre, il place l'octaèdre.
Entre la Terre et Mars, le dodécaèdre.
Entre Mars et Jupiter, le tétraèdre.
Et, entre Jupiter et Saturne, l'hexaèdre – le cube.

Les six orbes des six planètes sont séparés entre eux par les cinq polyèdres réguliers de Platon.

Et ainsi, Kepler explique le nombre de planètes par le nombre des polyèdres réguliers qui les séparent.
Le système solaire est un reflet du monde parfait de la géométrie des Anciens.

En raison des volumes respectifs qu'occupent ces cinq polyèdres réguliers les uns par rapport aux autres, ce modèle permet aussi à Kepler de rendre compte des distances relatives entre ces six planètes et des distances relatives entre ces planètes et le Soleil.

Ces distances relatives avaient été calculées à son époque.
La distance entre Mercure et le Soleil est un peu plus d'un tiers de la distance de la Terre au Soleil.
La distance de Mars au Soleil est une fois et demie celle de la Terre au Soleil.
Et la distance de Saturne au Soleil est plus de neuf fois la distance de la Terre au Soleil.
Des distances relatives extrêmement proches des distances mesurées de nos jours.

Et les cinq solides platoniciens que Kepler a disposés entre les orbes des six planètes permettent, dit-il, d'expliquer ces distances.

C'est un modèle purement géométrique – idéal, au sens platonicien du terme – qui, pour Kepler, a une dimension à la fois scientifique et mystique – elle rend compte de l'harmonie de l'œuvre du Créateur.

Et le pouvoir explicatif de ce modèle abstrait et harmonieux impressionnera le grand astronome Tycho Brahe, qui fera venir Kepler quatre ans plus tard pour le seconder à la cour de l'empereur Rodolphe II, à Prague, où il est devenu mathématicien impérial.

C'est un moment à la fois étrange et merveilleux où se croisent et se mêlent, pour un temps, chez Kepler, une vision philosophique et mystique de l'harmonie des formes héritée de l'Antiquité, et la révolution de l'astronomie moderne, à laquelle il apportera lui-même une contribution essentielle.

Un songe, un rêve d'harmonie au milieu des déchirements et des tumultes de son époque. Au milieu d'un monde en train de se métamorphoser.

Mais cet étrange et merveilleux modèle que Kepler a initialement proposé dans *Le Mystère de l'écriture du Cosmos*, cette étrange adéquation entre une géométrie platonicienne parfaite et les observations astronomiques de son temps, était dû, pour partie, à l'incomplétude des connaissances de son époque sur le système solaire.

Kepler ne connaissait que six planètes, alors que le système solaire en comporte huit.

Uranus ne sera découverte que durant le XVIIIᵉ siècle. Et Neptune au milieu du XIXᵉ siècle.

Mais Kepler lui-même abandonnera son modèle géométrique platonicien.

Il l'abandonnera au profit de ses deux premières lois astronomiques, qu'il présentera, treize ans plus tard, en 1609, dans *Astronomie Nouvelle*. Puis de sa troisième loi, qu'il présentera dix ans plus tard, en 1619, dans *Harmonices Mundi* – « Les Harmonies du Monde ».

Il a abandonné les cercles parfaits des orbes des planètes pour la forme imparfaite des ellipses et il a découvert que la vitesse de la course des planètes durant leur trajet autour du Soleil n'est pas constante.

Dans *Les Harmonies du Monde* Kepler présente sa troisième loi.

Elle établit, pour chaque planète, une relation entre sa période – le temps qu'elle met à faire un tour du Soleil – et la taille de l'ellipse qu'elle parcourt.

Le carré de la période de chaque planète est directement proportionnel au cube de la moitié de sa plus grande distance par rapport au Soleil au long de l'ellipse de son orbite.

La troisième loi ne rend pas seulement compte du mouvement de chacune des six planètes par rapport au Soleil – elle établit aussi une relation entre les mouvements des différentes planètes.

Et Kepler continuera, dans *Les Harmonies du Monde,* près d'un quart de siècle après *Le Mystère de l'écriture du Cosmos*, à mêler, sous une toute autre forme, sa démarche d'explication scientifique et sa recherche poétique et mystique de la beauté et de l'harmonie de l'Univers.

Il recherchera une relation entre les mouvements des planètes au long de leurs ellipses autour du Soleil et les accords harmonieux de la musique.

La vitesse de chaque planète est maximale lorsqu'elle est au plus près du Soleil – en un point nommé le *perihélion* – et cette vitesse est minimale lorsque la planète est le plus loin du Soleil – en un point nommé l'*anhélion*.

Kepler calcule pour chaque planète le rapport entre sa vitesse maximale, au moment où elle est au plus près du Soleil, et sa vitesse minimale, au moment où elle est au plus loin du Soleil. Et il montre que ce rapport entre en résonnance avec les accords harmonieux de la musique.

Pour comprendre cette transposition que fait Kepler entre les mouvements célestes des planètes et la musique, il faut remonter à Pythagore.

Qu'est-ce qui est musique et qu'est-ce qui est bruit ?

Qu'est-ce qui différencie une sonorité harmonieuse d'une sonorité disharmonieuse ?

La légende rapporte que le premier à avoir exploré cette question fut le sage de Samos, Pythagore, qui vécut au VIe siècle avant notre ère et dont aucun écrit n'est parvenu jusqu'à nous.

La légende dit que c'est Pythagore qui a, le premier, fabriqué le plus simple des instruments à cordes, le *monocorde*.

Il a tendu une corde au-dessus d'une caisse de résonnance, a attaché la corde par ses deux extrémités et faisait coulisser entre la corde et la caisse de résonnance un chevalet qui permettait de raccourcir la portion de la corde qu'il pinçait.

Le mot harmonia, *harmonie en grec*, dit Pascal Quignard, *décrit la façon d'attacher les cordes pour les tendre.*

Pythagore se mit à jouer du monocorde.

Plus il réduisait grâce au chevalet la longueur de la corde qu'il pinçait et plus le son produit était aigu.

Et plus il augmentait la longueur de la corde et plus le son était grave.

En jouant du monocorde Pythagore découvre que les harmonies musicales résultent des proportions entre différentes longueurs de cordes, entre différentes grandeurs exprimées par des nombres.

Les pythagoriciens recherchaient les causes arithmétiques des consonances audibles, dira Socrate.

Les harmonies de la musique émergeaient-elles, dans le monde sensible, à partir de l'univers immatériel des nombres – à partir d'une harmonie abstraite entre différents nombres ?

Pour Pythagore, et pour ses disciples jusqu'à la Renaissance, il n'y avait que trois proportions numériques qui pouvaient faire naître des consonances harmonieuses, des accords harmonieux – l'octave, la quinte, et la quarte.

Lorsqu'on joue de deux cordes, ou de deux portions différentes d'une même corde :
l'octave est produite quand la longueur d'une corde est égale au double de la longueur de l'autre ;
la quinte est produite quand le rapport entre les longueurs de deux cordes est égal à trois sur deux (c'est-à-dire 1,5) ;
et la quarte est produite quand le rapport entre les longueurs de deux cordes est égal à quatre sur trois (c'est-à-dire 1,333).

Différentes proportions harmonieuses entre les quatre premiers nombres de l'arithmétique de la Grèce antique – 1, 2, 3, 4.

Les rapports entre les quatre premiers nombres – comme en écho aux quatre éléments fondamentaux qui composaient l'Univers, la terre, le feu, l'air, l'eau – rendaient compte pour les pythagoriciens des trois consonances harmonieuses de la musique.

Deux mille ans après Pythagore, en 1558, Gioseffo Zarlino, maître de chapelle de la Basilique San Marco de Venise, publiera un livre, *Istituzioni Armoniche* – « Institutions harmoniques » – dans lequel il élargira l'univers des pythagoriciens.

À l'octave, à la quinte et à la quarte, il ajoutera la tierce majeure, la tierce mineure, la sixte majeure et la sixte mineure.

La tierce majeure correspond à un rapport de longueurs de corde de cinq sur quatre (c'est-à-dire 1,25) ;
la tierce mineure à un rapport de six sur cinq (c'est-à-dire 1,2) ;
la sixte majeure à un rapport de cinq sur trois (c'est-à-dire 1,666) ;
et la sixte majeure, dit-il, correspond à deux fois le rapport de quatre sur cinq – une façon étrange de dire un rapport de huit sur cinq (c'est-à-dire 1,6), pour ne pas avoir à employer le nombre huit.

Car Zarlino a décidé de s'arrêter au nombre six – comme l'écrit dans son beau livre *The fifth Hammer. Pythagorus and the dysharmony of the world* – [« Le cinquième marteau. Pythagore et la dysharmonie du monde »], Daniel Heller-Roazen, qui enseigne la littérature comparée et les humanités à l'Université de Princeton.

Des résonnances harmonieuses entre les quatre premiers nombres des pythagoriciens Zarlino est passé aux résonnances harmonieuses entre les six premiers nombres entiers.
Et il proclame que six aussi – comme quatre – est un nombre remarquable.
Non seulement par ce qui lui correspond dans la nature – les six planètes, par exemple. Mais aussi par l'une de ses propriétés remarquables dans l'univers même de l'arithmétique.

Car le nombre six est égal, à la fois, à la somme et au produit
des trois premiers nombres :

$$1 + 2 + 3 = 6 \,;$$
$$\text{et } 1 \times 2 \times 3 = 6.$$

Et c'est cette propriété harmonieuse du nombre six, dit
Zarlino, qui explique pourquoi il joue un rôle dans les proportions harmonieuses des sonorités de la musique.

une résonnance entre deux et un,
entre trois et deux,
entre quatre et trois,
entre cinq et quatre,
entre six et cinq,
entre cinq et trois,
et entre deux fois quatre et cinq.

Pour Zarlino, comme pour la plupart des pythagoriciens qui
l'ont précédé durant le Moyen Âge, il y a dans ces relations
entre les nombres, par-delà les harmonies de la musique, une
dimension mystique, une dimension divine.

Les choses créées par Dieu, dit-il, *ont été ordonnées par Lui en
fonction des nombres, et les nombres ont été les éléments principaux dans l'esprit du Créateur.*
Pour cette raison, poursuit Zarlino, *il est nécessaire que toutes
les choses qui existent séparément ou ensemble soient comprises à
l'aide des nombres et soient soumises aux nombres.*

Mais ce que nous appelons la musique ne peut être exploré et
défini uniquement par une approche mathématique abstraite
sans tenir compte de celles et ceux qui l'écoutent.
Dès le IVe siècle avant notre ère Aristoxène de Tarente
répondra aux pythagoriciens qu'il faut prendre en considération celles et ceux qui écoutent pour comprendre les émotions et l'émerveillement que fait naître la musique.

S'il existe une relation entre la musique et les nombres, cette relation se tisse en permanence et, de manière en grande part inconsciente, dans notre esprit.

Vous êtes la musique, dira T. S. Eliot, *tant que dure la musique.*

Kepler découvrira que, pour la planète Mars, le rapport entre sa vitesse maximale autour du Soleil et sa vitesse minimale autour du Soleil est égal à trois sur deux. Un rapport qui correspond à une quinte parfaite.

Pour la planète Mercure, ce rapport est de douze sur cinq, ce qui correspond, en termes musicaux, à une octave plus une tierce mineure.

Pour Jupiter, un rapport de six sur cinq, c'est-à-dire une tierce mineure.

Pour Saturne, un rapport de cinq sur quatre c'est-à-dire une tierce majeure.

Et ainsi de suite, pour les six planètes.

Et Kepler continue, recherchant des harmonies musicales entre la vitesse maximale d'une planète et la vitesse minimale d'une autre, et entre les vitesses maximales et minimales de l'ensemble des six planètes.

Il y a une grande différence, écrit-il, *entre les harmonies établies pour chaque planète individuelle et pour des combinaisons de planètes car une planète ne peut être au même moment à sa vitesse maximale et à sa vitesse minimale, alors que, quand il s'agit de deux planètes, l'une peut être à sa vitesse maximale et, au même moment, l'autre à sa vitesse minimale.*

Ce qu'écoute, et nous fait entendre Kepler, c'est la musique que peuvent produire, ensemble, à certains moments, l'ensemble des six planètes – *une mélodie à plusieurs voix*, dit-il, *qui correspond à la musique moderne* – à la musique polyphonique.

Mais c'est une musique, *une harmonie*, ajoute Kepler, qui se produit *en pensée, et non en sons.*

C'est une mélodie silencieuse, que seules peuvent révéler les relations entre les nombres – dans le monde immatériel des mathématiques – et la compréhension des lois invisibles de l'astronomie qui animent les mouvements visibles des planètes.

Mais la vitesse maximale et la vitesse minimale de chaque planète ne correspondent qu'à deux nombres discrets, discontinus, comme deux notes de musique.

Et le trajet elliptique de la planète autour du Soleil représente un continuum d'accélérations et de décélérations entre ces deux vitesses extrêmes, de sorte que si leurs déplacements se traduisaient en sons, même *en pensée* comme le dit Kepler, ces sonorités correspondraient à celles d'une sirène – ou, en termes musicaux, à des *glissandi.*

Pour les pythagoriciens, les consonances harmonieuses qui constituent la musique émergent à partir des proportions entre des nombres entiers, qui résonnent ensemble dans le monde sensible.

Et les nombres entiers sont des entités discontinues.

La musique est transcrite, écrite et lue de manière discontinue, sous forme de notes, comme le langage humain qui, dans la Grèce antique, a commencé à l'époque de Socrate à être transcrit, écrit et lu par l'intermédiaire des lettres discontinues de l'alphabet.

Et un mot que nous prononçons de manière continue s'écrit et se lit sous la forme d'une suite de voyelles et de consonnes discontinues.

La réalité sous-jacente du monde est géométrique, continue, et donc seulement en partie définissable dans les unités discrètes, discontinues, de l'arithmétique, avait écrit Kepler dans *Le Mystère de l'écriture du Cosmos.*

Mais est-ce l'arithmétique ou la géométrie qui peut le mieux rendre compte des harmonies de la musique ?

À la fin du XVIᵉ siècle, dit Daniel Heller-Roazen, en 1585, dans une lettre au compositeur Cipriano de Rore, le mathématicien musicien et compositeur Giovanni Battista Benedetti propose que le son produit par une corde tendue qu'on pince n'est pas simplement lié à la longueur de la corde – elle ne correspond pas à une grandeur unique qu'on pourrait représenter par un nombre unique.

Il propose que le son émis par une corde qu'on pince est dû à une pulsation, à une vague, à un phénomène continu oscillant – la vibration de la corde.

Plus la corde est longue, dit Benedetti, et plus sa vibration est lente et faible. Plus la corde est courte et plus sa vibration est rapide et importante.

La longueur de la corde et la rapidité de sa vibration qui produit le son sont des grandeurs qui varient comme l'inverse l'une de l'autre – elles sont inversement proportionnelles.

Dit autrement, les sons ne sont pas de nature particulaire, corpusculaire, discrète, discontinue – ils sont de nature continue, ce sont des vagues, des pulsations, des ondes qui se propagent.

Et le caractère aigu ou grave du son est lié à la rapidité ou à la lenteur de sa vibration – à la fréquence haute ou basse de sa longueur d'onde.

Ce qui permettra de traduire au mieux un son dans un langage mathématique, ce n'est pas un nombre mais une équation, et la courbe qu'on peut en dériver – une représentation graphique géométrique.

L'onde de vibration du son est un phénomène à la fois continu et périodique, comme les oscillations d'une horloge qui bat le temps – une oscillation régulière qui naît, se propage, meurt, et renaît, pour un temps.

Mais si les sons sont des ondes, des vagues, des pulsations – qu'est ce qui fait naître l'harmonie de leurs consonances et la dysharmonie de leurs dissonances ?

En 1638, huit ans après la mort de Kepler, Galilée proposera une réponse, dans ses *Discorsi* – ses « Discours et démonstrations mathématiques concernant deux sciences nouvelles ».
Il est en résidence surveillée pour le restant de ses jours.
Il s'interroge sur la musique.
Son père, Vincenzo Galilei, musicien et compositeur, a été l'élève de Zarlino.
Et Galileo Galilei propose que l'harmonie, la consonance entre deux sons apparaît quand les pulsations entre deux cordes qui vibrent sont telles qu'elles coïncident à intervalles réguliers.

Ce que dit Galilée, comme l'avait déjà dit le mathématicien, physicien et philosophe hollandais Isaac Beeckman vingt ans plus tôt, c'est que la sensation d'harmonie naît quand la fin de la période d'une onde sonore coïncide, à intervalles réguliers, avec la fin de la période d'autres ondes sonores – quand les cycles sont en phase.

Un intervalle harmonieux d'une octave – le rapport deux sur un de la longueur des cordes pour les pythagoriciens – c'est une corde qui a accompli deux cycles de vibrations pendant que l'autre a accompli un cycle de vibration.
Un intervalle harmonieux d'une quinte – le rapport trois sur deux de la longueur des cordes pour les pythagoriciens – c'est une corde qui a accompli trois cycles de vibrations pendant que l'autre a accompli deux cycles.

Et les harmoniques de ces notes – les vibrations supplémentaires, plus faibles, dont les fréquences sont des multiples des premières, deux fois plus rapides, trois fois plus rapides... – entretiendront entre elles le même rapport.

Les harmonies entre les nombres discontinus des pythagoriciens – entre deux et un, entre trois et deux, entre quatre et trois – apparaîtront désormais comme des points d'intersection, de croisement, entre les phénomènes continus des oscillations, des vibrations.

L'ancienne césure, héritée de l'Antiquité grecque, entre l'univers abstrait et discontinu des nombres et l'univers visible des formes continues de la géométrie s'estompe de plus en plus.

Permettant non seulement de rendre plus intelligibles les harmonies de la musique, mais aussi, d'une manière beaucoup plus large, le comportement des planètes et des astres – la musique silencieuse de l'Univers.

Kepler et Galilée ont brisé l'harmonie de l'antique monde supralunaire d'Aristote et de Ptolémée, et du nouveau système héliocentrique de Copernic.

Les planètes ont perdu leur admirable régularité de sphères. Leurs mouvements dans l'espace ne dessinent plus les formes géométriques parfaites des cercles. Et elles ne se déplacent plus à vitesse constante, immuable, à travers le ciel.

Une nouvelle complexité a émergé, faite d'apparentes imperfections.

Mais cette complexité permet de mieux comprendre, et de mieux prévoir, encore, les trajectoires et les positions des planètes et des astres qui tournent autour du Soleil, et des satellites – notre Lune et les lunes de Jupiter – qui tournent autour de certaines planètes.

Les nouvelles lois de l'astronomie, les nouvelles lois de la nature, ont fait apparaître une nouvelle horloge céleste, dont les battements plus étranges, plus contraires à notre intuition, font naître de nouvelles harmonies.

Mais, au milieu de ces harmonies, de cette *mélodie à plusieurs voix* qu'émettent les six planètes – cette musique polyphonique silencieuse qu'imagine Kepler *en pensée, et non en sons*, et dont il dit qu'elle s'élève continûment dans le ciel, depuis la Création du monde jusqu'au Jugement dernier – naissent, de temps à autres, de manière imprévisible, irrégulière, et éphémère, des dissonances.
Des stridences qui semblent surgir de nulle part, persistent durant quelques mois, puis se perdent dans la nuit.

Et il faudra attendre près d'un siècle avant que ces brèves dissonances ne prennent place dans l'orchestre harmonieux des objets célestes qui tournent continuellement autour du Soleil.

IL AVAIT DIT :
TEL JOUR CET ASTRE REVIENDRA.

Il avait dit : – Tel jour cet astre reviendra. –
Il mourut.
L'ombre est vaste et l'on n'en parla plus.
On vivait
Et depuis bien longtemps personne ne pensait
Au pauvre vieux rêveur enseveli sous l'herbe.

Victor Hugo, *La Légende des siècles.*

Le premier coup de boutoir à la perfection et à l'immuabilité du monde supralunaire avait été porté par l'astronome danois Tycho Brahe. Il ne résultait pas de ses études des planètes, mais de ses observations des étoiles, et des comètes.

En 1573, Tycho Brahe publie *De Stella Nova* – « À propos d'une étoile nouvelle ». Il a observé, l'année précédente, l'apparition soudaine d'un nouvel objet brillant dans le ciel – la naissance d'une étoile nouvelle.

Quatre ans plus tard, il étudie la *Grande Comète*, qui surgit dans le ciel en 1577 et reste visible pendant plusieurs mois.

Kepler a six ans.

Sa mère l'emmène sur une colline pour observer la *Grande Comète*.

Aristote avait dit que les comètes – de κομήτης en grec – littéralement *les chevelues*, celles qui sont suivies d'une traînée de cheveux de feu – étaient des jeux de lumière, des phénomènes météorologiques qui se produisaient dans l'atmosphère terrestre.

Dans le monde sublunaire imparfait.

On croyait voir les comètes dans le ciel lointain, mais il s'agissait en fait, disait-il, d'une illusion.

Le monde supralunaire ne pouvait être sujet à des événements chaotiques, irréguliers, accidentels.

Mais Tycho Brahe déduit de ses observations que ces deux objets célestes, l'Étoile nouvelle et la Grande Comète, sont apparus très loin dans le ciel, au-delà de la Lune.

En d'autres termes, le monde supralunaire est aussi turbulent que le nôtre.

Et il y a plus.

Durant son voyage vers la Terre, dit Tycho Brahe, la Grande Comète aurait dû traverser les sphères cristallines supralunaires sur lesquelles Aristote, puis Copernic, pensaient que glissaient les planètes.

Il ne peut donc exister de sphères de cristal – d'orbes de cristal – car la Grande Comète les auraient brisées en les traversant, provoquant la chute des planètes.

Et ainsi, Tycho Brahe sera le premier à faire voler en éclats la représentation du ciel qui prédominait depuis l'Antiquité.

C'est vers l'air que je déploie mes ailes confiantes, dira plus tard Giordano Bruno, *sans craindre aucun obstacle, ni de cristal ni de verre, je fends les cieux.*

Tycho Brahe avait décrit la naissance d'une étoile, cette *Stella nova* qu'on a appelée, en son honneur, la *nova de Tycho*.

Mais il ne pouvait savoir que l'apparition d'une *nova* – une supernova – ne signe pas la naissance d'une étoile mais, au contraire, la mort de certaines étoiles. Leur dernière métamorphose, qui précède leur mort, une explosion d'une extraordinaire luminosité – plusieurs milliards de fois plus brillante que notre Soleil – qui donne l'impression, vue de la Terre, de l'apparition d'une étoile nouvelle, qui va ensuite s'effacer.

L'explosion d'une supernova est un événement qui se produit en moyenne une fois tous les cent à deux cents ans dans chaque galaxie.

Et cette explosion de lumière qui parvenait aux yeux de Tycho Brahe constituait le chant du cygne d'une étoile à l'intérieur de notre galaxie, une étoile distante de la Terre de plusieurs dizaines de millions de milliards de kilomètres – d'environ sept mille cinq cents années lumières.

L'explosion qu'il voyait n'était pas seulement très lointaine.

Elle était aussi très ancienne.

La lumière avait mis sept mille cinq cents ans à lui parvenir.

Elle avait débuté son voyage près de six millénaires avant la naissance d'Aristote.

Mais pour Tycho Brahe, cette notion même ne pouvait avoir aucun sens.

Et ce n'est qu'un siècle plus tard qu'un autre astronome danois découvrira que la lumière se déplace à travers l'espace à une vitesse finie.

Que la lumière, elle aussi, comme les astres, est vagabonde, *errante*.

C'est en 1676 que l'astronome danois Ole Christensen Rømer propose que la lumière se déplace à travers l'espace avec une vitesse constante. Que ce que nous voyons au loin, nous le voyons avec retard. Et que plus l'objet céleste est éloigné de nous, et plus ce retard est important.

L'estimation de la vitesse de la lumière que fera Rømer correspond à l'équivalent de 220 000 kilomètres par seconde, une valeur très proche de la vitesse réelle de la lumière – près de 300 000 kilomètres par seconde.

Mais Rømer n'a pas mesuré la vitesse de la lumière en tant que telle.

Il l'a déduite – il en a fait l'hypothèse – à partir d'apparentes anomalies concernant les éclipses de Io, l'une des quatre lunes, l'un des quatre satellites de Jupiter qu'avait découverts Galilée.

Des anomalies qu'avaient révélées les observations de Rømer, et celles de l'astronome Giovanni Domenico Cassini.

De temps à autre il y avait un décalage temporel dans les éclipses de Io – et donc dans les positions de ce satellite au long de son orbite – par rapport à ce que prédisaient les lois de Kepler. Les éclipses du satellite Io étaient parfois en avance et parfois, au contraire, en retard par rapport aux prédictions des lois de Kepler.

Persuadé que les lois de Kepler ne pouvaient être fausses, Rømer en déduit qu'en fonction des positions respectives de la Terre, de Jupiter et du Soleil, il pourrait y avoir des décalages temporels entre ce qu'il observe et ce qui est en train de se produire, loin dans le ciel.

Si la lumière met du temps à voyager, et donc à nous parvenir, alors, imagine Rømer, nous aurions l'illusion que les éclipses se produisent plus tôt lorsque la Terre est proche de Jupiter, et qu'elles se produisent plus tard lorsque la Terre est éloignée de Jupiter.

Et ainsi, la découverte que la lumière n'est pas instantanément visible au moment où elle est émise mais qu'elle voyage avec une vitesse finie – et qu'elle met d'autant plus de temps à nous parvenir que sa source est éloignée de nous – a résulté d'une confrontation, d'une discordance, entre une observation et ce que prédisait la théorie de Kepler.

Et Rømer a fait le postulat que la théorie devait mieux décrire la réalité que les apparences que nous voyons – que les illusions que nous renvoient nos sens.

Ce sont les lois de Kepler qui ont permis de révéler, de rendre visible ce qui jusque-là demeurait invisible – que la lumière nous parvient avec retard.
Que ce que nous voyons, c'est toujours du passé.
Que voir loin dans l'espace, c'est voir loin dans le passé.
C'est voyager à travers le temps.

Mais revenons aux comètes.
Contrairement aux mouvements réguliers et prévisibles du Soleil, des planètes, de leurs satellites, et des constellations – l'apparition des comètes était imprévisible.
Ces phénomènes célestes étranges, irréguliers, chaotiques, étaient considérés comme inquiétants, merveilleux ou terrifiants. Les comètes étaient des présages, le plus souvent des mauvais présages, annonçant l'arrivée de catastrophes.

On trouve des traces d'observations très anciennes de comètes, avec leur traîne de lumière, dans des textes de Babylone, de la Grèce antique, de la Chine antique – les étoiles invitées des astronomes chinois.

Et, plus récemment, à la fin du premier millénaire de notre ère, sur la Tapisserie de la reine Mathilde, on voit des doigts pointés vers le ciel, sous l'inscription *Isti mirant stella – ceux-là regardent l'étoile.* Les doigts désignent la comète qui présage la victoire de Guillaume le Conquérant.

Et si les comètes ne sont pas des jeux de lumière dans l'atmosphère, comme le pensait Aristote, mais de véritables objets célestes qui surgissent dans le lointain et voyagent vers nous, comme l'a proposé Tycho Brahe, alors il y a dans les grandes lois de la nature qui gouvernent l'univers une dimension temporelle qui semble complètement échapper à la régularité des grandes horloges célestes.

Et, contrairement aux planètes et aux étoiles, les comètes, elles, sont les véritables vagabondes du ciel – elles errent à travers l'espace, surgissant de nulle part et disparaissant au loin, sans suivre une même trajectoire régulière autour du Soleil.

Edmond Halley naît en 1656, quatre-vingts ans après le passage de la *Grande Comète* qu'avait étudiée Tycho Brahe.

Halley deviendra explorateur, géographe, inventeur, astronome, professeur de géométrie à l'Université d'Oxford.

En 1682, alors qu'il a un peu plus de vingt-cinq ans, surgit une comète qu'il étudie avec un grand intérêt. Et une question va commencer à le passionner.

Pourrait-on prévoir le retour des comètes ? Y aurait-il une horloge périodique qui battrait le rythme du trajet mystérieux des comètes à travers le ciel ?

Deux ans après le passage de la comète de 1682, Halley rencontre Isaac Newton. Il lui demande son aide. Puis il devient son ami. Et, en 1687, quand Newton publie les *Principia Mathematica* – c'est Halley qui en écrira la préface.

Voir au-delà des apparences.

Voir, dans l'invisible, les relations de causalité – les lois de la nature.

La force d'attraction universelle que découvre Newton, et qui rend compte de tous les mouvements des objets sur terre et dans le ciel, permet aussi de rendre compte des déviations du trajet des comètes quand elles voyagent au voisinage du Soleil et des planètes.

Halley étudie les observations répertoriées des passages des comètes par le passé – cherchant des caractéristiques qui pourraient leur être communes.

Il calcule, à l'aide des lois de Newton, les orbites de vingt-quatre comètes.

Il découvre que trois comètes, dont celle qu'il a observée en 1682, semblent avoir eu des orbites identiques. Et il en déduit que ces trois comètes sont une seule et même comète, qui est repassée trois fois, au cours du temps, dans notre voisinage.

En 1705, il publie *Synopsis de l'astronomie des comètes*, où il propose que la comète de 1682 est la même que la comète qui est apparue un demi-siècle avant sa naissance, en 1607, et la même que la comète qui est apparue au siècle précédent, du vivant de Copernic, en 1531.

Cette comète, dit Halley, visite la Terre avec une périodicité d'environ soixante-seize ans.

Mais Halley ne se contente pas de plonger son regard dans le passé.

Sa découverte d'une régularité passée lui permet aussi de se projeter dans l'avenir.

De tenter de prédire ce que l'on croyait imprévisible.

Et il fait une prédiction.

La comète de 1682, écrit-il, reviendra soixante-seize ans plus tard.

Durant l'année 1758.

Quand Halley publie sa prédiction, il est âgé de près de cinquante ans.

Il lui faudrait vivre jusqu'à cent deux ans pour pouvoir vérifier la validité de sa prédiction.

Mais il disparaîtra en 1742, à l'âge de quatre-vingt-six ans.

Victor Hugo lui a consacré un poème, *La Comète*, dans *La Légende des siècles*.

Il avait dit : – Tel jour cet astre reviendra. –

[...]

Quoi ! cet astre est votre astre, et vous lui défendez
De s'attarder, d'errer dans quelque route ancienne,
Et de perdre son temps, et votre heure est la sienne !
Ah ! vous savez le rythme énorme de la nuit !
Il faut que ce volcan échevelé qui fuit,
Que cette hydre [...]
Se souvienne de vous au milieu de sa course
Et tel jour soit exacte à votre rendez-vous !
[...]
Vous voilà le seigneur des profondes contrées !
[...]
Vous pouvez, grâce au chiffre escorté de zéros,
Prendre aux cheveux l'étoile à travers les barreaux !
Vous connaissez les mœurs des fauves météores,
Vous datez les déclins, vous réglez les aurores,
[...]
Vous allez et venez dans la fosse aux soleils !
Quoi ! vous tenez le ciel comme Orphée une lyre !
[...]
Vous nain, vous avez fait l'Infini prisonnier !
[...]
Vous savez tout ! [...]
La comète est à vous ; [...]
Et vous avez lié votre fil à la griffe
De cet épouvantable oiseau mystérieux,
Et vous l'allez tirer à vous du fond des cieux !
[...]
Tout cela s'écroula sur Halley.

[...]
Tout l'accabla, les gens légers, les sérieux,
Et les grands gestes noirs des prêtres furieux.
Quoi ! cet homme saurait ce que la Bible ignore !

[...]
Et l'on disait : C'est lui ! chacun voulant punir
L'homme qui voit de loin une étoile venir.

C'est lui ! Le fou ! [...]
Il mourut.

L'ombre est vaste et l'on n'en parla plus.
[...]
On finit par laisser tranquille ce dormeur.
[...]   On oublia le nom,
L'homme, tout ; ce rêveur digne du cabanon,
Ces calculs poursuivant dans leur vagabondage
Des astres qui n'ont point d'orbite et n'ont point
[d'âge,
Ces soleils à travers les chiffres aperçus ;
Et la ronce se mit à pousser là-dessus.

[...]

*   Trente ans passèrent.*
On vivait. [...]
Et depuis bien longtemps personne ne pensait
Au pauvre vieux rêveur enseveli sous l'herbe.
Soudain, un soir, on vit la nuit noire et superbe
Blêmir confusément, puis blanchir, et c'était
Dans l'année annoncée et prédite [...]
Et la blancheur devint lumière, et dans l'azur
La clarté devint pourpre, et l'on vit poindre, éclore,
Et croître on ne sait quelle inexprimable aurore
Qui se mit à monter dans le haut firmament
Par degrés et sans hâte et formidablement ;
[...]
Et soudain, comme un spectre entre en une maison,
Apparut, par-dessus le farouche horizon,
Une flamme emplissant des millions de lieues,

Monstrueuse lueur des immensités bleues,
Splendide au fond du ciel brusquement éclairci ;
Et l'astre effrayant dit aux hommes : « Me voici ! ».

À la fin de l'année 1758 – *Et c'était dans l'année annoncée* – apparut dans le ciel la comète dont Halley avait prédit le retour.

Elle demeura visible durant une partie de l'année 1759. On lui donna son nom – *La Comète de Halley.*

Et le caractère extraordinaire de sa prédiction confirmait la validité des équations et des lois de Newton sur lesquelles elle avait été fondée.

L'incrédulité n'avait pas été aussi répandue et aussi violente que le suggère Victor Hugo.

Mais la régularité future du retour de la comète de Halley après 1759 ne convainc pas l'ensemble du monde scientifique.

Près de soixante-quinze ans passeront.

Le 11 avril 1833, le jeune Charles Darwin, qui poursuit son voyage autour du monde sur le *Beagle*, écrit à celui qui a été son professeur à l'Université de Cambridge – celui qui lui a trouvé sa place de compagnon du capitaine sur le *Beagle* et lui a permis d'embarquer – le grand botaniste John Henslow.

Nous sommes tous très curieux d'avoir des nouvelles d'une grande comète qui arrive dans un certain temps, écrit Darwin. *Obtenez-nous des renseignements de ceux qui savent, et envoyez-nous un rapport.*

Et Henslow répond à Darwin : *La comète dont vous me parlez est attendue en 1835, selon les calculs – mais il semble très douteux que ces calculs soient corrects.*

Mais la comète reviendra avec la régularité qu'avait prédite Halley.

L'année 1835. Après plus de trois ans de voyage, Darwin aborde les îles des Galápagos (les *Insulae de los Galopegos,* littéralement îles des Tortues, habitées par les tortues géantes), dont la découverte de la faune jouera un rôle essentiel dans l'élaboration de sa théorie.

Dans ses carnets intitulés *Îles Galápagos.*
À la date du vendredi 16 octobre 1835.
Il y a une description des terres volcaniques de ces îles. Une description des iguanes.
Et une note, entre parenthèses :
(comète).

Et la comète reviendra encore, comme l'avait prévu Halley.
En 1910.
En 1986.
Et elle devrait revenir éclairer nos nuits en 2061.

D'imprévisibles, de surprenants, d'inquiétants, les passages des comètes au voisinage de la Terre étaient soudain devenus les battements réguliers d'une horloge céleste périodique.
Et, en mars 1986, c'est une flottille de 5 sondes spatiales, lancée à sa rencontre spécialement pour cette occasion, qui a accueilli son retour attendu pour l'étudier de plus près.
Ce qui semblait jusque-là être dû au hasard aveugle, Halley l'avait apprivoisé. Il y avait découvert une régularité cachée.

Toute la nature n'est autre que de l'art, qui t'est inconnu, disait le poète anglais Alexander Pope.
Tout hasard, une direction que tu ne peux pas voir.
Toute discorde, harmonie incomprise.

LES VAGABONDS DU CIEL

Un événement extra-terrestre à la frontière entre le
Crétacé et le Tertiaire.

Jan Smit & Jan Hertogen, *Nature*. 1980.

La course de chaque comète autour du Soleil bat le rythme
périodique, le *tempo,* d'une horloge régulière.
Mais la périodicité de son retour au voisinage de notre planète
est différente pour chacune des comètes.

Les retours de la comète de Halley sont espacés d'un intervalle de temps compris entre soixante-quinze et soixante-
seize ans – c'est une comète dite de période courte, c'est à
dire une comète qui revient avec une périodicité de moins de
deux cents ans.

D'autres comètes sont dites de période longue – elles mettent
des milliers d'années, voire des dizaines de milliers d'années à
revenir. Leur trajet autour du Soleil est beaucoup plus long.

Certaines comètes nous viennent aujourd'hui de la région de
Jupiter.
D'autres, comme la comète de Halley, nous viennent de
beaucoup plus loin, du *nuage d'Oort* – qui s'étend au-delà des
frontières du système solaire

Les comètes voyagent depuis très longtemps.

Le lieu précis de leur naissance demeure mystérieux, mais elles
se sont probablement formées au moment de la naissance du

système solaire, il y a un peu plus de quatre milliards et demi d'années. Plusieurs dizaines de millions d'années avant la formation de notre Terre.

Elles nous apportent des nouvelles des débuts du système solaire.

Et, depuis peu, l'humanité est à son tour partie à leur rencontre.

En 2004, pour la première fois, la sonde spatiale *Stardust* – « Poussière d'étoile » –, qui avait quitté la Terre cinq ans plus tôt, réussit à s'approcher suffisamment d'une comète, la comète *Wild* – « Sauvage » – pour prélever des échantillons de grains de son nuage de poussières et les rapporter sur Terre, en 2006.

Durant la même période, la sonde spatiale *Deep Impact* envoyait un projectile sur la comète *Temple One,* recueillant une très grande quantité de matière dégagée par l'explosion.

Et ainsi, pour la première fois, il y a sept ans, commençait à être analysée sur terre la substance dont sont faites les comètes. Nous permettant de voyager loin dans le passé. Avant même la naissance de notre planète.

D'imprévisible, de merveilleux, ou de terrifiant, le passage d'une comète au voisinage de la Terre est devenu, grâce à Halley, le battement régulier d'une horloge céleste.

Mais ces horloges ne reviennent battre le temps près de nous qu'au long des siècles, des millénaires, et des dizaines de milliers d'années – des durées à l'échelle de l'histoire humaine.

À l'échelle des époques géologiques, à l'échelle de l'évolution du vivant – sur des durées de plusieurs millions d'années, de plusieurs dizaines de millions d'années, ces horloges se dérèglent, disparaissent.

La trajectoire des comètes se modifie, elles changent soudain d'orbite et s'en vont battre le temps ailleurs.

Et d'autres comètes, qui jusque-là ne visitaient pas la Terre, apparaissent soudain dans notre voisinage, commençant un nouveau cycle de retours périodiques, jusqu'à leur nouveau départ, pour ailleurs.

Leur trajectoire se modifie sous l'influence des autres corps célestes – et par l'effet de leurs collisions et des geysers qu'elles envoient dans l'espace, qui leur font perdre une partie de la matière dont elles sont faites.

Et ainsi il y a bien, dans leurs venues et leurs départs, une dimension d'irrégularité et d'imprévisibilité.
Non pas, comme cela avait été si longtemps pensé, dans chacune de leurs apparitions dans notre ciel.
Mais sur des temps beaucoup plus longs, dans la durée du cycle périodique du passage au voisinage de notre planète de ces visiteurs venus du fond des âges.

Les comètes sont essentiellement formées de glace, de roches et de poussières.
Et c'est le Soleil qui les allume. Qui leur donne leur traîne de feu.
Lorsque qu'elles passent près du Soleil, elles libèrent des gaz et des substances volatiles, qui nous les rendent visibles lorsqu'elles s'approchent de la Terre.

La glace des comètes erre à travers le ciel depuis la naissance de notre système solaire.
La glace. L'eau.
L'eau indispensable à la vie. L'eau qui nous a permis de naître.
Pourrait-elle avoir été apportée sur Terre par des collisions avec les comètes ?

La glace des comètes qui avaient pu être étudiées s'était révélée faite d'une eau qui n'a pas exactement la même composition atomique que l'eau de notre planète.

Mais, en septembre 2011, était publiée dans *Nature* la première identification de la présence, sur une comète, *Hartley 2*, d'une eau qui a la même composition atomique que celle de notre planète.

Et ainsi la présence d'eau sur notre planète pourrait avoir pour origine des collisions entre la Terre et ces sphères de glace et de roches. Et ces vagabonds du ciel ont pu participer aux premiers événements qui ont permis – il y a trois milliards et demi à quatre milliards d'années – l'émergence de la vie sur la Terre.

Il y a d'autres vagabonds du ciel, de la taille d'une montagne, et parfois d'un pays, qui ne sont pas faits de glace mais de roches ou de métaux. Ce sont les astéroïdes.

Ils voyagent pour la plupart à l'intérieur de ce qu'on appelle la *ceinture des astéroïdes*, entre Mars et Jupiter.

Ils sont probablement aussi anciens que les comètes.

Et ils sont la principale source des météorites, ces cailloux extra-terrestres qui bombardent en permanence notre planète.

La trajectoire des astéroïdes – influencée par leurs interactions avec leurs voisins et par l'attraction de Mars et de Jupiter – est fluctuante, changeante.

De temps en temps, ils s'échappent de la ceinture des astéroïdes, en particulier de la partie interne de la ceinture, plus proche du Soleil, et vagabondent dans le système solaire.

Et ils peuvent entrer, un jour, dans le champ d'attraction terrestre.

Notre planète porte à sa surface les très nombreuses cicatrices de ses violentes collisions passées avec des astéroïdes.

Des collisions avec des fragments d'astéroïdes dont le diamètre est de l'ordre de cinquante mètres – on estime qu'elles sont survenues, et qu'elles surviendront, en moyenne une à deux fois par siècle. La dernière a eu lieu en 1997, dans une région inhabitée du Groenland.

Des collisions avec des astéroïdes d'environ cinq cents mètres de diamètre – on estime qu'elles sont survenues, et qu'elles surviendront en moyenne une fois tous les cent mille ans.

Et des collisions avec des astéroïdes d'environ dix kilomètres de diamètre – on estime qu'elles sont survenues, et qu'elles surviendront en moyenne une fois tous les cent millions d'années.

Quelles peuvent être les conséquences d'une telle catastrophe ?

À la fin du printemps de l'année 1980, deux études étaient publiées, à deux semaines d'intervalle, dans les revues *Nature* et *Science*.

La première, dans *Nature*, était présentée sous la forme d'un court article de trois pages rédigé par deux géologues, belge et hollandais, Jan Smit et Jan Hertogen.

La seconde, dans *Science*, était développée dans un long article de dix-huit pages, rédigé par quatre chercheurs américains, dont le Prix Nobel de physique, Luis Alvarez, et son fils, Walter, géologue.

Le titre des deux articles est presque le même.

Un événement extra-terrestre à la frontière entre le Crétacé et le Tertiaire, pour le premier.

Une cause extra-terrestre à l'extinction qui s'est produite à la frontière entre le Crétacé et le Tertiaire, pour le second.

De quoi s'agissait-il ?

Le *Crétacé* et le *Tertiaire* correspondent à des âges géologiques de notre planète. La *frontière entre le Crétacé et le Tertiaire* est une frontière temporelle, qui correspond à la période, il y a soixante-six millions d'années, où s'est produite la cinquième et la plus récente des grandes extinctions d'espèces, qui a notamment causé la disparition de la quasi-totalité des dinosaures – à l'exception de ceux qui étaient les ancêtres des oiseaux d'aujourd'hui.

Les deux groupes de chercheurs avaient étudié des sédiments dans différentes régions du monde et y avaient trouvé des composants radioactifs d'origine extra-terrestre dont ils pensaient qu'ils n'avaient pu être répandus dans l'atmosphère, puis se déposer sur les sols, qu'à l'occasion d'une collision entre notre planète et un astéroïde de cinq à dix kilomètres de diamètre.

Cette catastrophe, proposaient Luis et Walter Alvarez, aurait causé la grande extinction des espèces en provoquant une projection massive de poussières et de gaz entraînant un obscurcissement de l'atmosphère et un refroidissement brutal du climat.

Et ils estimaient que l'impact devrait avoir creusé sur le sol de notre planète un cratère d'environ cent cinquante kilomètres de diamètre.

Mais les deux groupes de chercheurs notaient qu'aucun cratère de cette taille, datant d'il y a environ soixante-cinq millions d'années, n'avait encore été découvert sur notre planète

Onze ans passeront.

Et la trace de l'impact sera découverte.

Un immense cratère, de deux cents kilomètres de diamètre. Enfoui sous le village de Chicxulub, dans le Nord de la péninsule du Yucatán, au Mexique.

La trace d'une collision d'une extraordinaire violence qui s'est produite, il y a environ soixante-cinq millions d'années, entre notre planète et un vagabond du ciel d'environ dix kilomètres de diamètre.

Un choc de Titans.

Cette hypothèse d'une cause extra-terrestre à la grande extinction qui a provoqué la disparition des dinosaures a fait l'objet de débats durant plus de trente ans.

D'une part, en raison des incertitudes sur la période exacte de survenue de l'impact, certaines études ayant suggéré que l'impact avait suivi de plusieurs centaines de milliers d'années l'extinction des dinosaures – il ne pouvait donc pas être la cause de l'extinction.

Et, d'autre part, en raison de la survenue, à peu près à la même époque, de grandes éruptions volcaniques, qui ont provoqué un véritable déluge de lave basaltique et pourraient avoir causé l'extinction.

Une étude récente, publiée en février 2013 dans la revue *Science* par des chercheurs de l'Université de Berkeley, en collaboration avec des chercheurs des Pays-Bas et de Grande-Bretagne, a conforté l'hypothèse d'une cause extra-terrestre à l'extinction des dinosaures, en précisant considérablement la date de l'impact.

L'utilisation conjointe des méthodes de datation géologique les plus modernes indique que l'impact – survenu il y a presque exactement soixante-six millions d'années – coïncide avec l'extinction des dinosaures, avec une marge d'erreur possible de seulement trente-deux mille ans.

Mais la collision avec l'astéroïde ne serait pas seule en cause.

Une période d'instabilité climatique, caractérisée par une succession de périodes de refroidissement, a débuté un million d'années avant l'impact.

L'épisode le plus important de refroidissement – une baisse de 6° à 8° Celsius, avec une diminution du niveau de la mer d'une quarantaine de mètres – a précédé l'impact d'une centaine de milliers d'années.

Et une succession d'éruptions volcaniques massives, dont la date précise reste à déterminer, a précédé la période de l'extinction.

Il semble que la collision ait porté un coup final à une série d'épisodes de fragilisation croissante des écosystèmes qui l'a précédée durant plus de cent mille ans.

Et ainsi, l'étude des impacts d'origine extra-terrestre sur sol de notre planète croise l'exploration des soubresauts de l'évolution du monde vivant.

L'extinction il y a soixante-six millions d'années de la quasi-totalité des dinosaures a probablement favorisé un développement explosif de nos lointains ancêtres, les petits mammifères nocturnes qui survivaient jusque-là à l'ombre de ces géants.

Et un ancien désastre, résultant d'une violente collision dans l'espace entre deux vagabonds du ciel – la Terre et un astéroïde – a probablement joué un rôle important dans la longue succession des événements qui nous ont permis d'apparaître.

L'évolution de la Terre, depuis sa naissance il y a quatre milliard et demi d'années, a été profondément marquée par ses collisions avec les vagabonds du ciel.

L'une d'entre elles, peu après la formation de notre planète, avec un vagabond de la taille de la planète Mars, a éjecté dans l'espace la matière qui formera la Lune, notre satellite, qui stabilise l'angle d'obliquité de l'axe de rotation de la Terre sur elle-même et la régularité de ses climats.

Ce sont d'autres vagabonds du ciel qui ont probablement apporté l'eau qui a permis l'émergence de la vie sur notre planète.

Des comètes. Ou des astéroïdes, lors du grand *Bombardement de météores* qui s'est produit il y a environ quatre milliards d'années.

Et d'autres vagabonds du ciel, plus tard, ont contribué à sculpter non seulement les reliefs de notre planète, mais aussi le monde vivant, causant l'extinction brutale de pans entiers et favorisant, indirectement, l'émergence de la nouveauté et de nouvelles formes de diversité.

Mais peut-on prédire les collisions à venir entre notre planète bleue, qui nous emporte dans son voyage, et ces vagabonds du ciel ?

L'ÉTRANGETÉ DES CHOSES

> Montrer combien lentement et irréversiblement un esprit s'aperçoit de l'étrangeté des choses.
>
> Marguerite Yourcenar, *Carnets de notes de L'Œuvre au noir*.

Cérès et Vesta sont les plus grands astéroïdes qui voyagent aujourd'hui à l'intérieur de la ceinture des astéroïdes entre Mars et Jupiter.

Vesta a plus de cinq cents kilomètres de diamètre.

Cérès a mille kilomètres de diamètre – une longueur comparable à celle de la France, du nord au sud.

Et l'humanité est récemment partie à la rencontre de ces géants, dont l'origine remonte probablement à l'aube de notre système solaire.

Après un périple de quatre ans, le 16 juillet 2011, la sonde spatiale *Dawn* – *L'Aube* – est entrée en orbite autour de Vesta. Les images, prises de près, ont révélé des détails jusque-là inconnus de sa surface.

Vesta, qui tourne très vite autour de son axe – réalisant un tour complet en cinq heures – a subi de nombreuses collisions. Deux cratères géants témoignent de deux impacts massifs, survenus il y a un à deux milliards d'années, dont l'un a causé la projection dans l'espace d'astéroïdes, qu'on a appelés des *Vestoïdes,* et de météorites, dont une proportion importante de ceux qui sont tombés à la surface de la Terre.

Vesta semble être le fossile d'une *protoplanète*, un vestige de ce qu'étaient les planètes il y a quatre milliards et demi d'années au moment de la naissance de notre système solaire – un modèle pour comprendre la formation des planètes.

Et des études suggèrent qu'il y aurait de l'eau sur Vesta, présente à l'intérieur de minéraux apportés par des bombardements de petits astéroïdes.

Dawn est restée en orbite autour de Vesta durant près de quatorze mois, s'approchant de plus en plus. Puis elle est repartie, le 5 septembre 2012, en direction de Cérès, le plus grand astéroïde du système solaire.

Le 6 juillet 2011, le jour même où la sonde Dawn se mettait en orbite autour de Vesta, envoyant les premières images prises de près de l'astéroïde et révélant des détails surprenants de sa surface, l'astronome français Jacques Laskar, de l'Observatoire de Paris, publiait avec ses collègues, dans la revue *Astronomy and Astrophysics*, un article intitulé :
Un fort chaos dans les interactions rapprochées entre Cérès et Vesta.

L'article rapportait les résultats de simulations informatiques indiquant que même les mesures extrêmement précises de la position et de la trajectoire actuelle des astéroïdes Vesta et Cérès qu'allait réaliser la sonde *Dawn* ne permettraient pas de prédire la trajectoire à long terme de ces astéroïdes.

Les effets qu'exercent ces astéroïdes l'un sur l'autre, et l'influence des champs d'attraction des autres astéroïdes et des planètes du système solaire modifient légèrement, en permanence, l'orbite initiale les deux astéroïdes.

Et leurs trajectoires deviennent imprévisibles au-delà d'un horizon temporel de quatre cent mille ans.

C'est un problème de la sensibilité aux conditions initiales, qui est devenu classique dans les modèles mathématiques de *Chaos déterministe.*

Chaos déterministe.

Un terme apparemment paradoxal.

Qui suggère à la fois l'ordre et le désordre.

Le chaos – c'est-à-dire un comportement apparemment aléatoire, imprévisible – et pourtant déterministe, c'est-à-dire dû à des lois, à un enchaînement de relations de causalité.

Ces phénomènes de chaos déterministe possèdent des régularités. Mais ces régularités ne peuvent être révélées que sur un plan statistique – qu'en termes de probabilités, parmi un grand nombre d'événements possibles.

Et l'article de Laskar et de ses collègues ne pouvait prédire une collision entre les astéroïdes géants Vesta et Cérès qu'en termes de probabilités – cette probabilité étant estimée à 0,2 % par milliard d'années à venir.

Phénomène de chaos déterministe, que le mathématicien Henri Poincaré avait pressenti dès la fin du XIXᵉ siècle.

Une cause très petite qui nous échappe, écrivait Poincaré en 1889, *détermine un effet considérable, et alors nous disons que cet effet est dû au hasard.*

Et encore : *Il peut arriver que de toutes petites différences dans les conditions initiales engendrent de très grandes différences dans les phénomènes finaux : une petite erreur sur les premières produirait une erreur énorme sur les derniers.*

La prédiction devient impossible, et nous avons [alors] le phénomène fortuit.

Même si on connaît précisément les lois de la nature, dit encore Poincaré.

Et nous avons [alors] le phénomène fortuit... Contingent. Apparemment dû au hasard.

Parfois – souvent ? – les théories scientifiques émergent elles-mêmes d'un *phénomène fortuit.*

Et cela sera le cas pour la théorie moderne du chaos déterministe. Elle sera développée notamment à partir d'un événement fortuit qui attirera l'attention du mathématicien et météorologue Edward Lorenz.

Durant l'année 1961 Lorenz est en train d'utiliser l'un des premiers ordinateurs pour modéliser les comportements de certains fluides, en vue d'élaborer un modèle très simplifié des mouvements atmosphériques.

Il a introduit dans son ordinateur ses équations et une série de données, sous forme de nombres, dont l'exactitude atteint six décimales – des chiffres suivis de six décimales.

L'ordinateur calcule. Puis Lorenz interrompt la session et fait une pause.

Plus tard, pour recommencer les calculs, il doit réintroduire les nombres dans l'ordinateur. Pour gagner du temps il réintroduit les mêmes chiffres, mais arrondis aux trois premières décimales seulement.

Et, à mesure que les calculs progressent, les équations lui donnent, à partir de cette deuxième série de nombres, des résultats de plus en plus différents de la première session de calcul, puis sans plus aucun rapport apparent.

De petites différences initiales – une précision à six décimales près ou à trois décimales près – provoquent des différences qui s'accroissent de plus en plus, de manière non linéaire.

Il croit d'abord à un problème de fonctionnement de son ordinateur.

Puis il réalise que ce sont les équations elles-mêmes qui induisent un phénomène qui correspond à un chaos déterministe.

Il publie sa découverte dans une revue de météorologie.

Et elle demeurera méconnue.

Jusqu'à ce qu'il présente, à la fin de l'année 1972, au congrès annuel de l'*Association Américaine pour l'Avancement de la Science* – qui publie la revue *Science* – une communication dont le titre deviendra célèbre :

À propos de la capacité de prédiction : est-ce que le battement des ailes d'un papillon au Brésil peut provoquer une tornade au Texas ?

Lorenz ne pouvait probablement pas deviner que – bien au-dessus de la danse des nuages dans l'atmosphère, qu'il étudiait – très loin dans l'espace, le chaos déterministe rendait aussi compte des voyages des vagabonds du ciel. Et des errances dans l'espace de notre propre planète vagabonde, qui emporte avec elle son atmosphère dans ses voyages autour du Soleil.

Les trajectoires des planètes de notre système solaire sont-elles stables et prévisibles ? Ou bien évoluent-elles de manière chaotique – imprévisible ?

Cette question inquiétait déjà Isaac Newton.

Parce qu'il réalise que ses équations qui rendent compte de la force d'attraction universelle ne lui permettent pas de décrire ni de prédire avec précision les déplacements de deux planètes, Jupiter et Saturne.

Et Newton écrit : *La prise en compte simultanée de toutes les causes, et la définition de ces mouvements par des lois exactes permettant des calculs fiables excède, si je ne me trompe pas, la puissance de n'importe quel esprit humain.*

Un siècle plus tard, durant le XVIIIᵉ siècle, des mathématiciens, dont Lagrange et Laplace, développeront des modèles mathématiques qui leur permettent de penser que le système solaire est stable – que les trajectoires de toutes les planètes sont et demeurent prévisibles, quel que soit l'horizon temporel sur lequel on se projette.

Mais, à la fin du XIXᵉ siècle, Poincaré souligne le fait que les équations de Newton ne permettent pas de résoudre le problème du devenir à long terme d'un système très simple, qui serait constitué par les interactions entre seulement trois corps célestes.

À mesure que le temps passe, les interactions entre les phénomènes d'attraction réciproque entre ces trois corps célestes lorsqu'ils passent à proximité les uns des autres font naître différentes variations possibles de leurs orbites, qui peuvent s'écarter de plus en plus les unes des autres.

Le système des trois corps a un comportement de chaos déterministe. Il a une sensibilité aux conditions initiales.

Et les prédictions sur son évolution ne peuvent être que statistiques, probabilistes.

Pendant encore un siècle, il y aura des débats concernant la question de la stabilité de notre système solaire. Son comportement est-il stable, prévisible à long terme ?

En 1989, l'astronome Jacques Laskar, qui travaille alors au Bureau des Longitudes de Paris, publie dans *Nature* le premier d'une longue série d'articles qui ont, durant les vingt dernières années, profondément changé les représentations que l'on se faisait du comportement de notre système solaire. Révélant que l'on ne peut prévoir les trajectoires des planètes du système solaire au-delà d'un horizon temporel de quelques dizaines de millions d'années.

En 2009, Laskar et Gastineau publient dans *Nature* un article intitulé :
Existence de trajectoires de Mercure, Mars et Vénus qui les font entrer en collision avec la Terre.

Des simulations numériques des comportements possibles des planètes du système solaire durant les cinq milliards d'années à venir – le temps qui reste avant que la transformation du Soleil en géante rouge n'embrase et ne calcine la totalité du système solaire – indiquent que le comportement particulièrement chaotique de Mercure pourrait à très long terme entraîner des collisions entre Mercure et Vénus, ou entre Mercure et le Soleil. La probabilité de survenue de tels événements est estimée à 1 % sur les cinq prochains milliards d'années.

Et, parmi ces états d'instabilité possibles, il en existe un, de probabilité non chiffrée, qui fait entrer en collision notre Terre avec Mars ou Vénus.

On peut aussi y lire une bonne nouvelle : la probabilité de 99 % que notre système solaire demeure relativement stable jusqu'à la fin.

Et ainsi, à mesure qu'augmentent nos connaissances sur le caractère chaotique de notre système solaire, se précisent aussi les limites de notre capacité à prédire son devenir.

L'étude publiée au mois de juillet 2011 par Jacques Laskar ses collègues, et intitulée *Un fort chaos dans les interactions rapprochées entre les astéroïdes Cérès et Vesta*, ne concernait pas uniquement le caractère chaotique du comportement de ces deux astéroïdes et l'impossibilité de prévoir leur trajectoire au-delà d'un horizon temporel de quatre cent mille ans.

Il indiquait aussi que cette instabilité influe sur la trajectoire des planètes du système solaire – y compris sur la trajectoire de notre Terre.

Et, de ce fait, l'orbite de la Terre autour du Soleil ne peut être déterminée au-delà d'un horizon de soixante millions d'années.

Ni dans l'avenir.

Ni dans le passé.

Nous ne pouvons déterminer quelle sera l'orbite de la Terre dans plus de soixante millions d'années.

Nous ne pouvons déterminer quelle était l'orbite de la Terre il y a soixante millions d'années.

Avec Cérès et Vesta, le système solaire a son effet papillon, écrivait en septembre 2011 le mathématicien Cédric Villani, en faisant référence à la métaphore du *battement des ailes d'un papillon* d'Edward Lorenz.

Les paléontologues, poursuivait Villani, *ne sauront peut-être jamais quelle était l'orbite de la Terre quand les dinosaures couraient à sa surface.*

La science efface l'ignorance d'hier et révèle l'ignorance d'aujourd'hui, dit le physicien David Gross.

Mais c'est une forme très particulière d'ignorance.

Une *Docte ignorance,* une savante ignorance, pour reprendre le titre du traité que Nicolas de Cues avait publié six siècles plus tôt, en l'an 1440.

Une ignorance riche de connaissances nouvelles.

Qui nous ouvre à nouveau la possibilité de nous étonner.

De nous émerveiller.

Et de plonger, à nouveau, dans l'inconnu.

Pour Darwin, l'univers était fixe et régulier depuis ses débuts.

Seule la vie et les reliefs de notre planète évoluaient.

Il aurait probablement été étonné et émerveillé de découvrir son ignorance.

Et de réaliser que la question des origines et de l'évolution de la vie se mêle à la question des origines et de l'évolution de notre système solaire, à la naissance et aux voyages imprévisibles des vagabonds du ciel et, plus loin encore dans le passé, à l'évolution de l'Univers.

Le chaos a eu un rôle déterminant dans l'évolution de notre système solaire, sculptant une grande part de son architecture visible aujourd'hui, écrivait l'astronome Joseph Burns en 2010, dans *Nature.*

L'une des conséquences du chaos est que le système solaire actuel est continuellement en train de changer.

Et le bicentenaire de la naissance de Darwin est l'occasion de repenser aux mécanismes de l'évolution.

DITES LEURS PRODIGES

Je suis l'halluciné de la forêt des Nombres.
[...]
Ils me fixent, avec leurs yeux de leurs problèmes ;
Ils sont, pour éternellement rester : les mêmes.
Primordiaux et définis,
Ils tiennent le monde entre leurs infinis ;
Ils expliquent le fond et l'essence des choses,
Puisqu'à travers les temps planent leurs causes.

Je suis l'halluciné de la forêt des Nombres.

Mes yeux ouverts ? – dites leurs prodiges !
Mes yeux fermés ? – dites leurs vertiges !

Émile Verhaeren, *Les Nombres*

Durant l'hiver 1610, alors qu'il rédige son *Étrenne*, Kepler a cessé, pour un moment, de plonger son regard et son esprit dans le ciel et de voyager à travers l'immensité du cosmos.
Il est sur Terre, s'émerveillant de la structure géométrique des microcosmes – des *presque rien*.

Et, à la recherche du mystère des six angles des flocons de neige, il passe rapidement, avec un mélange de sérieux et d'humour, d'un sujet à un autre, partageant avec son ami et protecteur tous les méandres saisissants de ses réflexions.
Dans *Astronomie nouvelle*, son grand livre publié un an plus tôt, où il présentait deux des trois lois d'astronomie qui porteront son nom, il avait déjà utilisé et explicité cette démarche

– une méthode, écrivait-il, familière aux orateurs : la présentation historique de mes découvertes.

Il s'agit non seulement de guider le lecteur vers une compréhension du sujet de la façon la plus simple, mais surtout d'expliquer par quelle voie moi, l'auteur, je suis arrivé à cette compréhension par des réflexions, des errances ou par hasard. Non seulement nous pardonnons à Christophe Colomb, à Magellan, aux Portugais de rapporter les erreurs par lesquelles ils firent connaître le premier l'Amérique, le second l'océan Indien, les derniers leur Circumnavigation autour de l'Afrique, mais, bien plus, nous ne voudrions pas que [ces erreurs] soient omises, ce qui nous priverait d'un immense plaisir de lecteur.

Dans son *Cadeau de Nouvel An*, il décrit sa découverte de la structure de la base des alvéoles que construisent les abeilles ouvrières dans leurs gâteaux de cire – la base de chaque alvéole, qui se trouve au milieu du rayon, se termine par trois faces en biseau. Et chacune de ces trois faces en biseau est un rhombe – un quadrilatère, comme le losange, dont tous les côtés sont égaux, mais, dont, contrairement au carré, les angles ne sont pas droits.

Toujours passionné par la géométrie abstraite des Anciens, Kepler passe soudain de l'observation de la nature à une réflexion abstraite sur les polyèdres.

Il se demande s'il pourrait exister des polyèdres uniquement formés de rhombes.

Et il en découvre deux, qui n'avaient pas été décrits par les géomètres de l'Antiquité.

Il ne s'agit pas de nouveaux membres de la famille des cinq polyèdres réguliers de Platon – le tétraèdre, l'hexaèdre, l'octaèdre, le dodécaèdre, et l'icosaèdre – mais de nouveaux membres d'une famille apparentée, décrite par Archimède, et qu'on appelle les solides d'Archimède.

Leurs faces sont formées non pas d'une seule sorte de polygones réguliers, comme les polyèdres de Platon, mais de deux sortes différentes de polygones réguliers.
On les a nommés polyèdres semi-réguliers.
Et Archimède en a décrit treize.

Kepler en découvre deux de plus, le *dodécaèdre rhombique* – formé de douze rhombes – et le *triacontaèdre rhombique* – formé de trente rhombes.

Il remarque que, contrairement à des sphères, et comme les alvéoles des abeilles ouvrières, ces nouveaux solides semi-réguliers peuvent occuper de manière optimale un espace en trois dimensions, sans laisser de vide entre eux.

Puis il repasse soudain du monde des formes idéales à l'observation de la nature.

Et il découvre l'existence de ces polyèdres formés de rhombes dans le monde vivant, dans le monde des plantes – c'est la forme des graines de la grenade, ou des petits pois dans leur cosse.

Il propose que leur existence résulte de la compression, dans un espace réduit, de structures déformables initialement sphériques – les graines de grenade qui vont se tasser au cœur du fruit, ou les petits pois tassés dans leur cosse.

Et cette compression, dit Kepler, transforme les sphères vivantes de ces graines en ces polyèdres formés de rhombes qu'il vient de découvrir et qui permettent à ces graines d'occuper leur espace réduit de manière optimale.

Mais quelle peut être la cause de la présence de toutes ces formes géométriques harmonieuses dans le monde vivant ?
Contrairement à Lucrèce, Kepler ne croit pas que la Nature a émergé spontanément, à partir de processus d'auto-assemblages, d'auto-organisation, sous l'effet de la contingence et des lois de la nature.

Kepler pense que l'harmonie de la nature résulte du projet du Créateur.

Quand des moyens ont pour but une fin, il n'y a pas d'accident, dit Kepler, mais seulement l'ordre, la raison pure, et un dessein, un but évident.

Et lorsqu'il s'interroge sur la structure géométrique des fleurs et s'extasie sur le fait que de nombreuses fleurs ont cinq pétales, *ici*, dit-il, *il devient approprié de prendre en considération la beauté et la nature particulière de la forme qui caractérise l'âme de ces plantes.*

Mais aucun but de ce genre, poursuit-il, *ne peut être observé dans la formation du flocon de neige, puisque sa structure hexagonale ne lui permet pas de durer longtemps ni de produire un corps naturel stable de forme durable.*

J'en déduis que le principe formateur de la nature n'agit pas uniquement pour atteindre des buts, mais peut aussi agir à seule fin de décoration.

Et *le pouvoir formateur de la Terre*, ajoute-t-il, *ne se limite pas à une seule forme, mais embrasse et connaît la totalité de la géométrie.*

Qu'il s'agisse d'atteindre des fins, des intentions, un projet, ou qu'il s'agisse de variations plus gratuites sur la beauté, *à seule fin de décoration*, la nature, pour Kepler, s'écrit et se lit dans le langage de la géométrie – dans le langage des mathématiques.

Mais jusqu'à quel point le langage des mathématiques, qui permet à Kepler de déchiffrer la course des planètes autour du Soleil, permet-il aussi de déchiffrer les comportements du monde vivant ?

Pas seulement de le décrire et de le célébrer – *les cinq pétales des fleurs sont le reflet de l'âme des fleurs* – mais de tenter de le comprendre ?

Une tentative de rendre compte par les mathématiques d'une caractéristique universelle du monde vivant avait été entreprise quatre cents ans avant que Kepler rédige son *Cadeau de Nouvel An*, par un mathématicien italien, Leonardo Fibonacci, dit Léonardo de Pisa.

Durant le Moyen Âge, une révolution avait commencé en Europe avec les premières traductions, à partir du XIIe siècle, des livres des grands mathématiciens du monde arabe et persan. Faisant resurgir non seulement une partie de l'œuvre perdue des mathématiciens de l'Antiquité mais aussi l'œuvre des mathématiciens de l'Inde du IIe siècle de notre ère et l'algèbre des mathématiciens du monde arabe, qui permettait, notamment, de résoudre les équations du second degré.

Et le livre que Fibonacci publie en 1202 – le *Liber abaci*, le « Livre des abaques » – marquera, deux siècles avant le quattrocento, l'un des débuts de la renaissance des mathématiques en Europe.

Fibonacci a rapporté de ses voyages au Moyen-Orient, en Sicile et en Grèce le système de numérotation arabo-indien, en base dix, qui comporte neuf chiffres et le nombre zéro – *cyfra*, de l'arabe *sifr*, le vide –, appelé, en latin, *figura nihili* (le symbole du rien).

Et, dans la troisième partie du *Livre des abaques*, Fibonacci présente une suite numérique qui porte aujourd'hui son nom.

C'est une suite dans laquelle chaque nombre est égal à la somme des deux nombres qui précèdent.

La suite débute par 1.

1 est précédé de 0.

La somme de 0 + 1 donne 1 ; puis la somme de 1 + 1 donne 2 ; puis 2 + 1 donne 3 ; 3 + 2 donne 5, et ainsi de suite, toujours cette même opération, ce même algorithme, répété jusqu'à l'infini.

La suite est : 1, 1, 2, 3, 5, 8, 13, 21, 34, 55, etc.

Mais Fibonacci ne présente pas sa suite uniquement comme un algorithme abstrait, comme une harmonie entre les nombres.

Elle permet, dit-il, de rendre compte, par exemple, de l'augmentation continue de la descendance d'un couple.

Imaginons, dit Fibonacci, qu'un homme possède un couple de lapins, un lapin et une lapine qui viennent de naître. Au bout d'un mois, ils deviendront capables d'avoir des descendants.

Imaginons que la lapine, au bout d'un mois, donne naissance à deux petits, un lapin et une lapine. Qui vont à leur tour donner, un mois plus tard, naissance à deux petits, et ainsi de suite.

Combien y aura-t-il de couples de lapins à la fin de chaque mois ?

Au début, l'homme ne possède qu'un couple. Un mois plus tard, il n'a toujours qu'un seul couple. Au deuxième mois, deux couples : le premier, et celui qui vient de naître.

Un mois plus tard, trois couples : le couple de parents a donné naissance à un deuxième couple de descendants, alors que les nouveau-nés ont grandi et ne peuvent toujours pas se reproduire.

Un mois plus tard, cinq couples. Puis un mois plus tard, huit, et encore un mois plus tard, treize, ...

Et ainsi, le nombre de couples de lapins progresse selon la suite de Fibonacci : 1, 1, 2, 3, 5, 8, 13, 21, 34, 55, etc.

L'exemple que donne Fibonacci est très abstrait et ne correspond pas à la réalité. En particulier, les lapins de Fibonacci semblent immortels et éternellement féconds.

Mais ce qui est intéressant, c'est la passion qu'a eue Fibonacci de rechercher une correspondance, une résonnance entre le monde idéal d'un algorithme, de la répétition d'une même opération mathématique, et une des caractéristiques essentielles de l'univers vivant.

Le profond mot Nombre est à la base de la pensée de l'homme, dira Victor Hugo dans *William Shakespeare*.

Nature et art sont les deux versants d'un même fait. [...]
La poésie comme la science a une racine abstraite. [...] Le profond mot Nombre est à la base de la pensée de l'homme ; [...] il signifie harmonie aussi bien que mathématique. Le nombre se révèle à l'art par le rythme, qui est le battement de cœur de l'infini. [...]

Sans le nombre, pas de science ; sans le nombre, pas de poésie. La strophe, l'épopée, le drame, la palpitation tumultueuse de l'homme, l'explosion de l'amour, l'irradiation de l'imagination, toute cette nuée avec ses éclairs, la passion, le mystérieux mot Nombre régit tout cela, ainsi que la géométrie et l'arithmétique.

En même temps que les sections coniques et le calcul différentiel et intégral, Ajax, Hector, Hécube, les Sept Chefs devant Thèbes, Œdipe, Ugolin, Messaline, Lear et Priam, Roméo, Desdemona, Richard III, Pantagruel, le Cid, Alceste, lui appartiennent ; il part de Deux et Deux font Quatre, et il monte jusqu'au lieu des foudres.

La fascination de Kepler pour la structure des polyèdres plongeait ses racines dans l'Antiquité grecque, dans les mondes de Platon, d'Euclide et d'Archimède.

La fascination de Fibonacci pour cette suite numérique étrange plongeait ses racines dans le monde des mathématiciens de l'Inde.

Deux manières différentes d'explorer la structure et les régularités de la nature à partir des constructions parfaites de l'abstraction.

Et ces deux approches allaient se croiser dans l'*Étrenne* que Kepler offre à son protecteur au début de l'année 1611. Dans cette méditation sur le flocon de neige à six angles.

Lorsque Kepler, soudain, s'engage dans une réflexion sur la *divine proportion*.

En 1509, à Venise, le moine franciscain et mathématicien Luca Pacioli avait publié son livre le plus connu, illustré par des dessins de Léonard de Vinci et intitulé *De divina proportione* – « de la divine proportion ».

La *divine proportion* est un rapport numérique qu'Euclide nommait *la proportion d'extrême et de moyenne raison*.

Cette proportion, que l'Antiquité et la Renaissance considéreront comme l'une des plus harmonieuses qui soit, a été définie par Euclide de la manière suivante :

Soit a la longueur d'un segment de droite, séparons le segment en une grande partie b et une petite partie c.

Cette séparation correspond à la *divine proportion* quand le résultat de la division du segment entier a par la grande partie b est égal au résultat de la division de la grande partie b par la petite partie c.

Et l'on peut reprendre cette opération de division avec la grande partie b du segment, que l'on sépare alors en deux parties, comme précédemment, et l'on peut répéter indéfiniment cette opération. Et comme l'avait proposé, durant la première moitié du IVe siècle avant notre ère, le mathématicien et astronome Eudoxe de Cnide, dont les travaux ont probablement inspiré Euclide, la même proportion réapparaît à chaque échelle de grandeur.

Le résultat de chacune de ces opérations de division qui définit cette *divine proportion*, est égal à :
1 + √ 5, le tout divisé par 2, c'est-à-dire à 1,618 suivi d'un nombre infini de décimales.

La géométrie a deux grands trésors, écrira Kepler.
L'un est le théorème de Pythagore, l'autre la divine proportion.
Nous comparerons le premier à un lingot d'or et le second à une pierre précieuse.

Dans son *Étrenne*, alors qu'il s'interroge sur la structure en pentagone des fleurs à cinq pétales, Kepler note que les proportions entre les côtés d'un pentagone et entre les diagonales et les côtés d'un pentagone *ne peuvent être produites sans la proportion que les géomètres modernes nomment 'divine'.*
Et il se demande comment représenter ces relations sous une forme numérique.

Il est impossible de donner un exemple parfait [de cette proportion] *à l'aide des nombres*, dit-il de manière sibylline.
Ce que Kepler veut dire, c'est que 1 + √ 5, le tout divisé par 2, ne peut s'exprimer ni à l'aide d'un nombre entier ni à l'aide d'un nombre entier suivi d'un nombre fini de décimales – c'est, comme le nombre π, ce qu'on appelle un nombre irrationnel.

Huit ans plus tard, dans *Les Harmonies du Monde*, il exprimera cette *impossibilité* de manière plus précise : *Bien que cette proportion ne puisse être exprimée par un nombre, il y a certaines séries de nombres qui approchent continuellement de plus en plus près la vérité.*
Et, dans son *Étrenne*, il écrit la suite de Fibonacci – sans citer le nom de Fibonacci.
Kepler est probablement le premier à avoir montré que, si l'on divise un nombre quelconque de la suite de Fibonacci par le

nombre qui précède, on obtient un rapport qui approche *continuellement, de plus en plus,* de la *divine proportion.*

Au début de la suite, le rapport est relativement éloigné de cette proportion :
3 divisé par 2 donne 1,5 ;
Mais 5 divisé par 3 donne 1,66 ;
13 divisé par 8 donne 1,625 ;
55 divisé par 34 donne 1,617 ;
377 divisé par 233 donne 1,61802, un nombre très proche de 1,61803..., la *divine proportion.*

Et ainsi, plus on avance dans la suite de Fibonacci, et plus la division d'un nombre par celui qui le précède se rapproche de cette proportion. Sans jamais l'atteindre.
On dit aujourd'hui que ce rapport tend vers cette proportion – il l'atteint à l'infini.

Cette proportion résulte d'un processus d'auto-propagation, dit Kepler dans son *Étrenne.*
Et, dans *Les Harmonies du Monde,* il continuera à s'émerveiller sur cette suite numérique : *elle contient,* dira-t-il, *l'idée splendide de génération* – d'engendrement.

Mais là où Fibonacci ne voyait qu'une représentation, sous forme numérique, du pouvoir d'engendrement des êtres vivants, Kepler croit distinguer, dans cette suite de nombres, la source même de la fécondité du vivant.
Je suspecte, écrit-il dans son *Étrenne, que la capacité d'engendrement des graines a un rapport avec cette proportion qui s'auto-propage, et que le pentagone, qui est l'emblème de cette capacité d'auto-engendrement des graines, est affiché par la fleur.*

Comme un écho au *Tout est nombre* de Pythagore, c'est une intuition étrange qui fait de la *divine proportion* – au cœur de la suite de Fibonacci et de la structure du pentagone – la cause même de la fécondité des graines des fleurs à cinq pétales.

Mais ce que ni Fibonacci ni Kepler n'ont apparemment vu, c'est la présence de certains des nombres de la suite de Fibonacci dans certaines des formes du monde des plantes – dans le nombre de spirales, orientées dans un sens puis dans l'autre, que forment les graines à l'intérieur de la fleur de tournesol ou les graines à la surface de la pomme de pin.

Le nombre de spirales rayonnant dans un sens, puis dans l'autre, font partie de la suite de Fibonacci.

Après son détour par la *divine proportion*, la suite de Fibonacci et le monde vivant, Kepler revient au mystère des flocons de neige, au mystère de leur structure en hexagone. Et à la splendeur des polyèdres de l'Antiquité.

Il se demande s'il pourrait exister des polyèdres réguliers qui auraient une forme d'étoile à six branches comme le flocon de neige.

Aucun des cinq polyèdres de Platon n'a une forme en étoile.

Mais Kepler remarque que tous les polyèdres de Platon ont une caractéristique commune : ils sont tous convexes. C'est-à-dire que si l'on trace des segments de droite joignant deux points quelconques du polyèdre, ces segments sont toujours situées à l'intérieur du polyèdre.

Et Kepler découvre que si l'on construit des polyèdres réguliers concaves, ils ont une forme en étoile.

Comme les flocons de neige.

Il en découvre deux, et élargit ainsi à sept les membres de la famille des polyèdres réguliers de Platon, qui était restée inchangée depuis dix-neuf siècles.

Deux cents ans après Kepler, en 1809, le mathématicien français Louis Poinsot en découvrira deux autres.

Et ainsi, les polyèdres réguliers sont aujourd'hui au nombre de neuf – les cinq convexes de Platon et les quatre concaves, étoilés, qu'on appelle aujourd'hui les polyèdres réguliers de Kepler-Poinsot.

Aucun mathématicien ne les avait découverts avant Kepler.

Mais l'un de ces polyèdres étoilés de Kepler avait été dessiné par un artiste vers 1430, près de deux siècles plus tôt. C'est l'un des motifs des deux mosaïques qui décorent le sol de la basilique San Marco à Venise. Des mosaïques attribuées à Paolo Uccello, l'un des grands peintres italiens du quattrocento.

Quant à l'autre polyèdre régulier étoilé découvert par Kepler, il avait été dessiné et publié près d'un demi-siècle plus tôt, en 1568, par un joaillier allemand, Wenzel Jamnitzer.

Et ainsi, la recherche purement esthétique de la beauté des formes – l'art – peut précéder l'exploration par les mathématiciens de l'espace abstrait des régularités géométriques.

Mais revenons aux deux polyèdres réguliers redécouverts par Kepler.

Ils sont en forme d'étoile comme les flocons de neige.

Mais, contrairement au flocon de neige qui a six branches, il s'agit d'étoiles à cinq branches.

Et le mystère de la cause de la structure hexagonale du flocon de neige se dérobe à nouveau à Kepler.

Lire la neige dit Smilla dans le roman de Peter Høeg
Lire la neige, c'est comme écouter de la musique.

Et la neige, comme la musique, peut être source de méditation et de rêverie.

Loin du Groenland de Smilla.
Loin de la Prague de Kepler.
En Turquie. Dans *Neige*, de l'écrivain turc Orhan Pamuk.

Ayant lu dans un ouvrage, écrit Pamuk, *que, pour un flocon de neige en forme d'étoile à six branches, il s'écoulait de huit à dix minutes entre sa cristallisation dans le ciel et sa disparition après avoir touché terre, et ayant lu qu'en plus du vent, de la température et de la hauteur des nuages, le flocon était configuré par toute une série de facteurs mystérieux et incompréhensibles, le poète Ka eut l'intuition d'une correspondance, d'une résonnance entre les flocons de neige et les êtres humains.*

À la base de la vie de chacun, il devait exister un tel flocon de neige, et chacun, en tentant d'élucider sa propre étoile de neige, pouvait révéler à quel point des personnes qui de loin se ressemblent sont en réalité différentes, étrangères et non superposables.

Ni tout à fait la même ni tout à fait une autre, dit Verlaine.

Pendant que j'écris, dit Kepler
Pendant que j'écris, il a recommencé à neiger, une neige plus épaisse qu'il y a un moment.
Et j'ai examiné attentivement les petits flocons.
Et il note que les flocons ont des formes très diverses.

Chaque flocon de neige a une forme différente, dit le physicien Kenneth Libbrecht.
Chaque flocon de neige a une même structure de base, symétrique, en hexagone. Mais chaque flocon de neige réalise des variations singulières, uniques, à partir de ce motif commun. Quelle est l'explication de ce mystère ?

De même que la couleur – la longueur d'onde de lumière – qui nous provient d'une étoile nous révèle la composition chimique de l'étoile, dit Libbrecht, de même les formes des cristaux de neige nous racontent l'histoire de leur naissance dans les nuages.

Un flocon de neige ne résulte pas de la transformation de l'eau en glace, mais de la transformation directe de la vapeur d'eau en glace.

Un cristal étoilé de neige, typique, débute sous la forme d'un minuscule prisme hexagonal.

C'est l'assemblage soudain des atomes d'oxygène et d'hydrogène qui composent les molécules de vapeur d'eau – c'est l'assemblage soudain, dans un nuage, sous l'effet du froid, de ces atomes en un cristal élémentaire de glace de forme hexagonale qui constitue la matrice minuscule à partir de laquelle le cristal va progressivement croître, grandir.

La forme visible du cristal de glace est un reflet de la forme élémentaire de la maille invisible du réseau de cristal. Et les faces du prisme hexagonal grandissent à mesure que la vapeur environnante se condense sur cette matrice.

C'est un modèle, dit Libbrecht, pour comprendre un phénomène universel dans la nature. Un phénomène d'auto-assemblage, d'auto-organisation, d'émergence spontanée d'une structure régulière, identique.

Voilà pour ce qui concerne la forme de base en hexagone de chaque flocon.

Mais d'où vient la diversité ?

Quand le flocon atteint une certaine taille, et parce que les six sommets du prisme hexagonal plongent dans l'air humide dit Libbrecht, *ces six sommets se mettent à grandir plus vite que le reste, et six branches finissent par surgir et par pousser.*

Plus le cristal grandit et plus ses branches peuvent devenir complexes, ramifiées.

Cette croissance est extrêmement sensible à la température et à l'humidité, qui se modifient pendant que le cristal, sous l'effet du vent, se déplace à travers les nuages.

À chaque moment, les six branches sont exposées aux mêmes conditions atmosphériques locales, et donc elles grandissent de manière synchrone.

Et, parce qu'il n'y a pas deux flocons de neige qui suivent le même trajet à travers les nuages, chaque flocon a une forme différente.

Aucun flocon n'est identique à un autre.

De mêmes lois générales, de mêmes lois de la nature, de même contraintes, de mêmes relations de causalité qui, dans des environnements changeants, font émerger, par un processus d'auto-organisation, à la fois une même régularité, une même symétrie et la singularité, la diversité

Au laboratoire poursuit Libbrecht, *je fabrique des millions de petits cristaux.*

Je fais souffler de l'air humide sur les cristaux.

À mesure qu'ils grandissent, je change la température et l'humidité.

Et la forme globale du flocon de neige se modifie, passant d'une forme en plaquette hexagonale à -2°C, à une forme en colonne à -5°; puis de nouveau en plaquette à -15°, avec des branches de plus en plus complexes; et encore une fois en colonne, en dessous de -30°.

Ce phénomène a été découvert par le physicien japonais Ukichiro Nakaya, il y a soixante-quinze ans.

Mais la cause de ce phénomène étrange n'est toujours pas connue, alors je travaille dur pour résoudre le problème.

Kepler termine son *Étrenne* en évoquant la formation des cristaux dans des liquides.

Laissons donc les chimistes nous dire s'il y a un sel dans la neige, et lequel, et quelle forme il adopte.

J'ai frappé à la porte de la chimie et, constatant combien il reste à dire sur ce sujet avant que nous ne connaissions la cause, je

voudrais maintenant entendre ce que vous pensez, vous si ingé-
nieux, plutôt que de m'épuiser en continuant ces réflexions.

Et il conclut :

> *Rien suit.*
> *Fin.*

*Quand vous vous demandez comment se forment les flocons
de neige*, dit Libbrecht, *ce que vous êtes vraiment en train de
vous demander, c'est comment des molécules passent d'un état
gazeux désordonné – de la vapeur d'eau – à un état de réseau
cristallin ordonné – des cristaux de glace.*
*J'utilise la glace comme modèle pour comprendre la croissance
des cristaux.*

Longtemps avant lui, Kepler a tenté de résoudre ce problème,
sans y parvenir.
Mais le *Cadeau de Nouvel An* qu'il a offert à son ami et protecteur demeure un merveilleux voyage à travers certaines des
régularités qui structurent les petites splendeurs du monde

Un voyage à la recherche du *pouvoir formateur de la nature*
– à la recherche des lois à l'œuvre dans l'émergence de la
splendeur et de l'harmonie de la nature. Des lois dont il ne
peut qu'entrevoir le mystère.
Un voyage toujours inachevé, à la recherche des modalités
d'interactions entre les composants de la matière qui ont
permis – depuis des profondeurs de temps qu'il ne peut imaginer, depuis quatorze milliards d'années – de faire émerger
l'infinité des formes les plus belles et les plus merveilleuses qui
constituent l'Univers et le monde vivant qui nous entourent
et nous ont fait naître.

À partir de ce presque Rien – un minuscule atome de neige, dit Kepler *j'ai été proche de recréer l'Univers entier, qui contient tout !*

Deux cents ans plus tard, le poète William Blake écrira :

Voir un monde dans un grain de sable,
Et un ciel dans une fleur sauvage,
Tenir l'infini dans la paume de ta main,
Et l'éternité dans une heure.

Voir un monde dans un grain de sable

        Ou recréer l'Univers dans un flocon de neige

Bibliographie

I. À travers les labyrinthes

Livres

Bert Hölldobler, Edward Wilson. *L'incroyable instinct des fourmis : De la culture du champignon à la civilisation*. Flammarion, 2012.

Bert Hölldobler, Edward Wilson. *The Superorganism. The beauty, elegance, and strangeness of insect societies*. WW Norton and C°, 2009.

Frans de Waal. *Quand les singes prennent le thé [The ape and the sushi master]*. Fayard, 2001.

Charles Darwin. *The descent of Man and selection in relation to sex. [La généalogie de l'homme et la sélection liée au sexe]*. Penguin Classics, 2004.

Richard Lewontin. *La triple hélice. Les gènes, l'organisme, l'environnement*. Seuil, 2003.

François Jacob. *La souris, la mouche et l'homme*. Odile Jacob Poches, 2000.

Henri Atlan. *L'utérus artificiel*. Points Seuil, 2007.

Jorge Luis Borges. *La proximité de la mer. Une anthologie de 99 poèmes*. Gallimard, 2010.

Jorge Luis Borges. *Fictions*. Folio, 1974.

Jorge Luis Borges. *L'Aleph*. Gallimard, 1977.

Articles scientifiques

Mersch D, Crespi A, Keller L. Tracking individuals shows spatial fidelity is a key regulator of ant social organization. *Science* 2013, 340 :1090-3.

Pennisi E. Chasing ants – and robots – to understand how societies evolve. *Science* 2013, 340:269-71.

Collett M, Chittka L, Collett TS. Spatial memory in insect navigation. *Current Biology* 2013, 23 :R789-800.

Franklin E, Robinson E, Marshall J, *et coll*. Do ants need to be old and experienced to teach ? *Journal of Experimental Biology* 2012, 215 : 1287-92.

Collet M. How navigational guidance systems are combined in a desert ant. *Curr Biol* 2012, 22 : 927-32.

Bonasio R, Li Q, Lian J, *et coll.* Genome-wide and caste-specific DNA methylomes of the ants *camponotus floridanus* and *harpegnathos saltator. Curr Biol* 2012, 22:1755-64.

Chittka A, Wurm Y, Chittka L. Epigenetics : The making of ant castes. *Curr Biol* 2012, 22 : R835-8.

Reid C, Sumpter D, Beekman M. Optimisation in a natural system: Argentine ants solve the Towers of Hanoi. *J Exp Biol* 2011, 214 : 50-8.

Kaplan M. Ants lead to speedier computer networks. *Nature News*, 9 December 2010.

Müller M, Wehner R. Path integration provides a scaffold for landmark learning in desert ants. *Curr Biol* 2010, 20 : 1368-71.

Mlot NJ, Tovey CA, Hu DL. Fire ants self-assemble into waterproof rafts to survive floods. *Proceedings of the National Academy of Sciences USA* 2011, 108 : 7669-73.

Graham P, Philippides A, Baddeley B. Animal cognition: multi-modal interactions in ant learning. *Curr Biol* 2010, 20 : R639-40.

Fourcassié V, Dussutour A, Deneubourg J. Ant trafic rules. *J Exp Biol* 2010, 213 : 2357-63.

Schmidt AR, Perrichot V, Svojtka M, *et coll.* Cretaceous African life captured in amber. *Proc Natl Acad Sci USA* 2010, 107 : 7329-34.

Nowak M, Tarnita CE, Wilson EO. The evolution of eusociality. *Nature* 2010, 466 :1057-62.

Morell V. Watching as ants go marching – and deciding – one by one. *Science* 2009, 323 : 1284-5.

Bregy P, Sommer S, Wehner R. Nest-mark orientation versus vector navigation in desert ants. *J Exp Biol* 2008, 211 : 1868-73.

Richardson T, Sieeman P, McNamara J, *et coll.* Teaching with evaluation in ants. *Curr Biol* 2007, 17 : 1520-6.

Ravary F, Lecoutey E, Kaminski G, *et coll.* Individual experience alone can generate lasting division of labor in ants. *Curr Biol* 2007, 17 : 1308-12.

Franks N, Richardson T. Teaching in tandem running ants. *Nature* 2006, 439 : 153.

Leadbeater E, Raine N, Chittka L. Social learning : ants and the meaning of teaching. *Curr Biol* 2006, 16 : 323-5.

M. Möglich M, Maschwitz U, Hölldobler B. Tandem calling : a new kind of signal in ant communication. *Science* 1974, 186 : 1046-1047.

II. L'ÂME DE L'ÉTÉ

Livres

Robert E. Page. *The spirit of the hive. The mechanisms of social évolution.* Harvard University Press, 2013.

Thomas Sealey. *Honeybee Democracy*. Princeton University Press, 2010.

Karl von Frisch. *Vie et mœurs des abeilles*. Albin Michel, 2011.

Maurice Maeterlinck. *La vie des abeilles*. BiblioLife, 2009.

Oliver Sacks. *Un anthropologue sur Mars*. Points Seuil, 2003.

Virgile. *Géorgiques*. Belles Lettres, 2002.

Charles Darwin. *The Descent of Man, op. cit.*

Charles Darwin. *The Formation of vegetable mould, through the action of worms, with observations on their habits,* Londres, John Murray, 10 October 1881.

Jean Claude Ameisen. *Dans la lumière et les ombres. Darwin et le bouleversement du monde.* Points Seuil, 2011.

Amartya Sen. *L'Idée de justice*. Flammarion, 2012.

Thucydide. La guerre du Péloponnèse. Folio, 2000.

Ronsard P. *Œuvres Complètes, Tome VIII, Les Hymnes de 1555.* Marcel Didier, 1973.

Emily Dickinson. *Poésies complètes*. Éd. bilingue. Flammarion, 2009.

Articles scientifiques

Danforth BN, Cardinal S, Praz C, *et coll.* The impact of molecular data on our understanding of bee phylogeny and evolution. *Annual Reviews* : *Entomology* 2013, 58 : 57-78.

Wright GA, Baker DD, Palmer MJ, *et coll.* Caffeine in floral nectar enhances a pollinator's memory of reward. *Science* 2013, 339 : 1202-4.

Chittka L, Peng F. Neuroscience. Caffeine boosts bees' memories. *Science* 2013, 339 : 1157-9.

Spalding KL, Bergmann O, Alkass K, *et coll.* Dynamics of hippocampal neurogenesis in adult humans. *Cell* 2013, 153 : 1219-27.

Freund J, Brandmaier AM, Lewejohann L, *et coll.* Emergence of individuality in genetically identical mice. *Science* 2013, 340 : 756-9.

Herb BR, Wolschin F, Hansen KD, *et coll.* Reversible switching between epigenetic states in honeybee behavioral subcastes. *Nature Neuroscience* 2012, 15 : 1371-3.

Seeley TD, Visscher PK, Schlegel T, *et coll.* Stop signals provide cross inhibition in collective decision-making by honeybee swarms. *Science* 2012, 335 : 108-11.

Niven JE. Behavior. How honeybees break a decision-making deadlock. *Science* 2012, 335 : 43-4.

Liang ZS, Nguyen T, Mattila HR, *et coll.* Molecular determinants of scouting behavior in honey bees. *Science* 2012, 335 : 1225-8.

Fields H. To boldly go where no bee has gone. *Science Now* 8 March 2012.

Cardinal S, Danforth BN. The antiquity and evolutionary history of social behavior in bees. *PLoS One* 2011, 6 : e21086.

Lunau K, Papiorek S, Eltz T, *et coll.* Avoidance of achromatic colours by bees provides a private niche for hummingbirds. *J Exp Biol* 2011, 214 : 1607-12.

Bloch G, Francoy TM, Wachtel I, *et coll.* Industrial apiculture in the Jordan valley during Biblical times with Anatolian honeybees. *Proc Natl Acad Sci USA* 2010, 107 : 11240-4.

Nieh JC. A negative feedback signal that is triggered by peril curbs honey bee recruitment. *Curr Biol* 2010, 20 : 310-5.

Srinivasan MV. Honeybee communication : a signal for danger. *Curr Biol* 2010, 20 : R366-8.

Su S, Cai F, Si A, *et coll.* East learns from West : Asiatic honeybees can understand dance language of European honeybees. *PLoS One* 2008, 3 : e2365.

Armenta JK, Dunn PO, Whittingham LA. Quantifying avian sexual dichromatism : a comparison of methods. *J Exp Biol* 2008, 211 : 2423-30.

Poinar GO Jr, Danforth BN. A fossil bee from Early Cretaceous Burmese amber. *Science* 2006, 314 : 614.

Honeybee Genome Sequencing Consortium. Insights into social insects from the genome of the honeybee Apis mellifera. *Nature* 2006, 443 : 931-49.

Pennisi E. Genetics. Honey bee genome illuminates insect evolution and social behavior. *Science* 2006, 314 : 578-9.

Whitfield CW, Behura SK, Berlocher SH, *et coll.* Thrice out of Africa : ancient and recent expansions of the honey bee, Apis mellifera. *Science* 2006, 314 : 642-5 [Erratum in : *Science* 2007, 318 : 393].

Menzel R, Leboulle G, Eisenhardt D. Small brains, bright minds. *Cell* 2006, 124 : 237-9.

Eaton MD. Human vision fails to distinguish widespread sexual dichromatism among sexually « monochromatic » birds. *Proc Natl Acad Sci USA* 2005, 102 : 10942-6.

Darwin C. On the formation of mould. *Proceedings of the Geological Society of London,* 1838 2 : 574-576.

Autres publications

La vie extraordinaire des abeilles. *Sciences et Avenir*, Hors-Série N° 175, Juillet/Août 2013.

Goldsmith T. Ce que voient les oiseaux. *Pour La Science*, Avril 2007, pp 59-73.

III. LES BATTEMENTS DU TEMPS

Livres

Albert Goldbeter. *La Vie oscillatoire. Au cœur des rythmes du vivant.* Odile Jacob, 2010.

Hans Meinhardt. *The Algorithmic Beauty of Sea Shells.* Springer-Verlag Berlin, 2009.

Stephen Jay Gould. *La Structure de la théorie de l'évolution.* Gallimard, 2006.

François Jacob. *La Souris, la mouche et l'homme.* Poche Odile Jacob, 2000.

François Jacob. *La Statue intérieure.* Folio, 1990.

François Jacob. *Le jeu des possibles.* Fayard, 1981.

D'Arcy Wentworth Thompson. *Forme et croissance.* Seuil, 2009.

Charles Darwin. *Autobiographie.* Points Sciences, 2011.

William Paley. *Natural Theology. or Evidences of the Existence and Attributes of the Deity.* J. Faulder, London, 1809.

Michael Ondaatje. *Le patient anglais.* Points Seuil, 1995.

Pascal Quignard. *Les ombres errantes. Dernier Royaume I.* Folio, 2002.

Pascal Quignard. *Rhétorique spéculative.* Folio. Gallimard, 1995.

Victor Hugo. *Les Orientales – Les feuilles d'automne.* Le Livre de Poche, 2000.

Articles scientifiques

Zantke J, Ishikawa-Fujiwara T, Arboleda E, *et coll.* Circadian and circalunar clock interactions in a marine annelid. *Cell Reports* 2013, Sep 25 (sous presse).

Zhang L, Hastings MH, Green EW, *et coll.* Dissociation of circadian and circatidal timekeeping in the marine crustacean eurydice pulchra. *Curr Biol* 2013, Sep 25 (sous presse).

Mouritsen H, Derbyshire R, Stalleicken J, *et coll.* An experimental displacement and over 50 years of tag-recoveries show that monarch butterflies are not true navigators. *Proc Natl Acad Sci USA* 2013, 110 : 7348-53.

Ferrell JE Jr, Tsai TY, Yang Q. Modeling the cell cycle : why do certain circuits oscillate ? *Cell* 2011, 144 : 874-85.

Rust MJ, Golden SS, O'Shea EK. Light-driven changes in energy metabolism directly entrain the cyanobacterial circadian oscillator. *Science* 2011, 331 : 220-3.

Howard J, Grill S, Bois J. Turing's next step : the mechanical basis of morphogenesis. *Nature Reviews/Molecular Cell Biology* 2011, 12 : 392-8.

Bansagi T Jr, Vanag VK, Epstein IR. Tomography of reaction-diffusion microémulsions reveals three-dimensional Turing patterns. *Science* 2011, 331 : 1309-12.

Hogenesch JB, Ueda HR. Understanding systems-level properties : timely stories from the study of clocks. *Nature Reviews/Genetics* 2011, 12 : 407-16.

Wang W, Barnaby J, Tada Y, *et coll.* Timing of plant immune responses by a central circadian regulator. *Nature* 2011, 470 : 110-4.

McClung CR. Plant biology : defence at dawn. *Nature* 2011, 470 : 44-5.

Colwell CS. Linking neural activity and molecular oscillations in the SCN. *Nature Reviews/Neuroscience* 2011, 12 : 553-69.

Zhan S, Merlin C, Boore JL, *et coll.* The monarch butterfly genome yields insights into long-distance migration. *Cell* 2011, 147 : 1171-85.

Stensmyr MC, Hansson BS. A genome befitting a monarch. *Cell* 2011, 147 : 970-2.

Kondo S, Miura T. Reaction-diffusion model as a framework for understanding biological-pattern formation. *Science* 2010, 329 : 1616-20.

Bass J, Takahashi JS. Circadian integration of metabolism and energetics. *Science* 2010, 330 : 1349-54.

Reddy AB, O'Neill JS. Healthy clocks, healthy body, healthy mind. *Trends in Cell Biology* 2010, 20:36–44.

Zhang EE, Kay SA. Clocks not winding down : unravelling circadian networks. *Nat Rev/Mol Cell Biol* 2010, 11 : 764-76.

Ball P. In retrospect : the physics of sand dunes. *Nature* 2009, 457 : 1084-5.

Merlin C, Gegear R, Reppert S. Antennal circadian clocks coordinate sun compass orientation in migratory Monarch butterflies. *Science* 2009, 325 : 1700-4.

Anderson D, Brenner S. Seymour Benzer (1921-2007). *Nature*. 2008, 451 :139.

James AB, Monreal JA, Nimmo GA, *et coll.* The circadian clock in Arabidopsis roots is a simplified slave version of the clock in shoots. *Science* 2008, 322 :1832-5.

Vosshall L. Into the mind of a fly. *Nature*. 2007, 450 :193-7.

Maini P, Baker R, Chuong CM. The Turing model comes of molecular age. *Science* 2006, 314 :1397-8.

Dodd AN, Salathia N, Hall A, *et coll.* Plant circadian clocks increase photosynthesis, growth, survival, and competitive advantage. *Science* 2005, 309 :630-3.

Ouyang Y, Andersson CR, Kondo T, *et coll.* Resonating circadian clocks enhance fitness in cyanobacteria. *Proc Natl Acad Sci USA* 1998, 95 :8660-4.

Van Valen L. A new evolutionary law. *Evol Theory* 1973, 1:1-30.

Gierer and H. Meinhardt. A theory of biological pattern formation. *Kybernetik* 1972, 12:30–39.

Konopka R, Benzer S. Clock mutants of drosophila melanogaster. *Proc Natl Acad Sci USA*. 1971, 68 :2112-6.

Turing A. The chemical basis of morphogenesis. *Philosophical Transactions of the Royal Society of London. Series B. Biological Sciences* 1952, 237 :37-72.

Volterra V. Fluctuations in the abundance of a species considered mathematically. *Nature* 1926, 118 :558-60.

IV. LES FILLES DE LA LUMIÈRE

Livres

Robert Page *The spirit of the hive. The mechanisms of social evolution [L'esprit de la ruche Les mécanismes de l'évolution sociale].* Harvard University Press, 2013.

Thomas Seeley. *Honeybee democracy. [La démocratie des abeilles à miel.]* Princeton University Press, 2010.

Maurice Maeterlinck. *La vie des abeilles.* (1901) Bibliolife, 2009.

Karl von Frisch. *Vie et mœurs des abeilles.* Albin Michel, 2011.

Charles Darwin. *The expression of the emotions in man and animals. [L'expression des émotions chez l'homme et les animaux].* In : *The Complete Work of Charles Darwin Online*, http://darwin-online.org.uk/contents.html

Adam Phillips. *La meilleure des vies.* L'Olivier, 2013.

Oliver Sacks. *L'œil de l'esprit.* Seuil, 2012.

George Steiner. *Poésie de la pensée.* Gallimard, 2011.

Ernest Hemingway. *Mort dans l'après midi.* Folio, 1972.

Victor Hugo. *Le manteau impérial.* In : *Les châtiments.* Gallimard, 1998.

Articles scientifiques

Garibaldi LA, Steffan-Dewenter I, Winfree R, *et coll.* Wild pollinators enhance fruit set of crops regardless of honey bee abundance. *Science* 2013, 339 :1608-11.

Burkle LA, Marlin JC, Knight TM. Plant-pollinator interactions over 120 years : loss of species, co-occurrence, and function. Science 2013, 339 :1611-5.

Tylianakis JM. Ecology. The global plight of pollinators. *Science* 2013, 339 :1532-3.

Mao W, Schuler MA, Berenbaum MR. Honey constituents up-regulate détoxification and immunity genes in the western honey bee Apis mellifera. *Proc Natl Acad Sci USA* 2013, 110 :8842-6.

Leal WS. Healing power of honey. *Proc Natl Acad Sci USA* 2013, 110 :8763-4.

Danforth BN, Cardinal S, Praz C, *et coll.* The impact of molecular data on our understanding of bee phylogeny and evolution. *Annual Reviews* : *Entomology* 2013, 58 :57-78.

Collett M, Chittka L, Collett TS. Spatial memory in insect navigation. *Curr Biol* 2013, 23 :R789-800.

Harvey BM, Klein BP, Petridou N, *et coll.* Topographic representation of numerosity in the human parietal cortex. *Science* 2013, 341 :1123-6.

Damasio A, Carvalho GB. The nature of feelings : evolutionary and neurobiological origins. *Nature Reviews/Neuroscience* 2013, 14 :143-52.

Beyaert L, Greggers U, Menzel R. Honeybees consolidate navigation Memory during sleep. *J Exp Biol* 2012, 215 :3981-8.

Henry M, Beguin M, Requier F, *et coll.* A common pesticide decreases foraging success and survival in honey bees. *Science* 2012, 336 :348-50.

Whitehorn PR, O'Connor S, Wackers FL, *et coll.* Neonicotinoid pesticide reduces bumble bee colony growth and queen production. *Science* 2012, 336 :351-2.

Stokstad E. Agriculture. Field research on bees raises concern about low-dose pesticides. *Science* 2012, 335 :1555.

Cheeseman JF, Winnebeck EC, Millar CD, *et coll.* General anesthesia alters time perception by phase shifting the circadian clock. *Proc Natl Acad Sci USA* 2012, 109 :7061-6.

Lee JJ. Drugged honeybees do the time warp. *Science Now* 16 April, 2012.

Cardinale BJ, Duffy JE, Gonzalez A, *et coll.* Biodiversity loss and its impact on humanity. *Nature* 2012, 486 :59-67.

Ehrlich PR, Kareiva PM, Daily GC. Securing natural capital and expanding equity to rescale civilization. *Nature* 2012, 486 :68-73.

Lenzen M, Moran D, Kanemoto K, *et coll.* International trade drives biodiversity threats in developing nations. *Nature* 2012, 486 :109-12.

Sukhdev P. Sustainability : The corporate climate overhaul. The rules of business must be changed if the planet is to be saved. *Nature* 2012, 486 :27-8.

Hertwich E. Biodiversity : Remote responsibility. *Nature* 2012, 486 :36-7.

Grainger J, Dufau S, Montant M, *et coll.* Orthographic processing in baboons (*Papio papio*). *Science* 2012, 336 :245-8.

Avarguès-Weber A, Dyer AG, Combe M, *et coll.* Simultaneous mastering of two abstract concepts by the miniature brain of bees. *Proc Natl Acad Sci USA.* 2012, 109 :7481-6.

Avarguès-Weber A, Dyer AG, Giurfa M. Conceptualization of above and below relationships by an insect. *Proceedings of the Royal Society, Biological Sciences* 2011, 278 :898-905.

Chittka L, Jensen K. Animal cognition : concepts from apes to bees. *Curr Biol* 2011, 21 :R116-9.

Bateson M, Desire S, Gartside SE, *et coll.* Agitated honeybees exhibit pessimistic cognitive biases. *Curr Biol* 2011, 21 :1070-3.

Mendl M, Paul ES, Chittka L. Animal behaviour : emotion in invertebrates ? *Curr Biol* 2011, 21 :R463-5.

Rowe C, Healey S. Evolution. Is bigger always better ? *Science* 2011, 333 :708-9.

Akre KL, Farris H, Lea A, *et coll.* Signal perception in frogs and bats and the evolution of mating signals. *Science* 2011, 333 :751-2.

Dakin R, Montgomerie R. Peahens prefer peacocks displaying more eyespots, but rarely. *Animal Behaviour* 2011, 82 :21-8.

Callaway E. Size doesn't always matter for peacocks. *Nature.com*, April 18, 2011.

Scarf D, Hayne H, Colombo M. Pigeons on par with primates in numerical competence. *Science* 2011, 334 :1664.

Klein B, Klein A, Wray M. Sleep deprivation impairs precision of waggle dance signaling in honey bees. *Proc Natl Acad Sci USA* 2010, 107 :22705-9.

Wright GA, Mustard JA, Simcock NK, *et coll.* Parallel reinforcement pathways for conditioned food aversions in the honeybee. *Curr Biol* 2010, 20 :2234-40.

Chittka L, Niven J. Are bigger brains better ? *Curr Biol* 2009, 19 :R995-R1008.

Gross HJ, Pahl M, Si A, *et coll.* Number-based visual generalisation in the honeybee. *PLoS One* 2009, 4(1):e4263.

Dacke M, Srinivasan M. Evidence for counting in insects. *Animal Cognition* 2008, 11 :683-9.

Burns J, Dyer A. Diversity of speed-accuracy strategies benefits social insects. *Curr Biol* 2008, 18 :R953-4.

Muller H, Chittka L. Animal personalities : The advantage of diversity. *Curr Biol* 2008, 18 :R961-3.

Leadbeater E, Chittka L. Social transmission of nectar-robbing behaviour in bumble-bees. *Proc Biol Sci* 2008, 275 :1669-74.

Sherry DF. Social learning : nectar robbing spreads socially in bumble bees. *Curr Biol* 2008, 18 :R608-10.

Mattila H, Seeley T. Genetic diversity in honeybee colonies enhances productivity and fitness. *Science* 2007, 317 :362-4.

Seeley T, Tarpy D. Queen promiscuity lowers disease within honeybee colonies. *Proc Biol Sci* 2007, 274 :67-72.

Cantlon JF, Brannon EM. Basic math in monkeys and college students. *PLoS Biology* 2007, 5 :e328.

Menzel R, Leboulle G, Eisenhardt D. Small brains, bright minds. *Cell* 2006, 124 :237-9.

The Honeybee Genome Sequencing Consortium. Insights into social insects from the genome of the honeybee *Apis mellifera. Nature* 2006, 443 :931-49.

Stach S, Benard J, Giurfa M. Local-feature assembling in visual pattern recognition and generalization in honeybees. *Nature* 2004, 429 :758-61.

Bechara A, Damasio H, Tranel D, Damasio AR. Deciding advantageously before knowing the advantageous strategy. *Science* 1997, 275 :1293-5.

Giurfa M, Zhang S, Jenett A, *et coll.* The concepts of 'sameness' and 'difference' in an insect. *Nature* 2001, 410 :930-3.

Brannon E, Terrace H. Ordering of the numerosities 1 to 9 by monkeys. *Science* 1998, 282 :746-9.

Carey S. Neuroscience. Knowledge of number : its evolution and ontogeny. *Science* 1998, 282 :641-2.

Giurfa M, Eichmann B, Menzel R. Symmetry perception in an insect. *Nature* 1996, 382 :458-61.

Hunt G, Page R. A linkage map of the honeybee, *Apis mellifera,* based on RAPD markers. *Genetics* 1995, 139 :1371-82.

Sherry DF, Galef BG. Social learning without imitation : more about milk bottle opening by birds. *Animal Behaviour* 1990, 40 :987-9.

Robinson G, Page R. Genetic basis for division of labor in insect societies. In : *The Genetics of Social Evolution*, Breed MD and Page RE eds, 1989 (Westview Press, Boulder, CO), pp 61-80.

Gould JL. How bees remember flower shapes. *Science* 1985, 227 :1492-4.

Sherry DF, Galef BG. Cultural transmission without imitation : milk bottle opening by birds. *Animal Behaviour* 1984, 32 :937-8.

Anderson PW. More is different. *Science* 1972, 177:393-6.

Hinde RA, Fisher J. Further observations on the opening of milk bottles by birds. *British Birds* 1952, 44 :393-6.

Hawkins TH. Opening of milk bottle by birds. *Nature* 1950, 4194:435-6.

Fisher J, Hinde RA. The opening of milk bottles by birds. *British Birds* 1949, 42 :347-57.

Darwin C. Humble-bees. *The Gardeners' Chronicle*, 21 August 1841, 34: 550.

Autre article

Avarguès-Weber A. L'intelligence des abeilles. In : *Pour la Science* n° 429, juillet 2013, pp. 20-27

V. Un cadeau de Nouvel An

Livres

Johannes Kepler. *The six-cornered snowflake : A new year's gift*. Paul Dry Books, 2010.

Frédérique Aït-Touati. *Contes de la lune. Essai sur la fiction et la science modernes*. Gallimard, 2011.

Hubert Krivine. *La Terre, des mythes au savoir*. Cassini, 2011.

Jean-Pierre Luminet. *Illuminations. Cosmos et esthétique*. Odile Jacob, 2011.

Daniel Heller-Roazen. *The fifth hammer. Pythagoras and the disharmony of the world*. Zone Books, 2011.

Jacques Brunschwig, Geoffrey Lloyd, Pierre Pellegrin (sous la dir. de). *Le Savoir grec*. Flammarion, 2011.

Robert Grease. *The great equations*. WW Norton & Co, 2008.

Leonard B. Meyer. *Émotion et signification en musique*. Actes Sud, 2011.

D'Arcy W. Thompson. *Forme et croissance*. Seuil, 2009.

Platon. *Œuvres complètes* (sous la dir. de Luc Brisson). Flammarion, 2011.

Orhan Pamuk. *Neige*. Folio, 2007.

Pascal Quignard. *Sur le jadis*. Grasset, 2002.

Pascal Quignard. *Les ombres errantes. Dernier Royaume* I. Folio, 2002.

Peter Høeg. *Smilla's sense of snow*. Dell Publishing, 1993. *Smilla et l'amour de la neige*. Points Seuil, 1996.

Pascal Quignard. *Rhétorique spéculative*. Folio. Gallimard, 1995.

John Keats. Letter XCII. To George and Georgiana Keats, 19/03/1819. In : *Letters*.

Victor Hugo. La Comète. *La Légende des Siècles*. (Nouvelle série XVI, 1877).

Victor Hugo. L'art et la science. In : *William Shakespeare*. GF, 2003.

William Blake. *Auguries of Innocence*. From the Pickering MS.

Wang Zhihuan, *Montée au pavillon des cigognes*. 王之渙. 登鸛雀樓. (trad. F. Ameisen)

Articles scientifiques

Karihaloo BL, Zhang K, Wang J. Honeybee combs : how the circular cells transform into rounded hexagons. *Journal of the Royal Society. Interface* 2013, 10 :20130299.

Ball P. Physical forces rather than bees' ingenuity might create the hexagonal cells. *Nature News*, 17 July 2013.

Renne PR, Deino AL, Hilgen FJ, *et coll*. Time scales of critical events around the Cretaceous-Paleogene boundary. *Science* 2013, 339 :684-7.

Pälike H. Geochemistry. Impact and extinction. *Science* 2013, 339 :655-6.

Binzel RP. Planetary science. A golden spike for planetary science. *Science* 2012, 338 :203-4.

Brumfiel G. Proto-planet was shaped by massive collisions. *Nature News*, 13 February 2013.

Hand E. Dawn spacecraft finds signs of water on Vesta. *Nature News*, 20 September 2012.

Cowen R. Vesta confirmed as a venerable planet progenitor. *Nature News,* 10 May 2012.

Russell CT, Raymond CA, Coradini A, *et coll*. Dawn at Vesta : testing the protoplanetary paradigm. *Science* 2012, 336 :684-6.

Ball P. In retrospect. On the six-cornered snowflake. *Nature* 2011, 480 :455.

Hoffman J. The snowflake designer [Questions and Answers with Kenneth Libbrecht]. *Nature* 2011, 480 :453-4.

Hartogh P, Lis DC, Bockelée-Morvan D, *et coll*. Ocean-like water in the Jupiter-family comet 103P/Hartley 2. *Nature* 2011, 478 :218-20

Cowen R. Comets take pole position as water bearers. Matching chemical signatures indicate that Kuiper comets brought water to Earth. *Nature* published online 5 October 2011

Brumfiel G. Stellar performance nets physics prize. Nobel for supernovae signals of accelerating Universe. *Nature* 2011, 478:14.

Laskar J, Gastineau M, Delisle JB *et coll*. Strong chaos induced by close encounters with Ceres and Vesta. *Astronomy & Astrophysics* 2011, 532, L4 :1-4.

Cowen R. Dawn nears Vesta. Mission poised to explore the Solar system's largest asteroids in detail. *Nature* 2011, 475:147-8.

Burns JA. The four hundred years of planetary science since Galileo and Kepler. *Nature.* 2010, 466 :575-84.

Corrales Rodrigáñez C. The use of mathematics to read the book of nature. About Kepler and snowflakes. *Contributions to Science* 2010, 6:27-34.

Schulte P, Alegret L, Arenillas I, *et coll.* The Chicxulub asteroid impact and mass extinction at the Cretaceous-Paleogene boundary. *Science* 2010, 327:1214-8.

Kaib N, Quinn T. Reassessing the source of long-period comets. *Science* 2009, 325 :1234-6.

Laskar J, Gastineau M. Existence of collisional trajectories of Mercury, Mars and Venus with the Earth. *Nature* 2009, 459 :817-9.

A'Hearn M. Whence comets ? *Science* 2006, 314 :1708-9.

Pälike H, Norris RD, Herrie JO, *et coll.* The hearbeat of the Oligocene climate system. *Science* 2006, 314 :1894-8.

Libbrecht K. Snowflake Science. A rich mix of physics, mathematics, chemistry and mystery. *American Educator* 2004, winter 2004/2005, pp.1-6.

Murray N, Holman M. The role of chaotic resonances in the Solar system. *Nature* 2001, 410 :773-9.

Laskar J, Robutel P. The chaotic obliquity of the planets. *Nature* 1993, 361 :608-12.

Laskar J, Joutel F, Robutel P. Stabilization of the Earth's obliquity by the Moon. *Nature* 1993, 361 :615-17.

Sussman GJ, Wisdom J. Chaotic evolution of the Solar system. *Science* 1992, 257 :56-62.

Laskar J. A numerical experiment on the chaotic behaviour of the Solar system. *Nature* 1989, 338 :237-8.

Sussman GJ, Wisdom J. Numerical evidence that the motion of Pluto is chaotic. *Science* 1988, 241 :433-7.

Belton MJS. P/Halley: The quintessential comet. *Science* 1985, 230 :1229-36.

Smit J. Hertogen J. An extraterrestrial event at the Cretaceous-Tertiary boundary. *Nature* 1980, 285 :198-200.

Alvarez LW, Alvarez W, Asaro F, *et coll.* Extraterrestrial cause for the Cretaceous-Tertiary extinction. *Science* 1980, 208 :1095-1108.

IL FUT UN TEMPS
OÙ TOUT RÉCIT ÉTAIT UN CHANT...

Il fut un temps où tout récit était un chant...

Il n'y avait pas d'histoire, pas de poème, pas d'épopée, pas d'enseignement qui ne soit incarné dans la musique d'une voix...

Toute littérature était orale...

Plus tard, quand les images, puis les mots, ont commencé à s'inscrire dans la pierre, l'argile, le papyrus, le parchemin, les récits n'eurent plus besoin de voix...

Les récits avaient acquis le pouvoir de traverser le temps, en silence, attendant qu'un regard les éveille.

Mais, longtemps, cet éveil s'est fait sous la forme d'une musique, la mélodie de la voix du lecteur.

On lisait à voix haute.

Saint Augustin raconte la surprise qu'il eut un jour, quand il découvrit un évêque lisant en silence.

Alors, la lecture s'est vraiment séparée de la voix.

On pouvait désormais entendre avec ses yeux.

Les lettres ont le pouvoir de nous communiquer silencieusement les propos des absents dit Isidore de Séville.

Retiré dans la paix des déserts, écrit Francisco de Quevedo, *avec de rares mais doctes livres dans mes main, je vis en conversation avec les défunts et j'écoute les morts avec mes yeux.*

La lecture est une conversation, dit Alberto Manguel, *mais c'est une forme de conversation étrange...*

Ce miracle fécond, dit Proust, *de communiquer au milieu de la solitude.*

Une conversation silencieuse avec d'autres. En leur absence. Et une conversation avec nous-mêmes...

On ne lit jamais un livre, dit Romain Rolland, *on* se *lit à travers les livres, pour* se *découvrir.*

Le livre nous change, dit Manguel. *Un livre devient un livre différent, à chaque fois que nous le lisons.*

À chaque fois qu'il recolore notre monde intérieur et que notre monde intérieur le recolore.

La lecture, dit Siri Hustvedt, *est une forme de synesthésie...* Une fusion, en nous, de différents sens, de différentes perceptions. Et la simple vue d'un mot, de ces petites taches noires sur une page blanche, de ces petits signes abstraits, fait soudain émerger en nous un univers de sons, de formes, de couleurs, d'odeurs, de pensées, d'émotions, de souvenirs, d'attentes...

Il y a quatre ans, j'ai entrepris une étrange aventure. Un voyage dans l'inconnu, semaine après semaine, à travers les splendeurs de l'Univers. Allant à votre rencontre en tissant, pour vous, un récit toujours inachevé, toujours recommencé, à partir de mes plongées dans les revues scientifiques, les paroles des penseurs et les chants des poètes. Vous parlant sans vous voir. Et réalisant grâce à vos messages, que nous avions voyagé ensemble.

J'ai commencé en vous parlant, sans notes. Puis j'ai pris plaisir à écrire pour vous ces récits, dans la langue des contes, avant de vous les dire. Puis j'ai écrit ce livre. En tentant de transposer la mélodie de la voix en musique pour les yeux. En un conte que vous lisez en silence.

Ce voyage à travers ces mondes – du silence à la voix, et de la voix au silence – a commencé par un livre que je venais d'écrire, *Dans la lumière et les ombres. Darwin et le bouleversement du monde*. Ce voyage a commencé par la lecture silencieuse d'un homme que je ne connaissais pas, Philippe Val, qui m'a invité à venir partager de vive voix avec vous ces paroles qu'il avait entendues dans le silence.

Merci à toi, Philippe, pour m'avoir donné la chance de m'engager dans cette merveilleux aventure. Merci de ta confiance. De nos passionnantes discussions. De cette liberté que tu m'as toujours laissée. De ton amitié.

Merci à Laurence Bloch, merci de ton soutien. De ton affection.

Merci à Anne-Julie Bémont pour votre confiance et votre enthousiasme.

Merci à Christophe Imbert, pour la créativité et le talent que tu consacres avec tant d'amitié à la respiration musicale du conte.

Merci à vous tous qui composez cette grande et belle maison et que je ne peux tous nommer. Merci à vous les formidables ingénieurs du son. Merci à vous, Thierry Dupin, Michèle Billoud, Fabrice Laigle, Jean-Baptiste Audibert, Christophe Mager, Valentine Chédebois, Ophélie Vivier, Hugo Combe, qui contribuez, ou avez contribué à la vie de cette émission.

Merci à Mathieu Vidard, pour m'avoir pendant un an accueilli comme *témoin* dans ton émission. Merci de ton amitié.

Merci à vous tous des Éditions Les Liens qui Libèrent, Henri Trubert et Sophie Marinopoulos, Daniel Collet et Nicolas Deschamps ; merci, Silvia Alterio. Merci à vous, Antoinette Weil, pour votre affection et l'immense culture que vous avez convoquées dans la correction à la fois attentive et respectueuse de ce texte.

Merci à vous, mes Amis, Jean-Michel Kantor et Jean-Baptiste Yunès, pour avoir relu certains passages et pour vos précieux commentaires, et toi, Marc Lachièze-Rey, pour ce que tu m'as appris sur les étoiles et sur le temps – qui se mesure mais n'existe pas...

Merci à toi, David, pour nos discussions, merci à toi et à Julie pour la chaleur de votre amour.

Merci à ma si fidèle auditrice, Eva, ma sœur, merci de tes si beaux commentaires.

Rien n'aurait été possible sans toi, Fabienne, sans ton amour, tes idées, tes conseils, ton écoute, ta présence.

À toi, ce livre.

Et à vous tous.

À vous, qui, de semaine en semaine, venez sur les ondes me rejoindre pour ce voyage dans l'inconnu.

À vous qui avez voulu ce livre : le voici, c'est le vôtre.

Un livre dont vous êtes – dont nous sommes, tous, chacun de nous, avec les abeilles et les papillons, les fourmis, les singes, les mésanges et les fleurs – les héros. Dans la lumière de l'été, dans la fraicheur du printemps et la paix de l'automne, dans la beauté de la neige qui tombe en hiver, dans chacun de nos jours, au long de notre course silencieuse autour du soleil.

TABLE

I. À TRAVERS LES LABYRINTHES	11
Détisser les mailles de pierre	12
Les sept merveilles du monde	25
L'un des plus merveilleux atomes de matière	34
II. L'ÂME DE L'ÉTÉ	49
Je vais chanter le miel aérien	50
Partager la joie que j'avais vécue	76
Et ce changement-là, vivre au monde s'appelle	96
La démocratie des abeilles	116
III. LES BATTEMENTS DU TEMPS	133
Nous inventons le temps	134
Une chance, qui s'est déjà produite	147
Un sixième sens	164
Un fleuve qui m'emporte	180
Le soleil met la terre au monde	195
IV. LES FILLES DE LA LUMIÈRE	207
Le sommeil et les heures	208
Une différence de degré, et non pas de nature	223
Apprendre	255
Le monde des émotions	272
Le renouvellement permanent de la diversité	288
La face sombre de la démocratie des abeilles	304
La tapisserie tout entière	310

V. Un cadeau de Nouvel An 325

Un cadeau qui descend du ciel... 326

Que nul n'entre ici s'il n'est pas géomètre 334

Sur les épaules des géants 345

Le point de l'espace où il se trouvait 358

De la musique avant toute chose 368

Il avait dit : Tel jour cet astre reviendra. 382

Les vagabonds du ciel 393

L'étrangeté des choses 402

Dites leurs prodiges 410

Bibliographie 427

Il fut un temps où tout récit était un chant 441

Si vous souhaitez être tenu informé des parutions
et de l'actualité des éditions Les Liens qui Libèrent,
visitez notre site : http://www.editionslesliensquiliberent.fr

Achevé d'imprimer sur Roto-Page
en octobre 2013
par l'Imprimerie Floch à Mayenne
Dépôt légal : novembre 2013
N° d'imprimeur : 85679
Imprimé en France